U0132144

本书著者

黄兴涛　代　聪　李世鹏　骆　朦　谭　丹
吴海洋　岳忠豪　张　书　郑　旦

月亮的人文史

近代中国的月亮认知、书写和话语

黄兴涛　代　聪　等——著

黄山书社

图书在版编目（CIP）数据

月亮的人文史：近代中国的月亮认知、书写和话语 /
黄兴涛、代聪等著 . —合肥：黄山书社，2023.11

ISBN 978-7-5737-0495-5

Ⅰ.①月… Ⅱ.①黄… ②代… Ⅲ.①月球—文化史—中国—
近代—普及读物 Ⅳ.①P184-49

中国版本图书馆 CIP 数据核字（2022）第 227636 号

月亮的人文史——近代中国的月亮认知、书写和话语

YUELIANG DE RENWENSHI——JINDAI ZHONGGUO DE YUELIANG RENZHI、SHUXIE HE HUAYU

黄兴涛
代 聪 等 著

出 品 人	葛永波
策划编辑	徐娟娟
责任编辑	马奔奔
责任印制	李 磊
装帧设计	有品堂_刘 俊
出版发行	黄山书社（http：//www.hspress.cn）
地址邮编	安徽省合肥市蜀山区翡翠路 1118 号出版传媒广场 7 层 230071
印 刷	安徽新华印刷股份有限公司
版 次	2023 年 11 月第 1 版
印 次	2023 年 11 月第 1 次印刷
开 本	880mm×1230mm 1/32
字 数	350 千字
印 张	12.75
书 号	ISBN 978-7-5737-0495-5
定 价	59.00 元

服务热线 0551-63533706

销售热线 0551-63533761

官方直营书店（https://hsss.tmall.com）

目 录

第四章　雅俗之间：近代中秋月文化的变迁

第五章　爱与美的追寻："五四"时期情诗中的"月亮"书写

绪论 近代中国的月亮认知、书写和话语
——一种人文史的考述与释解

近几年来，不知何故，总喜欢在月亮与人的关系问题上遐思不断。每每吟诵李白《把酒问月》中"今人不见古时月，今月曾经照古人"，和王昌龄《出塞》中"秦时明月汉时关，万里长征人未还"等诗句时，常会有一种莫名的历史感浮上心头。不过，历史理性告诉我们，中国古人的生活与月亮的联系要比今人更为紧密，文学作品中，对月亮的吟咏也是经久不衰的主题，古人借助月亮表达别离与团圆，孤独与寂寞，相思之苦与故乡情怀，以及对月亮清雅柔和、无私普照、"近人之德"的吟诵赞美等，内涵至为丰厚，实属把握中国古代精神文化的重要资源。但一般史家或文人看待历史兴亡问题时，其实仍习惯于视月亮为自然恒在，而将其置于历史演化之外。类似"古人今人若流水，共看明月皆如此""人生代代无穷已，江月年年望相似"的议论，可谓俯拾即是。人们在感慨"人事有代谢，往来成古今"时，作为参照的背景端总是：青山依旧，明月如昔。

在古人心目中，月亮作为一种"永恒且不变"的存在，似

乎缺乏历史书写的对象意义。古代史书除了"天文志"之类会涉及月亮，并将日月食视为天文异象不断加以记录，以警示帝王须行仁政，方志中也不时有关于各地中秋习俗的记载，但很少专门将月亮及其相关问题作为焦点和对象进行整体性历史透视者。即便有人注意到月亮与人的关系主题，也往往囿于纯文学的视野，不经意间呈现、揭示和引人联想的，多属诗文作者对月亮观察、描摹、想象、疑问和感慨方面的自然延续，而较少重视和强调其变迁性内涵，也即人与月亮关系的变迁性内涵，更别说具备整体把握和阐释这类变迁的史学自觉了。

然时至近代，却出现了值得注意的变化——它们为当今史家将有关月亮问题专门"入史"，创造了新的条件。一是从西方传来的有关月亮的知识发生了前所未有的转型，这一转型不仅与范围更广的知识变革相互联结，而且构成与日常生活关切甚密的新的知识与观念来源；二是中西关于月亮的神话传说、想象隐喻、话语言说、信仰习俗乃至相关制度发生直接接触、碰撞、冲突与交融，出现了既充满张力、彼此更替又有所化合的多样复杂形态，其感知和书写内容远远超越了文学和戏剧等的范围，关涉文明和文化的众多面相。不仅如此，在有关月亮的感知、书写和话语实践中，还往往包含着东方与西方、科学与迷信、传统与现代、现实与理想的矛盾互动与更新转换的丰富内涵。凡此，均为从这一特定视角来考察和解读近代中国的知识更新、观念转变和文化演进，提供了史学可能。

最初，笔者意识到近代月亮的人文史研究价值，或更确切地说，开始进入这一独特的历史认知视域，除了长期受新文化史方法的启迪之外，还得益于自己潜心多年的明清西学史研究。我关心的问题是，明清时期传入中国的西学对清代传统的经学、史学、文学及其观念变革，究竟产生何种影响，这就涉及当时西学的重头——天文历算新知及其文化渗透问题。而在天文历算新知中，有关月球、地球及日月食知识，无疑占据着十分重要的地位。这些新知讲求演绎逻辑的认知推演，关涉儒学"三才"天地人，触及传统的时空观念，对中国本土经学、史学的影响既实在又微妙，人们往往"阴用而阳辟之"。但对于这些新知是否进入或如何进入本土文学，是否影响到士大夫日常的精神生活和文学书写，我则缺乏真切感触。直到有一天，我惊奇地读到阮元《望远镜中望月歌》一诗，强烈感到心灵的触动，深切体味到其中月亮新知、宇宙观念的改变已融入一种具有新的意境的诗歌形态，构成奇妙的"人文"结晶。

一、月亮的诗性书写及人文"现代性"生成
——以阮元、胡适等人咏月新诗为例的透视

阮元作《望远镜中望月歌》一诗大约是在嘉庆二十五年

（1820），[①] 时任两广总督。这位清朝达官不仅是当时的文坛领袖，也是学界祭酒、乾嘉学派殿军，对于学风具有引领作用。是年春，他借助一副长约 5 尺的伽利略式西洋天文望远镜，对月亮进行了一番仔细观察，随即诗兴大发，将其观察结果、内心感受和飞扬的想象合成一首咏月长诗，读来令人兴味淋漓。全诗如下：

望远镜中望月歌

天球地球同一圆，风刚气紧成盘旋。

阴冰阳火割向背，惟仗日轮相近天。

别有一球名曰月，影借日光作盈阙。

广寒玉兔尽空谈，搔首问天此何物。

吾思此亦地球耳，暗者为山明者水。

舟楫应行大海中，人民也在千山里。

昼夜当分十五日，我见月食彼日食。

若从月里望地球，也成明月金波色。

邹衍善谈且勿空，吾有五尺窥天筒。

能见月光深浅白，能见日光不射红。

见月不似寻常小，平处如波高处岛。

许多泡影生魄边，大珠小珠光皎皎。

---

① 王章涛：《阮元年谱》，合肥：黄山书社，2003 年，第 673—674 页。一说此诗作于道光三年（1823），见王尔敏：《儒家传统与近代中西思潮之会通》，《中国近代思想史论续集》，北京：社会科学文献出版社，2005 年，第 3 页。

月中人性当清灵，也看恒星同五星。

也有畴人好子弟，抽镜窥吾明月形。

相窥彼此不相见，同是团圞光一片。

彼中镜子若更精，吴刚竟可窥吾面。

吾与吴刚隔两洲，海波尽处谁能舟？

羲和敲日照双月，分出大小玻璃球。

吾从四十万里外，多加明月三分秋。[1]

　　这首咏月诗令人震撼之处在于，无论是贯穿其中的月亮新知，还是传达的宇宙观念，抑或由此激发出来并与传统月亮神话融合的梦幻般的奇诡想象，都是中国几千年咏月诗中前所未见的。有人甚至叹其为"两百年前的科幻诗：阮元的月球狂想曲"。[2]在该诗中，阮元大胆使用了"天球""地球""月球"[3]和"望远镜"等新名词、新概念，显示出对西洋近代新知的较多了解和选择性认

---

[1] 阮元《揅经室四集》卷十一，见（清）阮元撰，邓经元点校：《揅经室集》下册，北京：中华书局，1993年，第971—972页。

[2] 李点 Leonard：《两百年前的科幻诗：阮元的月球狂想曲》，2022年2月4日发布。网址：https://weibo.com/ttarticle/p/show?id=2309404733252660232369&sudaref=www.baidu.com。

[3] 该诗中提到"别有一球名曰月"，最后一句"吾从四十万里外，多加明月三分秋"诗人有一自注："地球大于月球四倍，地月相距四十八万余里"，可见其明确使用过"月球"一词和概念。此处的"里"当为"公里"。今学界一般认为月地平均距离为38万余公里。作为现代概念的"地球""月球"等词，最早出现在明末利玛窦编纂的《乾坤体义》中。

同，表明他至少熟悉并接受了诸如天球、地球和月亮皆为圆形球体的观念，日月食的天文原理，以及月球与地球相距约40万公里等新知识。而望远镜作为观察宇宙天体的科技利器，也备受阮元赞赏，此前，他在主持完成的巨著《畴人传》中，就曾赞叹望远镜"能令人目见不能见之物，其为用甚博，而以之测验七曜为尤密。作此器者于视学深矣"。[①]实际上，这一新式的近代物质文明成果，不仅对当时中国的天文观测起到积极推动作用，对于清代上流社会文人学士的精神生活，也已发生真切可感的影响。

早在明末，望远镜及其原理知识就由传教士传入中国并进入宫廷。[②]清代前中期，咏望远镜、西洋钟表、八音盒、玻璃眼镜等西方新兴物质文明成果的诗文已屡见不鲜。不仅阮元这样的人物有吟咏，乾隆皇帝弘历、著名史家诗人赵翼，乃至十三行行商潘有度等，也均有吟咏。乾隆帝就写过《千里镜》等咏赞望远镜之诗多首。乾嘉时期的十三行巨商并一度担任总商的潘有度，其《西洋杂咏》中也有一首是关于望远镜的，且早于阮诗。诗云："万顷琉璃玉宇宽，镜澄千里幻

①　（清）阮元：《畴人传》卷四三《默爵》，琅嬛仙馆嘉庆四年（1799）刊本。另见冯立昇、邓亮、张俊峰校注《畴人传合编校注》，郑州：中州古籍出版社，2012年，第388页。

②　明末时，利玛窦曾带来欧洲旧式望远镜；阳玛诺在《天问略》中较早向中国人介绍欧洲新式望远镜，邓玉函和汤若望则较早带来实物的新式望远镜。1626年，汤若望译编《远镜说》，成为中国首部专门介绍望远镜及相关光学知识的著作。不久，中国工匠就掌握了仿制技术。可参见王川：《西洋望远镜与阮元望月歌》，《学术研究》2000年第4期。

中看。朦胧夜半炊烟起，可是人家住广寒？"在该诗自注中，潘氏特别说明："千里镜，最大者阔一尺长一丈，旁有小镜看月，照见月光约大数丈，形如圆球，周身明砌，有鱼鳞光。内有黑影，似山河倒照，不能一目尽览，惟向月中东西南北分看。"[①] 可见，即便是以望远镜观察月亮作为主题，《望远镜中望月歌》一诗也并非最早，只不过阮诗的具体描绘实在生动精彩，诗中关于月球与地球上人和物之"相似""相关"和"相感"的空前畅想，也太令人难忘了。一句"彼中镜子若更精，吴刚竟可窥吾面"，既显示出诗人惊人的想象力，也表明了他对望远镜的垂青，以及对有关技术还将持续发展的信心。

望远镜是科技文明现代化的产物。它的发明改变了人类对月亮的认知。从此，在世界范围内，"月亮不再是神话角色，而是可让我们仔细研究表面的天体。地球和月球间的有形距离虽然没有改变，但月球似乎已经没有那么遥不可及。人类的感官强化，突然造成月球距离变近许多的错觉。这是很大的变化。人类以视觉探索月球的能力提升，当然也促成我们以其他感官更进一步探索月球"。[②]

通过望远镜对月球、太阳和其他星球进行天体观察，也

---

① 潘仪增：《番禺潘氏诗略》，1894 年刻本，转引自前揭王川《西洋望远镜与阮元望月歌》一文。

② 参见［德］贝恩德·布伦纳（Bernd Brunner）著、甘锡安译：《月亮：从神话诗歌到奇幻科学的人类探索史》（英文原著为 *Moon:A Brief History*，Yale University Press）。北京：北京联合出版公司，2017 年，第 55 页。

能够带来宇宙观的直接变化。不过其最初变化，却未必最有利于当时最为先进的哥白尼日心说在中国的传播和接受。明清时期，西洋传入的影响较大的宇宙论主要有四种，一是亚里士多德的水晶球理论；二是托勒密的本轮—均轮说；三是哥白尼的日心说；四是第谷的地心—日心说。前两者都以地球为宇宙的中心，哥白尼则强调太阳才是宇宙中心，地球既围绕太阳公转，同时也绕轴自转。第谷在哥白尼之后提出一个折中论，认为月球和太阳皆绕地球运动，而五大行星则绕太阳运动。明清时期，不仅来华传教士传播的宇宙观主体为第谷的地心—日心说，而且当时朝廷和士大夫也更愿接受这一学说。因为一方面，它能够与中国传统宇宙观相协调，不至于造成"惊世骇俗"的颠覆效果；另一方面，第谷本人极为重视天体观察仪器的精度，其有关测量数据相当精准，这对格外看重日月食时刻计算精准性的清朝和上流社会来说，相当具有吸引力。

阮元本人就认同第谷之说，而排斥哥白尼的日心说。他受精通西方天文历算之学的李锐等门人影响，不赞同"地球动而太阳静"的理论，认为"其说至于上下易位，动静倒置，则离经畔道，不可为训，固未有若是甚焉者也"。[①]不仅如此，他还承续康熙帝、梅文鼎等人的"西

① 阮元《畴人传》卷四六的《蒋友仁》。该传之后的"论"实由李锐执笔、阮元润色。参见韩琦：《通天之学：耶稣会士和天文学在中国的传播》，北京：生活·读书·新知三联书店，2018年，第176页。

学中源"论，强调西方的有关天文理论都能在中国找到其起源，如地圆说，《曾子》中就有谈道："月食入于地景，与张衡蔽于地之说不别。"第谷关于蒙气反光之差说，姜岌也曾有过相似说法，并认定："中之与西，枝条虽分，而本干则一"，"不同者其名，而同者其实。乃强生畛域，安所习而毁所不见，何其陋欤！"[①]长期以来，类似的牵强附会的思想言论，常被学界视为当时的保守正统论而加以讥嘲，[②]这当然不无道理。但今人在正视此种反应之保守性的同时，也应看到，阮元毕竟是当时西学新知素养较高，且主张尽可能对西学加以会通吸收的学界领袖和封疆大吏。因受到过近代天文算学新知的洗礼，其有所选择的思想表现与那些对西学懵懂无知之人，仍有不可同日而语之处。

就拿哥白尼"日心说"来讲，阮元本人虽并不赞同，但此前西洋传教士蒋友仁所著，传播此说最为完整明确的《地球图说》一书，最终还是经由阮元积极筹划、推动安排，才得以最终刊印。否则，中国士人连"日心说"都没有机会确切了解，就更甭提有所信仰了。即便"西学中源"说，最初也不无接引西学、激活传统、希望从根上实现学术自立的思

---

① 阮元为焦循《学算记》所作序文中语，见阮元《揅经室三集》卷五。(清)阮元撰，邓经元点校：《揅经室集》下册，北京：中华书局，1993年，第681—682页。

② 早在1859年，李善兰就在他与伟烈亚力合译、墨海书馆出版的译著《谈天》序言里，批评阮元、李锐等人"未尝精心考察，而拘牵经义，妄生议论，甚无谓也"。《谈天》出版后，哥白尼学说才得以为更多中国人所知晓和接受。

想动机 ① 乃至功效，其消极作用，是时至晚清以后才更加凸显出来的。实际上，若站在"人文史"的角度，理解阮元等人当时复杂的文化心绪与矛盾选择如何形成与表现，也未尝不是史家应有的关怀。

在《望远镜中望月歌》一诗中，阮元想象月球上"也有畴人好子弟，抽镜窥吾明月形"一句，给人印象极为深刻。可见他对"畴人"格外另眼相看。所谓"畴人"，古时指世代相传、有家学渊源的历算家。阮元于乾嘉之交组织编辑刊印《畴人传》，正是通过中西文化交流，更加明确和发展了传统"畴人"概念，扩展了其意义范围，用来泛指从事天文历算乃至一般术数研究的学者，同时也前所未有地感知到自然科学的现代价值。《畴人传》始编于1795年，1799年完稿，这是有史以来中国第一部为古今自然科学家立传的著作。书中还特别编入了30余名外国学者的传记。阮元强调，天文历算之学"俾知术数之妙，穷幽极微，足以纲纪群伦，经纬天地，乃儒流实事求是之学，非方技苟且干禄之具，有志乎通天地人者，幸详而览焉"。② 在当时学界，主张经世致用的实学思潮正蓬勃兴起，认识到天文、历算具有实学作用者不

---

① 阮元就曾表示："我大清亿万年颁朔之法，必当问之于欧逻巴乎？此必不然也。精算之士，当知所自立矣。"见阮元《畴人传》卷四五《汤若望》，琅嬛仙馆嘉庆四年（1799）刊本。另见冯立昇、邓亮、张俊峰校注《畴人传合编校注》，郑州：中州古籍出版社，2012年，第406页。

② 阮元《畴人传序》，琅嬛仙馆嘉庆四年（1799）刊本。另见冯立昇、邓亮、张俊峰校注《畴人传合编校注》，郑州：中州古籍出版社，2012年，第4页。

断增多，"畴人"的社会地位也因此逐渐得到提升。

乾嘉时期，来自西方的天文历算新知不仅成为乾嘉考据学的重要组成部分，其对学说概念进行"界说"的思维方式，还成为戴震、阮元等重新归纳、反思和阐发儒家经典核心范畴（如理、欲、性、命、仁等）之内涵与经义的重要工具。阮元撰写《论语论仁论》等文，他本人以西历新知释经解经，对《诗经》中"十月之交"日食所属周王世系的新考订，[①] 就曾产生示范性经学影响。对于一向占中国史学主导地位的传统的传记史学而言，《畴人传》的诞生本身，也是一种转变的标志，首次给自然科学家立传，意味着一种学术价值观"现代性"变革的起点；而经纬度新知开始冲击并逐渐取代方志中的"星野"论述，则属于此期由乾隆帝发起、《钦定热河志》率先尝试、传统史学另一个值得注意的带有现代性之变化。

《望远镜中望月歌》无疑是近代早期中西文化交融的结晶。吟诵该诗，人们不难发现一个突出的现象，那就是阮元既接受西洋的月亮新知，又自然而然地将其与传统的天文旧说相互融合；既痛快宣告"广寒玉兔尽空谈"，毫不掩饰其对传统月亮神话的整体性怀疑，又禁不住要借助这些千年传诵的神话故事中的人物、情景，来构筑和展开自己那新鲜奇绝的神思妙想。如开首四句诗"天球地球同一圆，风刚气

---

① 阮元《揅经室一集》卷四《诗十月之交四篇属幽王说》，见（清）阮元撰，邓经元点校：《揅经室集》上册，北京：中华书局，1993 年，第 91—93 页。

紧成盘旋。阴冰阳火割向背，惟仗日轮相近天"，就是把西来的"同心圆"理论与朱熹的"气旋风"说加以化合，将包括"日轮天""月轮天"在内的传统"九重天"说，与第谷的"地心—日心说"两相嫁接的产物；而另外四句诗"吾与吴刚隔两洲，海波尽处谁能舟？羲和敲日照双月，分出大小玻璃球"的奇妙想象，又自然而然融进了天河传说与"羲和敲日"的中国典故，尤其是后者，竟然联想到混沌初开之时，地球和月球乃是由羲和敲日而成的大小两个玻璃碎片而来，这实在匪夷所思！或许有学者愿意将此种奇想归结为阮元对月亮新知了解不够深透之故，而我却以为，两者之间未必存在必然关联。在人文世界里，此类矛盾现象随处可见，截然对立的东西有时也未必就要彼此否定或取代。可以见证的是它们已鲜明地打上了其所处时代之新学和新知的烙印。

从前，人们谈及近代中国的新式诗歌，一般首先想到倡导"诗界革命"的梁启超、黄遵宪等人，赞其善用新语新词、精心描摹域外新景，巧妙传达新知识和新观念，言文一致（如"吾手写吾口"）的时代特色。就咏月新诗而言，最受人称颂的也是黄遵宪 1885 年所作《八月十五夜太平洋舟中望月作歌》和《海行杂感》等诗。如其《海行杂感（其七）》即云："星星世界遍诸天，不计三千与大千。倘亦乘槎中有客，回头望我地球圆。"诗中借用《博物志》里"天河"与海相通，有人乘筏从海上行至天河见到牛郎织女的神话故事，来接引地球为球体的宇宙新观念。其构思诚然巧妙，允称有近代新意境的新诗作品。然而，若将此诗与阮元《望远镜中望月歌》相比，其创意就显得有所不足了，至于内涵的丰富和精彩程度，则更难与后者比肩。四十多年前，博学的钱锺书先生就曾在《管锥编》中以按语形式指出，黄遵宪此诗的构思，实"发于"阮元的《望远镜中看（望）月歌》。他还提到，岭南经学大家陈澧曾"本"此诗，另作一首《拟月中人望地球歌》。①几乎同时，思想史家王尔敏教授作《儒家传统与近代中西思潮之会通》一文，特引阮、陈这两首诗以证明，近代早期的大儒们并不都简单排斥外来新事物，而是力所能及地有所"会通"而已，② 亦可谓新意别解之佳作。不过迄今为止，谈论陈澧此诗者仍然甚为少见。

陈澧《拟月中人望地球歌》一诗的立意与阮元有别。阮诗是用望远镜从地球看月球，陈诗则反其道而作——想象月中之人用望远镜看地球的情形。阮诗中人们把月亮想象成另一个"地球"，而陈诗中人则将地球想象成另一个"月亮"。

---

① 钱锺书：《管锥编》第 1 册，北京：中华书局，1979 年，第 115 页。钱氏称赞黄遵宪《人境庐诗》"奇才大句，自为作手"，同时却不满其格调，也不满"其诗有新事物，而无新理致"，以为不如王国维能将"西学义谛"化为"水中之盐味"。见钱锺书：《谈艺录》，北京：中华书局，1984 年，第 23—24 页。

② 王尔敏：《儒家传统与近代中西思潮之会通》，收录于《中国近代思想史论续集》，北京：社会科学文献出版社，2005 年，第 1—25 页。文末注明该文 1979 年 6 月 18 日写于香港中文大学。

今人若对照参读两诗，当可增进对其中"现代性"内涵之体味。该诗云：

> 一轮明月大如箕，高悬青天无动移。
>
> 夜夜三更轮正满，傍晚上弦侵晓亏。
>
> 满时天气苦炎热，亏时凛烈寒生肌。
>
> 借问此轮是何物，其中桂树何迷离。
>
> 此树终宵不停走，一十五转无差池。
>
> 或转而下或转上，螺旋之度微斜规。
>
> 试访畸人好子弟，为我测算考浑仪。
>
> 答云此月之围九万里，我之地球环绕之，
>
> 月中昼夜一何短，五日只当吾两时。
>
> 我见日食彼所蔽，暗影令我无朱曦。
>
> 我地影小不到彼，使彼终古不食恒如斯。
>
> 世间乃有此奇物，闻言将信犹狐疑。
>
> 畸人自言精制镜，授以一镜使仰窥。
>
> 窥见月中无不有，有一仙者朱衣披①。
>
> 亦持一镜屹相望，望毕握管还吟诗。
>
> 我亦吟诗寄清兴，月中仙人知不知。
>
> 四十万里之外远酬和，千秋万岁两地长相思。②

---

① 原注，谓太傅也。

② 黄国声主编：《陈澧集》，上海：上海古籍出版社，2008 年，第 598—599 页。

陈澧（1810—1882），字兰甫，号东塾，广东番禺人。曾受聘为阮元创办的学海堂学长。他提倡汉宋兼采，是晚清最为著名的经学家之一。此诗不是一般的唱和之作，而有接续阮元"答问"之意。故诗前特作交代："阮太傅《望远镜中看（望）月歌》奇绝千古，有云：'月中人性当清灵，也看恒星同五星。也有畴人好子弟，抽镜窥吾明月形。'因拟此篇代答。"从诗注称阮元为"太傅"，诗中又称阮元为"仙人"等信息来看，此诗最终完成的时间，当在阮元刚刚仙逝，而"文达公"之谥号尚未赐来之际。[1] 借此机会，陈澧正好可以表达对于阮元的诚挚敬意和"长相思"的怀念之情。

就该诗内容来说，作者认为"大如箕"的地球，从月球看似乎"高悬青天无动移"，其实它也是按"微斜"的角度有规律地旋转的。地球的周长约九万里，月球环绕地球运动，但月上的时间运行却要比地球上慢得多：大约月上两个时辰（4个小时），相当于地球上的5天，也就是月上一日、地上一月。可见当时陈澧的天文新知已达到何种程度！在陈澧看来，尽管月中之人当属"清灵"，恐怕还是赶不上地球人，所以他们会自以为"我地影小不到彼，使彼终古不食恒如斯"。对于日全食、日偏食和日环食等知识的了解，陈澧或许不如今人，但他对地球上的"日食"现象岂能不知？所以这里的

---

① 感谢於梅舫教授的帮助。关于陈澧此诗创作的具体时间，也参考了他在给笔者回信中所阐发的观点。黄国声推测此诗作于1846—1849年之间，而我们认为当作于1849年阮元去世后不久。

诗句，不过是他借此驰骋其文学想象罢了！诗人最后表达的月、地两球"千秋万岁"长久相亲与相思之美好愿望，不仅传达了人类的良善，也潜藏着宇宙和谐的远见，比起今日那些执念于"开发"和"控制"月球，一味痴心于利用其资源以遂无穷人欲的科学家们，实在要高明得多！

值得注意的是，阮元的《望远镜中望月歌》还传播到日本，并切实产生影响。约在30年后，日本幕府末期洋学家、启蒙思想家兼汉学家佐久间象山读到这首诗，曾步其韵写下一首汉文诗《望远镜中望月歌和阮云台》，引发过一段文化交流故事，可资比较分析近代中日两国月亮新知之异同，以及相关思想文化变革之特点。该诗全文如下：

天体翕力自成圆，神气驱之相转旋。

轻者拱重本常理，何疑地月绕日天。

汉人古来不识月，只道月中有仙阁。

释氏漫说阎浮树，月中何得写外物。

阮子所论亦妄耳，暗者非山明非水。

伏毁为虚金石烂，但有灰烬表达里。

海涸河竭知几日，纵有生物安得食。

月在造物已无用，惟须为吾添秋色。

海客谭天非凿空，推算兼资窥远筒。

环山高低可指数，山间时见火光红。

月轮悬天虽似小，应陨沧海成巨岛。

劫数未尽三万年，后死犹看夜月皎。

地月维星隶曜灵，我是主星彼附星。

有人在彼望我地，不怪也成巨月形。

但讶素影一处见，终古不动钉玉片。

中央望之我在项，如其四边则对面。

婆娑旋转五大洲，惟恨洋中难认舟。

疾风虽快不可御，宵颢无力驾气球。

何人得飞入月中？夜夜饱看十倍秋。①

　　佐久间象山（1811—1864）原是陆象山儒学的崇拜者，后
服膺西学。他当时的西学知识至少在月球新知方面，像同时
代的李善兰等人一样已经后来居上，水平要超出阮元不少，因
此他才敢于公然嘲笑阮诗关于月球上"暗者为山明者水"等
想象纯属无知妄论，并在诗注里指出"月中无滴水，何况江
湖河海"，"月中无水，故亡论人类，虽草木虫豸，不复生焉"。
在他看来，月球不过是一片为火山灰烬所覆盖的废墟罢了，并
无任何生命存在。同时月亮和地球均绕太阳转这一点，亦不

---

① ［日］北泽正诚编，［日］小林虎、［日］子安峻校：《象山先生诗抄》卷下，
　　第12—14页，日就社印行，明治十一年（1878）四月。该资料的查核，得到
　　聂长顺教授的帮助，特此致谢。另见（清）俞樾编，曹昇之、归青点校：《东
　　瀛诗选》，北京：中华书局，2016年，第661页，此版本"海涸河竭"作"河
　　涸海竭"；"中央望之我在项"作"中央望之我在顶"。

容置疑。佐久间氏详细解释了日月等星体之所以呈圆形，是因为"翕力"即引力所致，而月亮之所以要绕地球转，同时月、地二球又要绕太阳转，则是因为月之质远小于地球、地之质又远小于太阳的缘故，所谓"由是观之，月之本轮，以地为心，地及诸曜之本轮，以日为心，无可疑者"。不仅如此，他还指出，阮诗自注里所谓"地球大于月球四倍"之说实亦不确，应该是"地径四倍于月径"，面积和体积之大当远不止此。佐久间氏的天文学新知，大多出自"兰学"，其中亦不无缺乏科学根据或已过时者，如认定"月轮当二万五千年若三万年后，渐陨于大地赤道下洋中而成巨岛"即为一例。但日本启蒙思想家和汉学家、明治时代极力倡导"文明开化"的中村正直却坚信，佐久间氏的月亮新知先进并且可靠，"岂阮元辈所梦睹哉"。[1]

实际上，深受中英鸦片战争后果刺激的佐久间象山，不仅不满于阮元等的月亮新知水准，而且对乾嘉汉学乃至整个东亚儒学和佛学不重视科技的传统也深感不满。在战争结束后不久的1842年，他就曾明确指出：清儒学问虽考证精密，毕竟多为纸上空谈而极欠实用。从这种缺乏实用性的理论推论始，导致最近大败于英夷，可谓贻笑世界。[2] 正是基于此种

---

① "岂阮元辈所梦睹哉"一句，为《象山先生诗抄》卷下第12页上端所标中村正直（又名敬宇，1832—1891）的眉批。

② ［日］佐久间象山：天保十三年（1842）十一月书简，转引自卞崇道：《日本哲学与现代化》，沈阳：沈阳出版社，2003年，第70页。

认知，佐久间氏在日本积极倡导"技术开国论"，鼓吹"东洋道德西洋艺"，成为"和魂洋才"论之先声。其有关启蒙主张，因不见容于当时日本的尊皇攘夷派，最终遇刺身亡，但在此后明治维新时代初期，却产生了较大影响。今日史家若对照、细品这两首中日汉诗，自会引发关于近代早期两国精英学习西方的态度差异、钻研深度，对本国传统文化的反思力度以及日后不同的国运之历史思考。

谈到近代中国的咏月新诗，不能不考虑"五四"新文化运动时期的文学革命和白话新诗运动，不能不考察这一运动与中国诗歌史上那永恒的"咏月"主题之间的历史关联。从中，我们同样可以清晰地感受到那个时代文学乃至文化脉搏的现代性跳动。以往，学者们记述"五四"文学革命的诗歌实绩之时，都会提到沈尹默那首著名的《月夜》新诗："霜风呼呼的吹着，月光明明的照着，我和一株顶高的树并排立着，却没有靠着。"这首写于1917年、不久发表于《新青年》杂志（1918年第4卷第1号）的短诗，乃《新青年》上最早刊载的白话新诗之一。在形式上，它完全打破了旧体诗的格律束缚，使用了纯熟和精练的白话，是地道的散文诗之创造，在内容上，则体现了"五四"青年个性觉醒、追求人格独立与思想自由的时代精神。同为新诗先驱的康白情，就称赞该诗为"具备新诗美德"的"第一首散文诗"，这一评价可谓名副其实。不过笔者在此更想谈论的，还是胡适作为文学革命旗手的那些咏月新诗。

1920 年 3 月，胡适出版了第一部现代白话诗集《尝试集》，收录了他 1916 年至 1919 年所写的部分白话诗歌。其中那首《一念》诗虽标题上没有月亮字样，但它所彰显的人类"意念"之空前"自负"，却是基于包含月亮在内的现代星球的科学新知所激发出来的。其中由自然到人生、从天体到人类的"胡适式"联想，终得以在"五四"新文化代表的脑际"涌现"、笔底"流出"，绝非偶然。该诗写道：

> 我笑你绕太阳的地球，一日夜只打得一个回旋；
> 我笑你绕地球的月亮，总不会永远团圆；
> 我笑你千千万万大大小小的星球，总跳不出自己的轨道线；
> 我笑你一秒钟行五十万里的无线电，总比不上我区区的心头一念！
> 我这心头一念：
> 才从竹竿巷，忽到竹竿尖；
> 忽在赫贞江上，忽在凯约湖边；
> 我若真个害刻骨的相思，便一分钟绕遍地球三千万转！

《一念》创作于 1917 年秋冬间。竹竿巷是胡适北京住所所在巷的巷名，竹竿尖是他安徽老家村后一座山的名字，赫贞江和凯约湖则是他留学美国时放飞青春的浪漫之地。此诗"句不限长短，声不拘平仄"，在口语化的句式铺陈中，却不失整体的节奏美。形式上是全新的散体尝试，追求的是"诗体的解放"，内容上则蕴含着对自由意志的礼赞，至少是对人类思维能力及思绪或意念速度的讴歌，可以说既经受了"科学"精神的初步"洗礼"，也反映了文学革命的核心诉求，故不愧为"五四"现代新诗的典型代表。早在 1920 年 9 月至10 月，日本汉学家青木正儿向日本人介绍胡适白话新诗时，就称赞胡适"只要作诗，便会闪现西学的新知识，而且具有新鲜气息"，[①] 这一评价，仿佛就像针对《一念》等诗而发。不过令人不解的是，两年后胡适增订《尝试集》第四版时，竟将此诗毅然割爱，且并未说明删除的具体理由。此前在《尝试集》再版自序中，他曾经表示，此诗和其他一些诗"都还脱不了词曲的气味和声调"，这似可构成某种解释，但显然还缺乏足够的说服力。

除《一念》外，《尝试集》所收《中秋》《十二月五夜月》和《江上》等诗，也都是咏月诗。它们在形式上均有所创新，但又多失之于口语化，有的甚至像顺口溜，实在甚少诗意。胡适本人对它们也并不满意，然最终还是以保存"小脚鞋样"，"可以使人知道缠脚的人放脚的痛苦，也许还有

---

① ［日］青木正儿：《以胡适为漩涡中心的文学革命》，连载于1920年9月至11月《支那学》卷1第1—3号。京都汇文堂出资刊行。

一点历史的用处"① 为由，将其保留下来。这从一个侧面亦说明，胡适当时对如何才算真正的白话好诗，其实内心还缺乏真正成熟的定见。庆幸的是，30年代朱自清选编《中国新文学大系·诗集》时，以其独到的文学鉴赏眼光，仍将《一念》置于卷首，从而进一步确认了该诗在"五四"新诗中的代表性地位。

另外，尽管胡适本人在《尝试集》中删掉了《一念》，但该诗中所秉持的那种月亮等星球纯属自然存在，不得不按固定轨道运行的科学知识，却从此沉淀在他的脑海中，成为其此后咏月时难以摆脱的执念。如1937年初，胡适在《文学杂志》创刊号发表《月亮的歌》一诗，就一面感慨月亮那"无心肝"的自然普照，劝人"可怜她跳不出她的轨道"，一面又让人学学月亮，"看她无牵无挂的多么好！"② 实际上，有限的科学新知在成就胡适现代新诗创造的同时，也未尝没有制约其本来就略显枯干，至少是并不充沛的人文想象力！

引人注目的是，胡适在《月亮的歌》的正诗前，特别以人们所熟悉的古人诗歌成句或话语——"我本将心托明月，谁

① 见胡适《尝试集》第四版自序。《尝试集》初版于1920年3月，由上海亚东图书馆印行，同年9月第二版；1922年10月上海亚东图书馆增订第四版。
② 胡适：《月亮的歌》，《文学杂志（上海）》第1卷第1期，1937年，第33—34页。

知明月照沟渠"[1] 作为诗引，整个诗歌亦可说是基于其有限的月亮新知，对此一名句或话语所做出的重新解读或发挥。这一新尝试，对于国人思考诗歌创作中新与旧、传统与现代的关系问题，又有新的启发。如1937年5月，就有人公开发表诗评，称赞胡适此诗乃受读者欢迎的"可说、可读、可懂"的好诗，能让人反复诵读，是新诗努力的方向所在，同时郑重强调，胡适通过那句诗引"将旧诗句引到新诗上来，使我们读者更明白旧诗并不会怎样妨害新诗，而新诗的意境，有时竟可赖旧诗而扩展"。新诗、旧诗实"各有其妙处"，只要"能扣动读者的心弦"，"初不分其轩轾"。[2] 三年多之后，该诗仍被人转发，且有人为之唱和，[3] 由此可见在后"五四"时期，胡适那种自觉融合新旧的现代新诗创作，仍具有不容忽

[1] 胡适自注此诗作于1936年。次年他在《文学杂志》发表此诗和1940年前后《晨报》《新女性》杂志重发此诗时，所作诗引均为"'已分将心托明月，谁知明月照沟渠！'——明人诗"。恐怕当时他是凭记忆随手而写、不免有误。1952年，他将此诗收入《尝试后集》时，改题为《无心肝的月亮》，诗引也改为"我本将心托明月，谁知明月照沟渠！——明人小说中有此两句无名的诗"；诗歌正文首句"无心肝的月亮照着泥沟"中的"泥沟"二字，也被改为"沟渠"；诗中的"她"则被改为"他"。在明人所撰《封神演义》《初刻拍案惊奇》等小说中，的确均有"我将本心托明月，谁知明月照沟渠"这类诗句，甚至元代高明所撰《琵琶记》里亦有此句，不过个别用词略有差别而已。

[2] 乐云展：《从〈月亮的歌〉说起》，《新闻报》1937年5月19日，第16版。

[3] 滕晓：《和胡适月亮的歌》，《晨报》1940年11月25日，第5版。诗云："月亮照常出没，终古这样奔忙。今日啊！一天似水凄凉，照在人间，依旧一片苍茫。惭愧这般景象，只为古老，没有光芒。"此前，胡适的《月亮的歌》重载于《晨报》1940年11月11日，第5版。

视的文学影响。

在近代中国，阮元和胡适的咏月新诗可谓透视诗歌现代性生成路径及其演化形态之典型案例，而诗歌在某种程度上，又是人文的象征，其向现代的演化实际上成为这一时期中国文学乃至整个文化变革与发展的一个缩影。近代中国咏月新诗的历史本身，牵涉众多文化成分，尤其是人文因素的演绎与重组，无疑是观察明清以降文化现代性累积生成、人文传统延续与转化的一个特色窗口。

由此出发，笔者真切关注的一个问题也自然汇聚到笔端：人文之史的变迁究竟该如何观察、把握和揭示？也就是所谓"人文史"究竟该如何书写？进而要问的问题是：在中国历史上，人文现代性如何生成？判断标准究竟是什么？若具体到诗歌现代性的问题，那么也可以转化成中国的现代新诗到底从哪开始，哪些东西可以视为其观察和判断的依据之类问题。

近二十年前，笔者在讨论"清末民初新名词新概念的现代性问题"时，曾借鉴哈贝马斯关于"现代性的哲学话语"的相关思考，试图在保留韦伯"理性化"维度的基础上，融现代思维方式、科学常识和最基本的社会普遍认同的现代价值观念为一体，统合成所谓早期"思想现代性"概念，以期超越那种从"工具理性"主导"价值理性"的纯粹"思维"动力视角看问题，导致过于抽象化和简单化的认知局限，从而自觉凸显各种思想现代性内部因素的多维互构性，其同经济、社会、政治等现代性因素之间的复杂互动性，将"现代性"改造成历史学家可以把握的东西。①

如若将此种思考方式运用到对人文产品的现代性衡量上来，特别是具体到诗歌现代性或现代诗歌的产生之标准问题时，我想至少有两个方面的内容应格外重视：一方面，应将多样的人文现代性因子进行综合考量，注重其累积性、连带性的时代变化；另一方面，应适度考虑人文的特殊性，如诗意或想象力的扩展，及其通常所要依赖的那种传统和现代的巧妙融汇形态等。依此而观，便不能过于看重，尤其不能仅仅看重"文言"还是"白话"的所谓"言文一致"原则，还应同时重视灌注其中的现代科学知识含量，全球意识，带现代性的宇宙观、人生观等因子的融入，以及相关的社会文化致变和应变因素及其影响等。这也是笔者讨论中文诗歌现代性生成问题时，要从阮元《望远镜中望月歌》等开始的原因。

二、"人文月亮"：月亮认知、书写和话语的近代史考释

月亮与近代中国产生关系，并不因其对这一时期中国有

---

① 参见黄兴涛：《清末民初新名词新概念的现代性问题——兼谈"思想现代性"与现代"社会"概念 的中国认同》，《天津社会科学》2005 年第 4 期。

着怎样实际生成或独特呈现的自然照拂，而是基于这一时期中国人对月亮有着新的体现时代变化的认知、想象、书写和话语——它们成为近代中国知识、思想和信仰的有机组成部分，具有值得揭示和思考的文化影响与历史意蕴。换言之，通过考察近代国人对月亮的认知、想象、书写和话语，今人能够看到一个有别于古代中国、同外部世界关联紧密的、内涵复杂并带有一定现代性的"人文月亮"。而这一月亮，可以从多个层面，见证那个时代的新知生成、传播与渗透的历程和特点，有助于观察人们日常生活和国家政治运行的一些微妙变化，并成为中国文学现代传承、演变乃至社会心理和文化思潮历史变迁一面独特可感的镜子。一言以蔽之，从月亮与人关系的视角，可以见证、了解和感知近代中国历史尤其是人文之史变迁的某些独特面相。

关于近代中国的月亮认知，学界以往的有关研究多是将其置于西方天文学在华传播史和中国近代天文学发展史的整体脉络中有所涉猎而已，总体说来缺乏全面、系统的专门性探讨和面向更广社会的交叉性论述与通俗性呈现，尽管在有些具体领域，已不乏深入细致的开掘。①《月亮的人文史》一

---

① 可参见宁晓玉：《〈新法算书〉中的月亮模型》，《自然科学史研究》2007年第3期（第26卷），第352—362页；宁晓玉：《〈新法算书〉中的日月五星运动理论及清初历算家的研究》，中国科学院博士学位论文，2007年；褚龙飞、石云里：《第谷月亮理论在中国的传播》，《中国科技史杂志》2013年第3期，第330—346页，以及韩琦、江晓原等学者的成果。

书设置了三个专题，来对这一议题展开研讨：

首先，我们从整体上考察了明清之际至民国时期西方月亮新知何时与怎样传入中国，以及中国人如何加以接受的发展历程，致力于揭示近世以来国人对月亮认知的内涵演变，如关注月球的大小，与地球、太阳等其他天体的距离和关系，月球运动的特点，月食的成因与规律，月球上有无生物，月球与潮汐之关联[①] 等方面的新知引入与传播之内容。在这一过程中，西方传教士曾扮演重要角色。他们以天主教包裹月亮新知，其所传播的第谷体系的月亮知识一度在华占据核心地位。同时，无论是传教士还是中国学者，他们都曾努力将中国传统天文历算与近代科学中的月亮新知相互调和，致力于将月亮新知本土化。清末民初，以月亮新知批评月食救护渐成大众科普议题中的焦点，月亮的科学话语交织着文明的焦虑与紧张感。20 世纪 30 年代以后，更为严密、精确的现代月球知识得到传播，月亮的神话成分受到更大冲击，对月亮的认识因此实现根本转变，但其中的传统人文内涵却并未完全消失，而是以新的方式实现演化和延续。以往，学界对清代前中期的月亮新知关注相对较多，而较少谈及清末至民国时期有关新知的整体传播史，我们则利用多种文献对这一阶段的有关内容进行梳理，做出自觉的考察尝试。

---

① 　关于月亮与潮汐的关系，中国古人已有值得重视的敏锐观察与独特认识。可参见宋正海：《中国传统的月亮——海洋文化观》，《太原师范学院学报（社会科学版）》2015 年第 14 卷第 6 期。

其次，我们聚焦和揭示了明清以降月食认知的科学化趋势与朝廷救护月食制度以及民间有关救月习俗之间的矛盾并存现象，力图将这一现象较为完整清晰地呈现出来，并做出历史解释。

月食新知的传入，乃近代国人最为关注的月亮新知的核心内容。我们的研究先从月食成因、类型和内涵等方面，对近代月食新知的传播过程、特点和日渐步入科学化轨道的整体趋势，分阶段予以历史勾勒，同时表明，相较于月食认知的这一科学化趋向，国人的月食救护实践却一直是相对滞后的存在，并对这一存在进行了制度史梳理。实际上，直到1908年底，清廷才宣布废弃沿袭两千年的传统月食救护礼制，实际上最后几年还未能真正做到令行禁止。在地方社会，直到民国时期，还保留着月食出现时敲锣击鼓、鸣放爆竹的风俗，可见两者之间并非是一个完全同步的过程。

引人深思的是，晚清时期，国人较早明确主张废除日月食救护的"国家礼制"者，就是将康乾时期以御制名义颁行的《历象考成》这类天文历算著作中所包含的天文新知来作为学理依据的。如1881年《益闻录》上便有人公开表示：观《历象考成》诸书，而窃叹日月之食为不必救，亦不可救者。月食的出现，本与灾殃、吉祥之类毫无关系，将两者无端关联起来，"真可谓无聊之论"。[1] 但无论是颁行《历象考成》的

---

① 《救护日月食论》，《益闻录》第92期，1881年3月19日。

康熙晚年，还是增订版《历象考成后编》得以问世的乾隆初年，都未曾见皇帝或朝臣因为其中的月亮新知而非议月食救护礼制或主张将其废弃，反倒见到清廷依新知所测得的相对准确的月食时刻表，来服务于改定更为细致完备的月食救护制度。人们由此很容易联想到哥伦布第四次航行到美洲时，利用对日月食天象的准确测知去恐吓当地土著与其"合作"一事，[①] 从而将其归为帝王心术作怪的结果。这恐怕未得要领。实际上，此事与当时新知的社会化程度不足和传统制度的惯性，可能关系更大。[②] 至于民间救月习俗的长期存续，还有更为情感化的人文因素交杂其间，正如民国时有人为救月习俗辩护所指出的，救护者并非完全迷信，一点不知月食原理和成因，而主要是出于一种"知其不可为而为"的情感作用：

这可亲可爱的月亮在她清光正圆的时候，突然

① 1504 年，当牙买加土著不愿与哥伦布船队合作时，哥伦布测知该年 2 月 29 日将发生月全食，于是前一天晚上他召集当地部落首领，"向全能的神祈祷，警告如果原住民不愿意合作，月亮将会消失。"后来警告果然应验，原住民吓坏了，立即表示愿意合作，恳求哥伦布赶紧"救回月亮"。见［德］贝恩德·布伦纳著、甘锡安译：《月亮：从神话诗歌到奇幻科学的人类探索史》，北京：北京联合出版公司，2017 年，第 21 页。

② 如 1928 年，有人就认为这"一方面足见迷信入人之深，一方面又足见社会旧习惯，实在是牢不可破"，因此主张民政当局"不可不特别注重社会教育，而社会教育又不可不特别注意于灌输科学常识和破除迷信。要知道革命事业，原不单是政治革命，须要讲求知识革命，把那些陈腐的旧脑筋，振刷一下子，才算得是澈底革新"。见独鹤：《拥护月亮》，《新闻报》1928 年 6 月 4 日，第 18 版。

受了侵蚀，不问是何原因，我们都觉得不能袖手傍
（旁）观。敲锣打鼓去救，这是出于崇高的感情的
自然行动，这种手段的有无效果是不成问题的。[①]

此类辩护，当能有助于增进今人对于近代中国那种月亮新知
传播与月食救护长期并存的历史不同步现象之理解。

再次，我们重点考述了清末民国时期中国人对登月的想
象，尤其是现代"火箭旅月"知识的早期传入以及中国人最
初的反应和讨论。

古往今来，世界各地之人都不乏登月的想象。从 16 世
纪开始，西方作家关于"月球旅行"的文学作品已层出不穷，其
中的科技含量不断增加。19 世纪中叶之后，关于月球旅行
的科幻小说达到新的高度。1865 年，法国作家儒勒·凡尔
纳出版《从地球到月球》一书，及时和较为充分地吸纳了当
时最先进的天体科学知识，发挥其文学想象力，"对于现实
世界中的科学造成了革命性的影响"。书中关于"以载人弹
道抛射物脱离地球重力"概念的引介，对"发射火箭或宇宙
飞船的最佳时间与空间范围"的预言，乃至回归地球最安全
着陆点为"大片水域"的推测，等等，无不令后人感到惊奇，也
"激励了航天和太空科学领域的众多先锋"。不过刚开始时，该
小说却并不受欧美文学界重视，后来特别是 20 世纪中叶美

---

① 范郎:《月食》,《鞭策周刊》1932 年第 1 卷第 8 期。详细讨论，可见本书第二章。

国阿波罗登月计划实施时，人们才更加意识到其科学和文学的双重价值。[①]

早在 20 世纪初年，凡尔纳《从地球到月球》及其续编《环绕月球》就被鲁迅等人译成中文，在中国风靡一时。随后中国人撰写的各种旅月故事也不断涌现，其中最为著名的，就是荒江钓叟所著的《月球殖民地小说》。此外，陆士谔 1909 年出版的小说《新野叟曝言》中，也曾讲述中国人未来制造"醒狮"号飞舰，将国人送上月球，把黄龙旗插上月球山顶的故事。作者设想"飞舰"之门能自动开关，不仅舰内配有"空气箱"，还有利用太阳能的灯光，手按特设键钮，刹那间载人飞舰就能上天，读之令人颇感惊奇。目前，国内学界对近代中国旅月故事的研讨，主要体现在科幻小说领域，而重点又集中在透视和解读荒江钓叟的《月球殖民地小说》上。[②]而对其他方面的旅月想象和故事尚重视不足，对此后欧美的火箭旅月科技知识的传入以及中国人的反应与讨论，则更是罕有关注。

本专题的研究不仅勾勒了清末民初中国人将月球的科学知识和神话传说两相杂糅的"旅月"想象，揭示了其中所寄

---

① 见前引《月亮：从神话诗歌到奇幻科学的人类探索史》，北京：北京联合出版公司，2017 年，第 127—134 页。

② 参见贾立元：《"现代"与"未知"：晚清科幻小说研究》，北京：北京大学出版社，2021。尤其是其中的第三章《黄金世界：晚清科幻中的未来与太空》，见该书第 126—155 页。不过，该小说中的主人公旅月靠的不是火箭发射，而是借助"气球"漫游。

托的个人情感，对国家与时政的批评，乃至对整个人类社会的关怀和隐忧，还特别考述了这一时期传入中国的欧美火箭登月新知，以及国人被激发出的登月构想。对这些历史内容，特别是后者的考述，在今天的中国尚且寥若晨星。研究发现，从20世纪20年代以后，中文报刊上关于乘坐火箭旅月的讨论越来越多，人们对于火箭旅月的过程、困难和价值等都逐渐有了新的认知。如1927年9月《新闻报》上登载过《到月亮里去》一文，对西方各种登月试验给予称赞，认为当时人类已逐渐具备登上月球的能力，相信"欲在月球表面落地，当已毫无问题"，只不过如何从月球返回，暂时还没有找到办法而已。文中明确表示："人类既生于地球，决不能眼光如豆，以为居于此，即甚满足。月球既为吾地球之邻省，近在咫尺，当可征服之。吾人虽不能预定征服之后，可得何种利益，至少当承认将来颇有实现之希望也。"[1] 这很能反映近代中国一部分知识分子对于科学的信念。

民国时期，虽然中国人还只是有关登月知识的接受者和火箭实验的旁观者，但相关知识的获取与认同，对于今天的中国人来说却是不容忽视的。当2023年神舟十七号载人飞船再度发射成功、中国载人登月初步方案也得以公布的时候，敏感的国人不难从两者的联系之中，真切感受到那种无法割断的历史延续意义。

---

① □庵：《到月亮里去》，《新闻报》1927年9月30日，第4张第3版。

在传统中国，与月亮最有关系的民俗文化，乃是中秋节或中秋月文化。它既能从民俗节日文化的角度反映中国一般月文化的独特面貌，也能从月文化的整体高度，体现其近代演化的时代特点。据我们的研究，在近代中国特别是大都市，中秋民俗受到商业化和新兴休闲娱乐风气的显著影响，戏剧、小说、广告等，纷纷参与对月亮意象的阐释和塑造，中秋月常常被当作大众消费的对象，城市公园、茶楼、戏院、商店等公共空间，也成为新式中秋文化的演绎场域。尽管祭拜月神、祈求团圆的中秋习俗还广泛存在，但精英人士却普遍认为，这一节日理当从"神的迷信"逐渐进化为"人的娱乐"。事实上，从迷信祭拜逐渐改造为公共娱乐，也正是近代中国中秋月文化变迁的一大特点。与之相伴的另一个特点，则是传统月亮神话受到根本冲击，除了嫦娥、玉兔等元素所构建的神话境界在科学宇宙观下祛魅化，还有就是随着近代科学价值观兴起，特别是政府推行的新历法改革以及科学教育的渐次普及，传统中秋月文化的人文价值不免连带受到销蚀和轻视。

在此，笔者还想补充说明一下近代中国阳历取代阴历占据历法主导地位的这一变化，它是近代中国月文化变迁不容忽视的重要内容。本章作者对此已有所揭示，但所谈不多。所谓阴历，即太阴历（月亮历），就是以月相变化为基础而形成的一类历法。它起源于古巴比伦，在中国的发展最为成熟，运用也极广。而阳历即太阳历，是以地球围绕太阳的运动周期为基础而制定的历法。它起源于古埃及文明，经过古希腊和罗马的改革，16世纪末，以格里高利历的形式固定下来，逐渐从欧洲通行于全世界，故又称公历。不过古代中国流行的阴历，很早就融合了阳历的一些优长，如包含有二十四节气等内容。所以严格说来，它应算一种阴阳合历，以阴历为主，阳历为辅，兼顾四季变化与月相盈亏，并通过"置闰"等办法，将两者高明地调和起来。民国初年时，即有国人对此种历法的特点清晰揭明："吾国之历，普通虽称为阴历，然其实乃一太阴阳历，非纯粹以月为标准者。吾国向以从冬至至冬至为一回归年，年分四季……由回归年之长且斟酌月之盈亏，而分年为十二历月，年用回归年，故年为气候之周期，与阳历同。月用朔望之周期，故又与阴历同。介于阴阳历之间，此太阴阳历之名所由来也。"[1] 此种形式的阴阳合历，因格外关注农时，长期被用于指导农业生产，1949年后又被作为公历的一种补充形式，广泛称为"农历"。

中国的这种历法先秦时期即已创立，汉代时已相当成熟。明末清初，由于汤若望和南怀仁等西方传教士的参与，有关历法得到进一步改进，特别是法理的解说和相关计算，亦更为科学与精准。乾隆时确立的《癸卯元历》，带有中西合璧的特征，成为传统农历较为完备的形态，一直使用到清朝灭

---

[1]　蔡钟瀛：《太阳历与太阴历》，《东方杂志》1915年第12卷第7号。

亡。20世纪初年，维新派和革命派人士中多有主张采用西方阳历取代传统阴历者，特别是梁启超，1910年他发表《改用太阳历法议》一文，认为阴历中闰年闰月变化不定，"不足以周今日之用"，建议改为世界通用的"整齐划一"之阳历，产生了一定影响。同年，资政院参议员易宗夔等正式向责任内阁提出改用阳历议案，遇到各种阻碍。次年3月，资政院再次向朝廷提议改用阳历，最终得到内阁总理大臣奕劻的允准，承诺于1912年再"详议办法"实行。1911年11月30日，资政院正式通过采用阳历议案，这时距辛亥革命爆发，已经过去一个多月。中华民国临时政府成立后，孙中山于就职当天即发布《改用阳历令》，通电从次日起，在全国实行阳历制。

民国时期，尽管政府规定使用阳历或公历，但民间特别是广大乡村社会，依然长期以农历为主导，即便是南京国民政府以更强的力度推行阳历，称阳历为"国历"，竟至一度宣布废除农历，可结果亦依然无法阻止广大民众对农历的厚爱与日常的使用。有学者称民初历法的使用具有"二元社会"[①]的特点，不无道理。但之所以形成这种格局，却并不只是由于习俗文化的自然延续作用，还在于阳历本身并不完美，而传统农历也具有自身优长等缘故。整个民国时期，关于历法

---

① 　可参见左玉河：《评民初历法上的"二元社会"》，《近代史研究》2002年第3期；《拧在世界时钟的发条上——南京国民政府的废除旧历运动》，《中国学术》第21辑，北京：商务印书馆，2005年。

的讨论和实践一直持续不断，其中有一种理性的声音始终存在，那就是在历法问题上既要顺应世界潮流，又要保持民族特色，既要保证科学精确，还需考虑社会政治和文化的整体调适。

中秋节和春节、元宵节、端午节等，就是按传统农历（阴历）运行的关键节日。当然民国时期，农历本身也有变化。1929 年以前，先是沿用清代的《癸卯元历》，很快就变更为《新法天文夏历》。现行农历，则是 1929 年制定并流传至今的《紫金历》。值得一提的是，中秋节等传统节日的日常存在，以及近代中西文化交流的深化①，对基督教在华本土化也产生影响。传教士们逐渐将中秋节和西方固有节日联系起来看待，推动了基督教与中国本土中秋民俗的融合。

近代中秋月文化的变迁，还表现在受近代文学革命价值观和复杂文化思潮的影响，新文学中月亮意象的内涵极大地超出了传统诗文中的阴柔美和团圆情。文人笔下的月亮进入到唯情主义、阶级话语、左翼文学和风月小说等的多元语言表达和书写中，使得中秋文学的内涵得到进一步丰富与拓展，也从此包孕了新的矛盾和张力。不仅如此，这一文化还深深打上了民族民主革命的时代烙印。尤其是抗日战争时期，遭受侵略的国人之中秋感怀常常带着强烈的悲愤之情，家

① 如由中美人士合办，后来逐渐被中国人主导的英文《大陆报》（*The China Press*）从 1917 年起，就经常报道中秋节及中国人的有关习俗和文化，自觉寻求西方读者的了解。

国圆满与民族复兴成为广大受压迫民众最迫切的愿望。如1931年"九一八"事变爆发后的第8天，有位诗人就在中秋节写下《月下》一诗，发表于《新闻报》，该诗激情写道：

> 明月虽这般皎洁，
> 但我锦绣的江山已染上血迹；
> 明月虽这般媚笑，
> 但我同胞的心中却隐痛万状。[①]

诗意如何暂且不论，它却是那个时代饱受列强欺凌的中国人"中秋感念"的集中体现。

月亮的文学和艺术书写，无疑属"月亮的人文史"中的重要部分，其中充满着各种新旧认知、感悟和想象。我们又将其分为三个具体专题，分别聚焦于"五四"时期的咏月情诗，著名作家张爱玲小说中关于月亮的女性书写或女性的月亮感知，以及戏剧改良特别是新兴的话剧创作中对于传统的"嫦娥奔月"神话故事的现代改造等问题，来展开具体的历史考述和分析。

"五四"时期，知识界提倡"人的文学"，反对礼教，追求新道德成为时代的潮流，促进了自由恋爱的流行。在新文化的影响下，情诗大量涌现，"月之文学"成为现代新诗中

---

① 陆梅山：《月下》，《新闻报》1931年10月3日，第6张第2版。

一道亮丽的风景。"五四"时期情诗中的"月亮"意象,既受到传统文学的滋润,更直接受到西方浪漫主义的洗礼。随着西方浪漫主义思潮传入中国知识界,英国湖畔诗人、拜伦、雪莱、济慈、歌德等浪漫主义诗人成为崇拜的对象,亲近自然、歌唱理想和讴歌爱情,成为时代主旋律。在提倡自由恋爱的 20 世纪 20 年代,现代情诗风行一时。在汪静之、郭沫若、徐志摩等浪漫主义诗人之诗中,"月亮"意象具有不同于古典诗歌的格调、意境、音节、思想和情感表述方式,同时"月亮"也见证了恋爱中男女私人关系的变化,成为男女在公开社交中借以传情达意的重要媒介。可以说,"五四"情诗中的"月亮"意象,主要成为浪漫主义自由恋爱的象征,它映现出恋爱中主体的人格,心路历程、情感波动和思想变迁。而随着 20 世纪 30 年代阶级话语取代个人主义话语,"呼吁与诅咒"的战歌取代了"赞叹与吟咏"的恋歌。"月之文学"的时代也随之逝去。

在小说领域,月亮书写同样发生了时代性变化。民国时期众多有影响的作家中,对以月亮指代女性的月亮意象之使用较为自觉、重视度高且特色鲜明,其作家本身又是中西文化交融的女性,能够真切体察女性的生活处境、日常感受和自身命运者,张爱玲无疑是典型代表。尽管不少学者已在此课题上反复耕耘,本书第六章《月亮与女性:现代小说中"月亮"的女性想象与叙写——以张爱玲作品为中心》,依然希望能够写出一些新意。在张爱玲的小说中,最常见也最为重要的月亮意象，总是自觉与女性紧密联系在一起，体现着传统与现代、东方与西方的结合，且在女性想象中"暗汇空间、心理上的对应，凸显一种'月人交融'的特征"。她笔下的月亮，既清冷孤寒又狰狞变异，女性刻画有从窈窕淑女、闺中思妇到凄惨、麻木、疯狂之女的转变现象，可以洞见古典月与西洋月的某种独特交融。通过分析张爱玲小说的"月亮叙写"，我们亦能得见 20 世纪 30—40 年代小说中觉醒的女性意识与中西文化互动、民国社会现实之间的复杂关联。①

嫦娥奔月神话故事的形成和发展，是中国古老月文化的精华所在之一。时至近代，它又发生了新的历史性演绎，呈现出多种不同的版本，并被搬上银幕。民国初年，梅兰芳率先编排了古装新戏《嫦娥奔月》，轰动京沪，引领了戏剧改良的风潮。"五四"以后，郭沫若、筑夫、鲁迅等人创作了多部以"嫦娥奔月"为主题的文学作品，产生了一定的社会影响。新中国成立前夜，伴随着中国话剧行业的成熟，吴祖光、顾仲彝、张真等剧作家创作了一系列以"嫦娥奔月"影

① 月亮的散文书写也是近代中国月亮的文学书写之重要内容，像 1927 年朱自清的《荷塘月色》一文，对于清华园内由杨柳、莲叶、荷花和流水等组成的荷塘月色之虚实相间、浓淡相宜、疏密有致的描述，以及由此所表达的对社会和平、宁静生活的期待心理，便是典型作品。我们在这方面尚缺乏历时性整体把握，只好暂付阙如。另有点遗憾的是，我们这次也未能在关于"月亮"主题的近代美术史方面作专题拓展。相关内容其实也是很丰富的。像丰子恺关于月亮的美术创作，就带有新旧交织的典型特点，人文内涵值得反复品味和解读。这也是我们乐于将其绘画作品选作封面插图的原因。

射国民党政府暴政的剧本，在各地多次演出，号召人民起来反抗独裁统治、追求自由解放。他们创作的"嫦娥奔月"故事情节各不相同或各有千秋，但最终表达出的主题，无不是对独裁政治的控诉、批判与反抗，以及对新世界的向往。在近代中国，"嫦娥奔月"故事的反复演绎，承载着国人的多重理想，使得一批具有近代精神气质的神话人物形象得以形成并深入人心，不仅展现了时代的变迁，而且参与推动了历史的变革。《月亮的人文史》一书即主要以嫦娥奔月神话故事的"戏剧化"历史，来展现其中的人文内涵。

近代中国是一个新旧社会转型、中西文化互动的过渡时代，关于人们日常生活中永恒相伴的月亮，曾形成多种具有时代特色的话语，其中流传最广、影响最大的，肯定非"外国月亮比中国圆"莫属。长期以来，学界对这一话语既熟悉又陌生，对它的由来、流播运用及其历史文化内涵迄今未见真正用心的历史研究。我们在书中将其视作近代中国文化心态史上的一大"事件"来看待，并给予切实考索、梳理和解读，相信这对于了解和认知近代中国崇洋心理的特点与症结、建构民族文化自信心，不无一点启迪。

三、有关"月亮的人文史"的两点简单说明

就方法而言，《月亮的人文史》一书从最初拟题讨论，到贯穿始终的研究和撰述，我们主要受到社会文化史或称"新

文化史"的影响。我们希望弄清近代中国有关月亮的知识、想象、观念和信仰等都发生了哪些变化；它们传播和被接受的社会文化境遇、社会化程度和影响究竟如何；承载或体现它们的文化因子、形态或媒介又是什么；哪些人在这一过程中发挥过独特作用，又具有何种社会文化意义等问题。也就是说，从社会和文化双向互动的角度，来揭示近代中国的月亮与人相关之历史面相并透视所在领域的社会文化变迁，乃此书的宗旨所在之一。就此而言，"文化史"与"人文史"有相互贯通的地方。但我们对"人文史"的理解，范围略狭，大体上，它是一种自觉以人为本，同自然相对待、却无法与之相离，且最终应与之相契相融；与科学有区别、却不能与之相悖，且终须经过现代科学的适度洗礼，以及现代性的整体滋润，带有一点"人文主义"反思意味和现代性反省内涵的文化史。

具体说来，《月亮的人文史》一书之所以称"人文史"，主要有以下两种考虑：

首先，对于我们的研究来说，"人文史"是一种区别于"自然史"的范围限定，我们关注的并非是作为实体的自然月亮自身发展演变的历史，而是月亮与近代中国人的关系史，即这一特定时代国人对于月亮的认知、感悟、书写和话语及其变迁的历史，它主要是人文范围的历史。不过，同是与人发生关系的自然，高悬天际的月亮之于人类，同可经常出没于其中的"地中海"之于人类，类型又有不同。两者的互动关系也存在不可同日而语之处，故欲书写"人文史"，其内涵与呈现也自会有所差别。与此同时，在具体把握这一历史的时候，我们也希望对其内在的文化各门类和文、史等学科的界限，能有所突破，力图呈现出人文各因素彼此间的关联和一种基于联动性的整体变迁面貌，此乃本书的基本目标，也是目前国家"新文科"教育的重要追求。当然，我们所设想的也未必都已得到贯彻，重要的是作为"理想"，它具有继续探索的空间和前景。推展开来说，在具体实现上述人文史"呈现"或书写任务的过程中，陈平原教授所谓"有人有文、有动有静、有声有色"，肯定是需要努力的方面，但恐怕仅此还不够，似乎还可包括"有天有地""有情有理""有清晰有模糊""有故事有关怀""有叙述有感悟""有中国有世界"……诸如此类问题，视角有别，可多维尝试，尚有待同仁们继续思考和实践探索。①

① 人文史如何在写法上真正有效体现"人文"特点，显然还需要认真考虑和对待。2022 年 9 月 25 日，笔者应邀参加陈平原教授发起的北京大学中国现代人文研究所成立大会，他明确阐发的"人文史"理解，与笔者多年的某些想法有不谋而合之处。不过，本书的追求远没有他气魄宏大。他致力于构建有别于自然史、社会史的多卷本《现代中国人文史》，旨在"重新构建近代以降中国人文学术的知识体系"，"将各人文学科的思考融会贯通"，而不是简单拼凑，"呈现有人有文、有动有静、有声有色的现代中国"。可见陈平原：《"现代中国"的视野以及"人文史"构想》，《中华读书报》2022 年 10 月 12 日，第 13 版。

其次，也即本书称为"月亮的人文史"的另一种考虑，则是同时将"人文史"多少视为一种方法，一种对现代性科技文明弊端有所反思的学术路径。作为知识范围的人文，无疑需要现代性的洗礼，事实上超越"神文"、捍卫人的尊严、自由和价值的人文主义本身，也正是西方现代性的起点所在；但现代性发展到今天，许多方面却同人的尊严、价值甚至"人之为人"的核心追寻日益背道而驰，于是先觉者又不得不在新的高度，不断敲响"人文"反思的警钟，并自觉地去向传统文化寻求资源与智慧。限于水平，本书的这一关切成效尚显不足，但已然转化为驱动自身开展此项研究的真实动力。这几年，新冠病毒的肆虐与ChatGPT的问世，持续警示生态环境的不容破坏和人类命运的深刻隐忧，同时也反复敦促我们尤其是我自己：赶紧努力，将这一月亮与人之精神关联的历史课题进行到底！

本课题的研究，属于跨学科探索。其出版得到了中国人民大学"双一流"跨学科创新规划平台——中华文史跨学科交叉平台的支持。全书的撰写，由黄兴涛主持，大家分工合作完成，绪论和各章的作者分别如下：

绪论：黄兴涛（中国人民大学历史学院）

第一章：谭丹（中国人民大学清史研究所）

第二章：张书（山西师范大学历史与旅游文化学院）

第三章：李世鹏（清华大学历史系）

第四章：代聪（北京市香山公园管理处）

第五章：吴海洋（武汉大学文学院）

第六章：骆朦（中国人民大学历史学院）

第七章：郑旦（中国人民大学清史研究所）

第八章：黄兴涛、岳忠豪（中国人民大学历史学院）

第一章

西学与近代中国的月亮新知

千百年来，人类对月亮投射了无尽的想象，创造了林林总总的月亮神话、传说和文化意象。

"每种文化各有它们的月亮。"① 在中国，如果设定有一个"传统"月亮意象，那么这个意象也是复杂多面的，涉及文学、神话、历法等多个领域。作为漫漫长夜中悬挂于天边人们所能看见的最亮的天体，月亮以其皎洁月色与阴晴圆缺的变化，引发人们或是凄艳优美，或是悲凉慷慨的遐思。月亮总是和文人墨客、游子思妇的心情相联结，成为许多脍炙人口的诗歌歌咏的主角。更别说嫦娥奔月、吴刚伐桂、天狗食月的传说，在每家的"围炉夜话"中都可能被一再复述，在每个孩童和大人的脑海中都留下印记。虽然，中国对月食的观测与记录古已有之，保留了极为丰富的材料，但这并未让月亮失去人格化色彩。月与人相关，月亮的阴晴圆缺也与人的悲欢离合相联系。

---

① ［德］贝恩德·布伦纳（Bernd Brunner）著，甘锡安译：《月亮：从神话诗歌到奇幻科学的人类探索史》，北京：北京联合出版公司，2017年，第33页。

西方的月亮，同样有其漫长的神话史。不过自 17 世纪初伽利略发布关于月球的环形山的报告起，科学家们开始探讨月球是否宜居之类的问题。新式望远镜的发明，更使月亮的神秘面纱被逐步揭开，各种新的宇宙想象得以涌现，从此关于月亮的神话在西方逐渐受到科学知识的挑战。这种变化，后来也影响到中国。如今，人们对月亮的认知已然达到前所未有的境界，科学与神话的角色早已根本移位，但两者之间并未截然分离。2004 年 2 月，中国国家航天局正式宣布，绕月探测工程正式开始实施，这一工程被命名为"嫦娥工程"。 这种命名方式，自然要促使今人对近代西方的月亮新知与中国传统月亮神话的最初相遇问题发生浓厚的兴趣。

中国人关于月亮的近代新知，最早来源于明末清初的入华耶稣会士。当时传教士带来的西方天文科学里究竟如何谈及月亮？其与中国原有的月亮神话、故事、意象是否发生碰撞？在此之后西学的传播又如何影响近代国人对月亮的认知？诸如此类问题，吸引笔者不得不去进行一番历史的考察。

一、西方月亮新知的早期传入

明末清初，入华耶稣会士在中国传播天主教教义的同时，也将西方天文学知识一并输入。他们关于月亮新知的早期传播，主要集中于月球的大小、运动以及月食的成因等问题上。这些新知，最初以"西学真理"的名义传入中国，而传播者一开始便自觉寻求其与中国传统天文知识的结合。

明清之际，传教士同中国士人合作译编了各类西学文本，对西方天文学知识多有介绍。关于月亮，首先涉及的是月亮为球体的认识以及相关的日月食新知。"月球"一词较早见于明代传教士利玛窦所编写的《乾坤体义》一书。书中谈到"日球大于地球，地球大于月球"，"地球大于月球三十九倍"。① 这些显然包含了西方近代天文学的内容。该书还谈及以日、月、地三者的影子定日月薄蚀，以七曜地体为比例倍数等知识，让国人耳目一新。意大利传教士高一志答中国士人问题而作的《斐录答汇》一书，在引入地圆说的同时，特别解释了月球表面看似平坦，实则凹凸不平的现象，说明日月距人甚远，肉眼不能分辨，如同平板上本来高低不平，置于远处，看着也有如平面，强调日月星宿光影之颤动，是"空中多有微尘及湿气"所致。② 1615 年初刻的《天问略》一书，大致介绍了日食月食、昼夜长短变化等现象的天文成因。明人孔贞时在该书小序中将日月食成因的西学解释追溯到王充、张衡那里，试图找寻中西月亮知识的连接

---

① ［意］利玛窦：《乾坤体义·卷中》，文渊阁四库全书本。
② 黄兴涛、王国荣编：《明清之际西学文本》第 3 册，北京：中华书局，2013 年，第 1519—1523 页。

点，强调"其言日蚀由月，似王充太阴太阳之说；其言月借日光，似张衡《灵宪》所什生魄生明之说"。[①] 书中"月天为第一重天及月本动"一节，指出月球的运动轨迹交于黄道，而其躔道出入黄道南北五度，运行轨迹与日行不同，"故中国历家曰月有九道"；月体与诸星之体一样坚凝而不透光，故出现月光每日不同的现象，并因月球运动出现朔、望之别；因"地球悬于十二重天之中央"，日轮恒在黄道上，望日之时，月轮也在黄道上，与日正对望而出现月食，月食时刻则随地球的影子和月球的运行轨迹而有不同。关于月球运动和月食问题，《天问略》不仅做了较详细的原理说明，还绘制了生动的配图。

除了一般性的介绍著述外，耶稣会士汤若望所撰《测食》，更是为讨论日月食问题而作的专著。书中绍述了月光借日光的知识："日为诸光之宗，永无亏损，月、星皆借光焉。"并简单说明了日月食的成因和朔望月相变化的情形，指出在朔之时，月球处于地球与太阳之间，故形成日食；在望之时，地球在日月之间，故形成月食。其言曰："朔，则月与日为一线，月正会于线上，而在地与日之间。月本厚体，厚体能隔日光于下，于是日若无光，而光实未尝失也，恶得而谓之食？望，则日月相对，而日光正照之，月体正受之，人目正视之，月光满矣。此时若日月正相对如一线，而地体适

---

① 黄兴涛、王国荣编：《明清之际西学文本》第 3 册，北京：中华书局，2013 年，第 1025 页。

当线上，则在日与月之间。而地亦厚体，厚体隔日光于此面，而射影于彼面。月在影中，实失其所借之光，是为食也。然其食，特地与月之失日光耳。"[①] 此书还特别介绍了月食不通光的原理以及地圆说等，并准确预测了日月食的发生时间和间隔长短。这是"系统介绍当时欧洲月食测算，以及相关天文学知识的中文著作"，[②] 开启西方月亮新知较为系统传入中国之先声。

明清之际，与传教士密切相关的天文学家对月亮的新知也有吸纳，已有学者考证，他们同时采用哥白尼、第谷等有关月亮理论和数据。徐光启等主持、汤若望等参与编撰的《崇祯历书》，记载计算交食等项约有二法，其一为公式法，用诸三角法进行推演；其二为立成法，用先所推定诸表计算。[③] 桥本敬造与江晓原都曾指出《崇祯历书》中的月亮理论为第谷模型。[④] 据《崇祯历书》删改修订而成的《西洋新法历书》（又称《新法算书》），叙述了西方天文学简史。其第四卷"论太阴行"（月亮古代也称太阴）部分，对月球运动、日月位

① 黄兴涛、王国荣编：《明清之际西学文本》第3册，北京：中华书局，2013年，第1084—1085页。

② 黄兴涛、王国荣编：《明清之际西学文本》第3册，北京：中华书局，2013年，第1081页。

③ 李亮：《从〈细草〉和"算式"看明清历算的程式化》，《中国科技史杂志》2016年第4期。

④ 江晓原：《第谷天文工作在中国的传播及影响》，收入《科学史文集》第16辑，上海：上海科学技术出版社，1992年，第127—143页。

置关系也有说明。第五卷"解月自行，以求月经纬度"和第六卷"解日月合会，求日月平朔平望"则论述了月球的运动。此书"月离历指"引入了一个均轮带两个本轮的哥白尼月亮模型，"月离表"则采用第谷新法。[①] 薛凤祚翻译穆尼阁的《天步真原》并以此为本作《历学会通》，《天步真原》基本遵循了哥白尼信徒兰斯玻治的《永恒天体运行表》中的月亮理论，《四库全书总目提要》称《历学会通》"其法专推日月交食"，[②] 该书以"会通"为要义，还吸纳了哥白尼理论。它分为正集、考验、致用三部分，其中"正集"十二卷介绍了日、月、五星运行的理论及三角函数、三角函数的对数等新知。

在清前期，上至皇帝，下至布衣，都有喜谈天文历算者。在此风气之下，国人也逐渐吸纳了不少有关月亮知识的西学成果。康熙显然对天文学有浓厚的兴趣，并学习过相关知识。他曾亲自召集梅毂成、何国宗等大批学者，在庄亲王允禄、诚亲王允祉的主持下整理、编订《历象考成》。《历象考成》是在《西洋新法历书》的基础上修订而成，仍介绍第谷体系和沿用第谷所定的天文数据，但修改了《西洋新法历书》中图表不合等错误。在计算月食方位时，采用月面方位的办法，说明在月面的上下左右等哪个方向，并根据实测修改了一些数

---

① 宁晓玉：《〈新法算书〉中的日月五星运动理论及清初历算家的研究》，中国科学院博士学位论文，2007 年。

② 《四库全书总目提要·天步真原》卷 160，文渊阁四库全书本。

据。① 该书还简洁阐明了"太阴及于黄白二道之交，因生薄蚀，故名交食""必经纬同度而后有食也"等交食历理。②另外，在"朔望有平实之殊""朔望用时""求日月距地与地半径之比例"等各节，该书纠正了《崇祯历书》月亮理论中的大部分问题，带有中国天文学家自创的色彩，③可谓是对此前传播入华的有关月亮知识的集大成者。

来华耶稣会士戴进贤在清初任钦天监长达 29 年，他所编的《历象考成后编》包括月离数理、月离步法、月食步法、月离表、交食表等内容。该书在引入开普勒椭圆运动理论后，又介绍了牛顿等人关于月亮运行的理论成果，新引入了一平均、二平均、最高均等知识，即介绍了牛顿以来发现的太阳摄动造成的各种周期差新知。与《西洋新法历书》采用"本轮""均轮"推导初均数的方法不同，该书新引入了"末均""求初均数"，介绍了卡西尼等人的成果和月亮的地半径差。④戴进贤和欧洲天文学界多有来往，并把融合了牛顿月亮理论的月离表收入《历象考成》附录和增补于后编之中，这满足了中国人更好地预测月食的需要。⑤

① 陈遵妫：《中国天文学史》（上），上海：上海人民出版社，2016 年，第 166 页。
② 《历象考成》上编卷 6《交食总论》，文渊阁四库全书本。
③ 褚龙飞、石云里：《第谷月亮理论在中国的传播》，《中国科技史杂志》2013 年第 3 期。
④ 杜昇云、崔振华、苗永宽等主编：《中国古代天文学的转轨与近代天文学》，北京：中国科学技术出版社，2008 年，第 178—181 页。
⑤ 韩琦：《通天之学：耶稣会士和天文学在中国的传播》，北京：生活·读书·新知三联书店，2018 年，第 201—203 页。

讨论月亮新知在华传播，不仅要考虑西学本身的发展演变、内在矛盾，也要考量新知在中国本土社会如何被选择和发挥的问题。在这方面，黄宗羲和梅文鼎的有关认知活动，可谓特出。他们不是一般性地接受新知，还有过可贵的创造、发展。比如黄宗羲关注西学新知，还曾著有研究专著《西历假如》。书中包含日躔、月离、五纬、交食四节，内容相当丰富。已有学者指出，黄宗羲此书虽以《崇祯历书》为蓝本，但他经过了独立研算，"每有发凡"，并纠正了《崇祯历书》和《天学会通》中有关问题的多处错误，尤其在"求月离宿"一项，讨论的内容更翔实，关于"月食"部分，也多处有新算努力，且今人证之，大多可信。① 比黄宗羲稍晚，梅文鼎的有关知识创新更为显著。他订正了《大统历法通轨》交食法的入食限日，以《元史·授时历经》所载时差分和定用分参照，考定了日食夜刻、月食昼刻的时间界限问题，并对月食时差分进行补定，实在难能可贵。其所撰《历学骈枝》全书分为五卷，包括"月食通轨""太阴迟疾立成"等内容。梅文鼎还画出了清晰明确的日、月食限图，以几何形式阐述了日、月食从初亏至复圆的全过程。其阐释达到了相当高的水平，与现代学者的研究结果基本一致。②

西学中源之说在调和中西之争中影响广泛，曾对早期

---

① 杨小明：《黄宗羲的天文历算成就及其影响》，《浙江社会科学》2010年第9期。

② 卢仙文、江晓原：《梅文鼎的早期历学著作：〈历学骈枝〉》，《中国科学院上海天文台年刊》1997年第18期。

国人接受西学新知发挥过积极作用。清前期士人多有接受此说，并将其自觉融入研究活动中。戴震就是其中的典型代表。1767年，戴震参修《续天文略》，谈到日月运行之法，声言将其"更目为十……曰日月五步规法"。其《迎日推策记》专论日月五星天象推步之法。晚年他写成《原象》，前四篇"璇玑玉衡""中星""土圭""五纪"，讨论天体运行模式。《原象》用与《周髀算经》相符合的"璇玑""左旋""右旋"等传统概念，来传达近代天文学的新知，成为自觉沟通传统天文学与西方近代天文学知识的先行者。他强调："其极《周髀》所谓北极璇玑，环正北极者也。月道之极，又环璇玑者也，是为右旋之枢"，"日月之盈缩迟疾，此之谓有定之差数"。①戴震虽对哥白尼、开普勒等人的学说都有了解，选择的却是较早的第谷体系。他对岁差的说明，还没有看到太阳和月亮的影响，而是以视运动，即日循黄道右旋，月循白道（月道）旋转等知识来加以解释。②在沟通东西方天文知识方面，戴震的早期尝试虽有不尽合适和确切之处，但在当时的积极作用，尤其是在推动对传统天文历算学典籍和学说的发掘整理方面的作用，却是不能否认的。

---

① 张岱年主编：《戴震全书》第4册，合肥：黄山书社，1995年，第33—34、5—7页。
② 李开：《戴震评传》，南京：南京大学出版社，1992年，第194页。

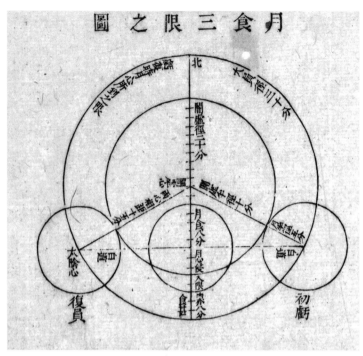

梅文鼎：《历学骈枝·月食限图》①

　　明清时期欧洲天文学在中国的传播，一度使中国非常接近欧洲天文学发展的前沿。②如伽利略将望远镜用于天文观测，几乎同时期，徐光启、李天经等人也已经开始使用望远镜。望远镜的发明，逐渐揭开了天空星宿的神秘面纱。罗雅谷曾言："远镜既出，用以仰窥，明见为无数小星。"③

---

①　《梅氏丛书辑要》卷43。

②　江晓原：《欧洲天文学在清代社会中的影响》，《上海交通大学学报（哲学社会科学版）》2006年第6期。

③　罗雅谷：《五纬历指》卷3《恒星之三》。

月亮作为夜晚最亮的天体，顺理成章地成为望远镜观测的极佳对象。清人阮元初次接触新式望远镜后大为触动，他于1820年创作《望远镜中望月歌》一诗，[①] 借由"五尺窥天筒"之帮助，让月亮在这位汉学大家眼中第一次得以如此近距离呈现，与邹衍时代的遐思已然大为不同，诗作里所用的"天球""地球""恒星"等名词，已是以地圆说为基础的现代概念。诗中阮元还直接斥广寒玉兔之说尽为"空谈"，想象月球上所见之物"暗者为山明者水"，这与开普勒将月球上明亮和黑暗的区域分别命名为月陆和月海如出一辙，又言"吾从四十万里外"，则大致指明了地月距离。[②] 在这首诗中，月亮与古典诗歌中的意象已有所不同，其神秘色彩被淡化了。随着观测工具的精细化，国人关于月亮的认知也发生着某种改变。有人甚至断言，这动摇了中国传统的月亮神话。[③]

明末至清前期，国人的月亮新知与传教士传播天文知识密不可分。然而在传教士笔下，这些天文知识总是和神学相联系。如艾儒略撰《万物真原》，就提到七政都是天主所造，所谓"造天上日月五星，各丽一天，以为七政"。[④] 他又撰《西方答问》，以问答方式介绍当时欧洲地理政经等知识，下卷

① 王章涛编著：《阮元年谱》，合肥：黄山书社，2003年，第673—674页。
② （清）阮元撰，邓经元点校：《揅经室集》下册，北京：中华书局，1993年，第971—972页。
③ 王川：《西洋望远镜与阮元望月歌》，《学术研究》2000年第4期。
④ 黄兴涛、王国荣编：《明清之际西学文本》第1册，北京：中华书局，2013年，第382页。

"交蚀"部分对日月食之成因加以解释，然而在"星宿"一节，又认为造物主创造了一切星宿："如是则列宿皆无所主耶？曰：造物主化生星宿，各与本德本效。"[1] 总体而言，耶稣会士传教时期，一切星体运行之原推动力，最终都被归结为"造物主""天主"。这样，就使得有关月亮的新知被涂上了浓厚的宗教色彩。此种天文知识和后来的近代科普新知当然有区别。

不过，宗教的包裹，也无法尽掩那些天文新知中合理成分的影响。雍正以后的禁教时期，西方传教士们多在马六甲一带活动。1816—1819 年，近代第一份中文报刊《察世俗每月统记传》在马六甲一带发行，传教士设法向中国内陆传播。在"天文地理论"的总标题下，该刊介绍了包括日心说、行星、侍星（卫星）在内的近代西方天文学的重大成果，以及日食、月食的天象成因。[2] 在禁教百年之后的晚清，月亮知识的传播对象不再仅限于上层士人，而是通过传教小册子传播给更多的下层民众。

二、清末民初月亮新知的反响与讨论

清末民初，关于月亮的近代天文学知识大量传入，与中

---

① 黄兴涛、王国荣编：《明清之际西学文本》第 2 册，北京：中华书局，2013 年，第 756 页。

② ［英］马礼逊等：《察世俗每月统记传》卷 2，大英图书馆馆藏本，第 84—102 页。

国原有的月亮意象、对月亮的认知实践存在矛盾之处，两者曾发生多样的冲突。以月亮新知批评月食救护逐渐成为大众科普议题中的焦点，并伴随着月亮表面的物理特性、地月关系等方面的讨论。

清初，传教士关于月球知识的传播特别强调月食之成因、月球之运动，这些新知与中国传统的月食救护仪式的存续与否息息相关。《诗经》言"彼月而食，则维其常"，在古代，救月仪式被视为遵循旧礼，乃天经地义之事。当有日食或月食发生时，上至统治者，下到平民百姓都要施行相应的救护仪式。这一礼制习惯从周代一直延续至清末。[①]庙堂之上，皇帝及百官要共同参与仪式；江湖之中，普通百姓鸣锣敲鼓，甚至放鞭炮以驱赶吃掉月亮的"天狗"。清定鼎之初，对救护之典沿而不废。[②]救护仪式需要对月食有准确预推，古代历法的主要内容之一就是进行日月食的推算，以便编排历书、历谱和预报日月食，且中国在这方面的相关制度已渐完备。康熙时期，有些上层人士对日月食之成因已有新的了解，但朝廷却仍循旧例，救护月食不误。在这方面，敬畏天命或可以为一解释，[③]但此种官方层面的救月仪式竟然

---

① 朱海珅、孙亭：《对中国古代日月食救护仪式异同的分析》，《阴山学刊》
  2015 年第 2 期。

② 《救护日月食论》，《益闻录》第 92 期，1881 年 3 月 19 日。

③ 刘志琴主编：《近代中国社会文化变迁录》第 2 卷，杭州：浙江人民出版社，
  1998 年，第 562—566 页。

一直持续到清末，这存在值得探讨之处。

具备西方天文学知识的西人并不能理解救护月食的行为，他们对中国救护月食的批评由来已久。19世纪初，来华传教士罗明尧所著《格致奥略》就曾针对当时中国"每见日蚀则鸣鼓救之，及月复明，谓之有功"的救护月食传统发出"亦可讶矣"的感叹。① 道光年间发行的《东西洋考每月统记传》，从神学的角度，也认为人民打锣击鼓、点烛烧香，围着救月台走来走去念经，是违背天意的虚妄之事。② 在西方传教士看来，中国的护月行为怪诞而原始，属于愚昧落后的突出表现。

时至清末，中国人自身也逐渐以科学知识来批判救护月食的行为。1881年，《益闻录》就曾发表《救护日月食论》一文，批评救护月食之举。此文以《历象考成》等诸种书籍为依据，认为日月食与灾异的联系为无中生有，曰"世人不察，以日月蚀为日月之灾，亦以日月蚀为人世之殃，真可谓无聊之论矣"。③ 这说明了《历象考成》等书籍传播天文新知取得效果，实际上这也成为此后认定救护月亮为落后习俗的主要依据。

进入20世纪以后，现代科学与传统旧俗似乎只能以对

---

① 黄兴涛、王国荣编：《明清之际西学文本》第2册，北京：中华书局，2013年，第908页。

② 爱汉者等编，黄时鉴整理：《东西洋考每月统记传》，北京：中华书局，1997年。

③ 《救护日月食论》，《益闻录》第92期，1881年3月19日。

立的方式存在，对救护月食的批评之声愈加激烈。面对新锐的批评，清廷决定取消救护日月食的仪式。于是从光绪三十四年（1908）十一月十五日起，"月食始不循例救护"。《东方杂志》特意对此事加以报道，称此举是"以文明震动全球"。[①]《大同报》也将此事载于紧要新闻之中，声言"毋庸救护月蚀"。[②] 至此，作为官方行为而延续千年的日月食救护仪式正式终结了。

清廷虽不再举行救护仪式，民间却仍在坚持，直到民国以后还继续存在。这招致当时许多知识分子、学生群体的批评。不少人曾为此在报刊上发声，或是进行科普时提及，或是直接呼吁停止救月。如 1916 年，《进步》杂志上有人撰文抱怨当时的天文学论著太少，普通人的知识未能达到科学研究的地步，包括月亮新知在内的天文知识的普及不应被视为泄露天机，指出：以我国社会迷信之深，则不当秘密；以我国天文智识之幼稚，则不可秘密；以世界各国推测已定之事，尤无所用其秘密。由此强调传播日月食科学知识的重要性。[③]

从民国初年持续到 20 世纪三四十年代，救护月食被与"迷信""愚昧"联系起来，知识分子见百姓还循例救月，往

① 《光绪三十四年十一月大事记：十五日月食始不循例救护》，《东方杂志》1908 年第 5 卷第 12 期。
② 《国内紧要新闻：毋庸救护月蚀》，《大同报（上海）》1908 年第 10 卷第 20 期。
③ 黄艺锡：《本年之天文：日食二次，月食三次》，《进步》1916 年第 9 卷第 5 期。

往怒其不争，尤以新文化运动前后最为激烈。如新文化运动初期，杜威来华讲演哲学时，《申报》便适时发出"纯粹科学完全是旁观态度"的结论，并以天文学为例，表示"月亮的圆缺都不与吾们相干，我们的欲望与意志一些也不能加入应用科学"。[①] 次年，徐家骥在《公民常识》一栏再批救月之荒谬。[②] 几年后依旧有普及月食之原理的文章，[③] 并且要民众不能再有锣鼓喧天、鞭炮齐鸣的护月行为，这样"我们大上海市民智识上的尊荣才能保持"。[④] 广泛的批评也起到了科普月亮新知的作用。

在清廷停止救护月食之后的很长一段时间里，民众仍继续救护月食的行为，恰与新式学生、知识分子的科普和哀叹形成鲜明对照。其情境大多遵循百姓循例救护月食——学人精英发出感慨、表示失望的模式，"不察""愚昧""迷信"等词也在科普文中频频出现。

在民间社会，老百姓到底何时普遍地不再举行救月仪式，目前还不十分明确，城乡、地域之间也无疑存在差别。据丁锡华1927年在《谈天》中提及，当时的一些救护月食仪式已经废除，"如祈祷禳解鸣金救蚀之类，直迨近日而始

① 《杜威博士讲演哲学记》，《申报》1919 年 9 月 30 日，第 7 版。
② 徐家骥：《公民常识：辟救月之荒谬》，《申报》1920 年 11 月 4 日，第 17 版。
③ 王澍楏：《月蚀的原因》，《申报》1924 年 9 月 27 日，第 13 版。
④ 《专栏：告市民书》，《申报》1928 年 6 月 3 日，第 15 版。

废"。① 可是到了 1933 年，《申报》又载，一个八月三十日的夜里，"远远近近，都突然劈劈拍拍起来"，原来是人们要"将月亮从天狗嘴里救出"。② 不过可以肯定，到 20 世纪 30 年代以后这种现象逐渐稀少，40 年代时已难见记载。这与中国天文学新知识的普及、政治时局以及新文化运动后科学观念逐渐深入人心是密不可分的。

除了月食问题的相关新知得到传播并引发社会反响外，关于月亮其他方面的新知识在此期间也得到持续传播。1859 年，英国人侯失勒（J.F.W.Herschel）（今译赫歇耳）著、传教士伟烈亚力和中国学者李善兰合译的《谈天》一书，把 19 世纪西方天文学的全景第一次展现在中国人面前。该书除 1859 年墨海书馆大字版外，还另有 12 个版本，可见传播之盛。③ 其中"月离"等卷涉及月球相关知识体系。该书指出，月的恒星周期为 27 天 7 小时 43 分 11 秒 5，根据地半径差法，求得月的实径为 6250 里，体积为地球的四十九分之一，运行轨道则为一椭圆，月球运行轨道与黄道的交角为 5 度 8 分 48 秒。④ 其精度相比清初大为提高。

---

① 丁锡华译：《谈天》，上海：中华书局，1927 年，第 79 页。

② 虞明：《秋夜漫谈》，《申报》1933 年 9 月 13 日，第 19 版。

③ 樊静：《晚清天文学译著〈谈天〉的研究》，内蒙古师范大学博士学位论文，2007 年。

④ ［英］侯失勒著，伟烈亚力、李善兰合译：《谈天》，上海：商务印书馆，1930 年。

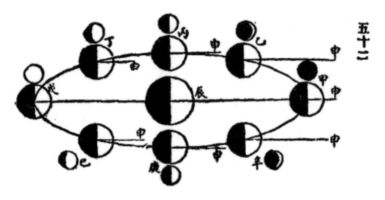

白道图解①

　　月球与潮汐的关系问题也一直为人所注意。早在 19 世纪 20 年代，《格致奥略》已指出月球运动与地球潮汐等现象存在联系，月的圆缺也与潮汐的大小有关，其言曰："月之旋运能世物，尤偏水湿之物。如海之潮汐，皆随之出没焉。凡月之盈虚，潮汐之为之大小。"②1857—1858 年，墨海书馆刊行《六合丛谈》，传教士伟烈亚力等人参与其中，主导传播了相当多的自然科学知识。该刊曾分多期刊载了伟烈亚力和王韬合译的《西国天学源流》，③ 其中概述了西方天文学发展历史，并提及第谷生平。更有第一卷第八号登载《潮

---

① 　 ［英］侯失勒著，伟烈亚力、李善兰合译：《谈天》，上海：商务印书馆，1930 年。
② 　黄兴涛、王国荣编：《明清之际西学文本》第 2 册，北京：中华书局，2013 年，第 908 页。
③ 　分别刊载于《六合丛谈》卷一第五、九、十、十一、十二、十三号，及卷二第一、二号。

汐平流波涛论》一文，比《格致奥略》指出潮汐与月球相关更进一步，该文用日月有质量所以有引力来解释潮汐现象，认为背月面有潮是月球对地面之水的吸力小，且朔望、两弦分别形成大汛、小汛，乃日月角度不同而导致的力度不同所引起的，潮汐时间也与月球运动相关。文章指出：潮汐乃日月吸引所成，太虚中有质之物，必互相吸引。月绕地时，吸引海水，向月之处，涨而潮；亦吸引地球，令全体微就月，而背月之面，水受吸力少，不与地俱，亦涨而为潮，故有二潮，在地两面，各地每日涨退两次者是也。[1] 大约 20 年后，《格致汇编》又著文更新了关于潮汐成因的科学解释，从力学角度提出向心力和离心力对潮汐的作用。[2] 维新时期的《格致新报》第 104 问更有创新之处，称这种解释还不够，认为背月之潮的形成是地球上水的流动性导致的，指出：向月之水，既被月吸收，地球偏重一面，必至转运不稳，但水易流动，故能将背月之水，逼之使高至与向月之面等其轻重而止。不仅如此，作者还用小儿所玩之地黄牛对此加以形象说明。[3]

这一时期，中国还出现了一批关于月食的观测图表与记录。1915 年由教育部中央观象台创办的《观象丛报》，从

---

① 沈国威编著：《六合丛谈：附解题·索隐》，上海：上海辞书出版社，2006 年，第 637—638 页。

② 陈镱文、辛佳岱：《晚清民初期刊与近代西方潮汐理论的传播》，《西北大学学报》2017 年第 1 期。

③ 《格致新报》第 9 册第 104 问，1898 年，第 149—151 页。另有第 14 册第 176 问、179 问也简单提及潮汐与月亮的关系，内容相似。

创刊号起将叶青的《古今月食表》连载了多期，认为中国传统的日月交食记载或失之简略、或自相矛盾，故《观象丛报》采用天文学家奥泊尔子的《日月交食图表》，并且带有计算潮汐的公式。[①]《观象丛报》还特别记载了两位观察者用望远镜观测月食之事。作者用经纬度知识来解释不同地区月食发生时刻的差异，说明：由格林维基起，每足经度十五，作为一区，谓之标准时区，在同区之地，相约用同一时间，因而京师要迟十四分七秒。[②]这样的记录表明，作者已能根据经纬度来精确地推算不同地区月食时刻差异了。

月亮上是否有生物存在？早在1610年，伽利略在《星际使者》一书中曾宣布，他用望远镜首次发现了月亮环形山。此后，一些科学人士如开普勒、威尔金斯等人，陆续撰写论著，讨论月球宜居的可能性。与此同时，在文学领域中也出现了大量以月球旅行为主题的作品。[③]这些作品并非凭空想象，而是在相关科学和技术知识的基础上加以发挥。例如，凡尔纳的《从地球到月球》于1865年出版，当时科学界就争论着月球上火山喷发，月球背对地球的那面是否有水、空气、植物等问题。晚清时期，关于月球旅行的科幻小说在中国已多有出版。20世纪初，国人译介《月界旅行》《环游

---

① 叶青：《叙言：古今月食表》，《观象丛报》1915年第1卷第1期。

② 《月食观测记》，《观象丛报》1918年第3卷第7期。

③ 穆蕴秋：《科学与幻想：天文学历史上的地外文明探索研究》，上海交通大学博士论文，2010年。

月球》，将凡尔纳的科幻世界带入中国。至1904年2月，上海已经出现了《月界旅行》的广告，而译著《环游月球》更风靡一时，多次再版。[①] 这些内容中交织着科学知识与幻想的科幻小说，塑造了国人新的月亮观念，并拓展了国人的月球知识边界。

清末民初，由于西方近代天文学成果的传播，关于月亮上有无生物的说法也逐渐多样起来。1898年《格致新报》刊文认为，诸星之上即使有"人"居住，那"人"也和地球上的人类很不一样，而月亮上则绝无生命："惟月中则既无生气，并无城郭宫室之可见，则可决其无人。"[②] 1902年，《选报》在报道法国天文学家观测月球时，强调因有黑烟从中喷出，故推测月球上有空气。[③] 1903年，《启蒙画报》刊登《月球有人》一文，谈到月球朝向地球的一面有山、无水，但西人测得月球外有空气，推测上面必有人物，因为背面也许有水。[④] 1906年，《万国公报》刊登《论日球月球》一文，言中国旧籍谈论月亮，多无可稽考，今人则知月上无水、无空气、无云，遂推定月亮为无生命之地。月上的各种情景，也并非古人想象的仙子丹桂，而是充满

---

① 贾立元：《晚清科幻小说中的殖民叙事——以〈月球殖民地小说〉为例》，《文学评论》2016年第5期。

② 《答问·第十六问》，《格致新报》1898年第3期。

③ 《醲庐杂录二：测月球》，《选报》1902年第18期。

④ 《月球有人》，《启蒙画报》1903年第11期。

了大大小小崎岖不平的山谷："实皆山谷也，山有三万之众，大者直径百四十英里，小者千尺，而山顶皆凹，凹或深至二万尺者。"[①]虽然该文没有包含现代天文学测量的精确数值，但已经大致描绘了月球的基本景象。

不过在民间社会，对这一时期有关月亮的新知究竟传播到何种程度，不能估计过高。刘鹗写作于这一时期的著名小说《老残游记》中，曾写到黄龙子山中遇玙姑，当夜畅谈之际，提及月亮的盈亏圆缺之理时，玙姑道："月球绕地是人人都晓得的。"[②]西学新知已有一定的社会传播，还是可信的。这至少能说明，中国传统的月亮知识和话语已开始受到严重挑战。

三、民国中后期月亮新知的科普与传播的精细化

民国时期，国人通过社会科普读物、大众期刊等平台，开始自觉向社会进行月亮新知的传播，其内容主要还是来自西方现代科学。20世纪20至40年代传播现象最为集中，40年代以后则零星出现。这大约是那时现代月亮观念在中国已基本形成，且逐渐深入人心的缘故。概而言之，民国时期月

① ［英］高葆真译：《论日球月球》，《万国公报》1906年2月第205期。
② （清）刘鹗：《老残游记》，杭州：浙江古籍出版社，2011年。

亮新知的传播，总体状况是通俗的大众科普与严密精细的天文学知识呈并行之势。

商务印书馆、中华书局在近代的大众教育、科学启蒙当中发挥过重要作用，它们出版过不少介绍月亮新知的专著。例如，1916年中华书局出版、丁锡华编的《天空现象谈》一书，就从通俗教育的角度对月亮新知进行了科普。作者将月亮看作天地间最有情味美感的一种物质。同时强调它是一颗远地点距离251947里、近地点225718里的地球卫星。书中声言古人所说的月亮故事已经"全不可凭"，只有现时天文学家的研究才"最为精密"。月球上全是死火山，"是一个混沌未辟的世界而已"。该书还介绍了月亮的自转、公转运动，将自转周期定为27日7时43分11秒半，以图文解释日月食形成之理，并对古代救护月食之事嗤之以鼻。[①]

教科书、学生丛书是月球新知科普的重要载体。1927年，中华书局所出的《学生丛书》中，丁锡华所著的《谈天》值得特别注意。书中细致介绍了月亮的面貌、热度、运动、年龄、成因，以及历史上月与人生之关联等知识。在绪论中，作者明确提出"天为何物"的问题，发出"处今日学术阐明之世，视古来妄诞不经之语，诚有可笑"的感叹，并指出从天文学的角度看，月亮只是地球的卫星；月中的面貌，也并非吴刚伐桂之形、大地山河之影，以望远镜观之，不过无数凹

---

① 丁锡华编：《天空现象谈》，上海：中华书局，1916年。

凸的山体。作者强调观察月亮必须用望远镜，通过它可以观察到月中最常见的是众多的火山遗骸。月球与地球之间的平均距离约为 238833 里，月球的直径为 2163 里。书中采用当时的通用之说，介绍月球光度为"齐鲁涅耳氏六十一万八千分之一"；月球的热量，满月时"最高温度与沸腾水之温度相等，最低温度（夜间）在摄氏零下九十三度云"。关于月之成因及年龄，作者引用有关天文学者的推论，认为月亮本为地球的一部分，如同土星的光环，后因为离心力的作用而分开，因此月球与地球虽然为同一物质而成，但月中是必然无水、无空气，也无生物的。面对当时出现的月界活动火山之说，作者也认为"皆未足据信"。此书还介绍了学界关于月亮年龄的测算结果互不相同。①

　　商务印书馆在出版涉及月亮问题的天文学知识科普出版物方面也很有作为，并影响深远。20 世纪二三十年代，商务印书馆出版《少年史地丛书》，其中的译本《我们的地球》传播较广。该书假托一位保罗大叔现身说法，以浅显有趣的方式解释月球运动，说明月球下坠是地球引力的作用使然，"好像缰绳对于骡子使之在打谷场上成一圆圈奔驰着"。②商务印书馆的《新学制高级中学教科书丛书》中，《天文学》第七章也阐明月球是地球分裂而成的卫星，在昔日尚有喷火活

---

① 丁锡华译：《谈天》，上海：中华书局，1927 年。
② ［法］法布尔（J.H.Fabre）著，吕炯译，竺可桢校：《我们的地球》，上海：商务印书馆，1930 年。

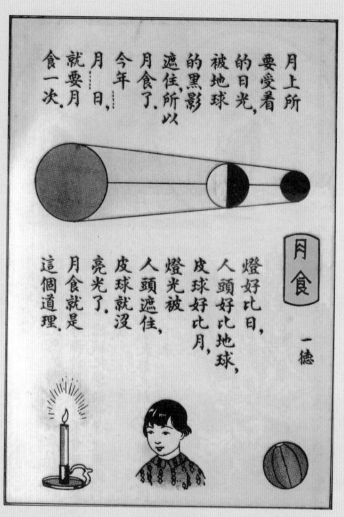

月上所要受着的日光，被地球的黑影遮住所以月食了。今年月日，就要月食一次。

月食

一德

燈好比日，
人頭好比地球，
皮球好比月，
燈光被人頭遮住
皮球就沒亮光了。
月食就是這個道理。

月食（诗歌）

《儿童杂志》1933年第22期，黄一德绘

月亮和孩子对话

《儿童杂志》1933 年第 22 期，方西绘

动，后来则一片死寂，"今则块然一物，生气索然矣"；月亮的光辉系受太阳反射而来，光之强度仅有日光六十万分之一，热度有日光二十八万分之一，其体积为地球五十分之一。书中还介绍了月球绕地球一周形成晦朔，并以图文并茂的方式解释了偏食、金环食、月食何以无环食、朔望不常见日月食等现象之成因。关于月球上的景象，作者描述道："月球表面，明暗错杂，殆无变化。以望远镜窥之，明者凸而暗者凹，因受日光强弱不同而然。凸处为山岳，为丘陵；凹处为平原，为溪谷。"月球上还有十万多个环形口，为死火山喷口。或为流星冲撞，或为月球冷凝时火山气泡上升所留的遗迹，书中同时介绍了火山喷发和陨石撞击的月球表面形成说，最终得出月球为一死世界的结论，[①] 从而强化了月亮了无生机的形象。

1925 年编译家郑贞文、胡嘉诏编的《太阳·月·星》一书出版，书中以发光的电灯、蜡烛作为太阳，乒乓球等球体作为月亮，自己的头等作为地球来解释月食成因，这个实验当时已成为大城市小学生自然科学课堂的普通实验了。[②]1933年，商务印书馆的《天文挂图》出版，全套六大张、五彩精印，并附有说明，根据当时最新的天文摄影图绘制星球状态，包括月球形态，并附种种简单的实验与通俗浅显的说

① 王华隆编：《天文学》，上海：商务印书馆，1926 年。
② 郑贞文、胡嘉诏编：《太阳·月·星》，重庆：商务印书馆，1925 年。

明，使儿童易于了解，广告称其"实为小学校自然常识科必备之挂图"。①20世纪40年代，郑贞文又参与编辑了商务印书馆的《少年自然科学丛书》中《日蚀和月》一书，②以教科书的形式传播月球及其运动的相关知识，使这些知识能够更为广泛地被国人接受。

与此同时，同月球相关的更为精细化的天文学知识科普也得以在中国展开。1922年，中法文对照版本的《太阴图说》出版，作者蔡尚质侨居中国已久，用照片和图表描述了关于月球的观察记录，并证以内松、勒未、比垂三氏之说。1930年，《大众天文》介绍了天文学家根据三角函数测量月地距离的方法，首先于地面上特取两处，以其间距离为三角形的一边，再量得月仰角，由此可以推出月地距离为24万里，月球直径为2163里。月球绕地一周的运行周期约二十八日，一年约转十三周。③三角函数之法早已传入，该书用此方法求得月地距离，显得更为直接而简便。

1931年，商务印书馆再出《百科丛书》，其中李蕃的《日球与月球》一书分别介绍了对日地距离，月球面积体积、运动、盈亏成因、质量、密度、重力等问题研究的较新进展，引人注目。书中称用天文几何学算出月地距离易如反掌。首先，用三角函数法测得月地最远距离为252972英里

① 《天文挂图》，《申报》1933年8月23日，第15版。
② 郑贞文等编：《日蚀和月》，重庆：商务印书馆，1943年。
③ 曹之彦编：《大众天文》，天津：南洋书店，1930年。

（约 407119 千米），最近距离为 221614 英里（约 356653 千米），平均距离为 238840 英里（约 384376 千米）；月球半径为 1080 英里（约 1740 千米），约为地球半径的四分之一。又根据球体之比等于其直径的立方比，得出地球体积是月球体积的 49.3 倍。这与此前丁锡华在《谈天》一书中所介绍的略有差别，比 1930 年的《大众天文》更为精确。在《月球之运动》一节中，该书还仔细阐述了黄道白道、升降交点、各类交角、近地点远地点、月球对地球的引力和影响地球公转的未解之谜等内容。在《恒星月与朔望月》一节中，则解释了月球对地球公转的恒星月为 27.32166 日，以及它与朔望月 29.53088 日不同的原因。这虽与现代科学认定的月球恒星月为 27.321661 天、朔望月为 29.530589 天的数据略有出入，但也相当精确了。该书还求得地球质量是月球质量的 81 倍多，又引证格林维基（现译作格林尼治）天文台的研究，介绍月面空气、月光、温度、形状等等，并说明了其与地球状况之不同。[1]

1933 年，国立中山大学出版部出版的《普通天文学》介绍了早在 1693 年提出的月球自转的"噶西尼定律"（即卡西尼定律），但已经不再使用图像，而是用复杂的公式算出了月亮的一回归周、一恒星周、一近点周（月球两次经过近地点所需时间）、一交点周（月球两次经过升交点所

---

① 李蕃：《日球与月球》，上海：商务印书馆，1931 年。

需时间）等月球星位相之变化。[1] 比如朔望的时间计算公式为

$$\frac{1}{T'} = \left| \frac{1}{27.32166} - \frac{2}{365.256} \right|$$，（绝对值里的分子改为 1，即 365.256 分之 1）

其中 T 为时间，算得其数值为 29.53059，即 29 日 12 时

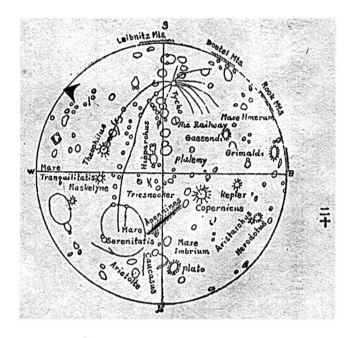

月面形势图 [2]

44 分 3 秒，其计算的朔望周期与李蕃《日球与月球》相比，也更加精确。

　　这一时期，相关的译著继续从西方引入。1936 年商务印书馆出版王维克根据法国科学家有关著作编译的《日食和

---

① 张云编著：《普通天文学》，国立中山大学出版部，1933 年。

② 李蕃：《日球与月球》，上海：商务印书馆，1931 年。

月食》一书。这本书用浅显的语言介绍了日食、月食现象和形成原理，并放入许多照片、图画，其中的图片和内容多引自法国天文学家毛吕氏所编的《天及宇宙》中《太阳》《月球》《日食月食》等章节，另外参考了中文界诸种图书，如朱文鑫等人的《历代日食考》、高均《日食周期之新研究》《日食观的转变和中国未来的日全食》、周昌寿《天体物理学》、张钰哲《天文学论丛·日食推算浅说》、陈遵妫《谈食》《民国二十五年六月十九日日全食》《宇宙壮观》等，分别介绍日月食之原理、周期、推算方法，并后附《求影长法》《20世纪初五十年中之日全食表》《最近过去未来二沙罗周期中之日食表》《天文数值表》之类。① 这些著作使国人可以直接接触西方天文学关于月亮的最新知识。

英国天文学家卜朗（E. W. Brown）于 1895 年推出的月球运动巨著 *An Introductory Treatise on the Lunar Theory*，在 1936 年被卢景贵翻译为《月理初编》在华出版。英文原本以更强的学术性阐述月球运行理论，曾在 1901 年和 1908 年刊印于英国皇家天文学会的会议记录内，后又编纂成新的月球运行表。译者在叙文中追溯郭守敬之法，认为其法虽然严密，也难免有出入，明末"西法东来"，西人带来了更为精妙的日月食推算方式。书中专门讲述利用牛顿摄力定律推解月亮行动、推算古今将来月亮位置的月球运动等法，涉及力

---

① 王维克编译：《日食和月食》，上海：商务印书馆，1936 年。

函数、行动方程式、狄庞德古兰法等运算知识。[①] 卜朗的表格中，月球运动的计算值和实测值要更为精确。

1937 年，商务印书馆又引入法布尔的《天象谈话》一书，以月球旅行的视角，将环形山等月面上的情形详细地娓娓道来。[②]1946 年中华书局出版的《日蚀和月蚀》一书，系苏联国家技术出版局"通俗科学文库"之一。作者米海洛夫教授是天文学专家，曾多次亲自参加和指导日食观测工作，故在书中颇多经验之谈。该书共 26 个章节，上溯中俄等国古代的日食史事，下承爱因斯坦等学者的新理论和观测方法。[③]天文领域内的译著，更为专业和前沿，从中可以得出月亮知识的全球化脉络。

这一时期，有关月球表面的形貌叙述更加学术化。伽利略的望远镜揭示了月表的形态，德国人施罗特最早使用了"环形山"的术语来描述遍布月表的凹痕。[④] 然而这些环形山可能有各种成因，主流理论包括火山起源说和撞击说。随着对月球越来越深入的认知，有关月球起源的假说也发生着变化。还有人引介了月球受到地球引力使得熔岩发生潮汐现象的说法。[⑤] 相比撞击、流星和地球引力等成因，国内二三十年代

① ［英］卜朗著，卢景贵译：《月理初编》，天津：百城书局，1936 年。

② ［法］法布尔著，陶宏译：《天象谈话》，上海：商务印书馆，1937 年。

③ ［苏］米海洛夫著，毕黎译：《日蚀和月蚀》，上海：中华书局，1946 年。

④ ［英］比尔·莱瑟巴罗著，青年天文教师连线译：《月亮全书》，北京：北京联合出版公司，2019 年，第 39—73 页。

⑤ 张挺：《天文学概论》，上海：辛垦书店，1936 年。

的报刊、教科书与科普读物都更加偏好火山成因说，月界系一死火山世界的评论大量出现。同时，更加高效的望远镜带来了更为细致清晰的月亮图片，1840年美国的约翰·威廉·德雷珀拍摄了第一张月球照片。[①] 到20世纪，月表的观测超越了单纯望远镜观测的范畴，摄影技术的发展让月球的细节进一步被捕捉，月面地形的照片也更加细致清晰，月面图也更加注重细节特征。李薷的《日球与月球》里就展示了美国叶凯士天文台的月面摄影图，[②] 这有助于人们更加直观地把握月球表面的世界。

20世纪40年代前后，国人自觉撰写、主编了一批比较权威的天文学科普著作，其中不少含有月亮新知，这使得现代月亮知识在中国社会得以更加巩固。在这方面，现代著名天文学家陈遵妫贡献最为突出。1939年，他所著《天文学概论》出版，其中的第八章《太阴——月亮》，详述了月地距离，月球大小、质量、月面、蒙气和温度、白道、位相、公转、自转、天平动、掩星和对地球的影响等内容；第九章《月食和日食》除了对日月食的一般性解释之外，还介绍了沙罗周期。[③] 1939年和1943年，他主编的《天文学纲要》和《天

---

① ［英］大卫·M.哈兰德著，车晓玲、刘佳译：《月球简史》，北京：人民邮电出版社，2020年，第52页。

② 李薷：《日球与月球》，上海：商务印书馆，1931年。

③ 陈遵妫：《天文学概论》，上海：商务印书馆，1939年。

文学》一书相继出版，前者的第六章"太阴"部分，[①]后者的第十章"太阴"部分，[②]都详细和精确地阐述了有关月亮的系统新知识。　卢景贵主编了一本《高等天文学》，其中第十三、十六、十七章皆对月球有论述，内容涵盖月球运动、周期、轨道、月地关系、月球物理特性、各类月食相关新知识，还提到梅德勒和比尔的月球地形图，几乎对当时已有的现代月球知识进行了全面的总结，[③]可以说达到了月亮新知传播的新高度。

四、结语：月亮之"死"？

麦茜特曾从生态女性主义的视角，感慨"我们业已失去的世界是有机的世界"，以此表达对近代早期有生命的自然被机械论构建成为一个死寂和被动的、被人类支配和控制的世界之不满。[④]其实，有机论的观点从未消失，并存在各种变化。在近代中国关于月亮的天文认知与人文意象里，也能明显感到"科学的"无机论与人文的有机需求之间微妙复杂的矛盾关系。

在古代中国，和"月"或"太阴"相关的，是与近代不

---

① 陈遵妫编：《天文学纲要》，昆明：中华书局，1939 年。
② 陈遵妫编：《天文学》，贵阳：文通书局，1943 年。
③ 卢景贵编：《高等天文学》上册，上海：中华书局，1937 年。
④ ［美］卡洛琳·麦茜特著，吴国盛等译：《自然之死：妇女、生态和科学革命》，长春：吉林人民出版社，1999 年。

同的一套历法知识和文化意象。明末清初，西方的月亮新知先是被耶稣会士以上帝的名义带到中国，后又被丰富精密的现代天文学所主宰。从清末开始，关于月亮的千古传说在科学的名义下被视为迷信，月亮救护的仪式活动被朝廷取消，许多人告别嫦娥奔月的遐想、天狗食月的恐慌、鸣放鞭炮的热情，月食遂成为纯粹的"自然现象"。对于芸芸众生而言，月亮不仅失去了神话意义，同时还失去了浓郁的人文生机和情怀，变成了一个冷冰冰的死气沉沉的天体。

当时的科学知识的确普遍认定，月球"即无机界，亦永远不生变化，盖一残骸之死界耳"。[1] 它可以被计算大小、年龄，被推测运动轨迹，却没有生命和生物存在。质言之，月亮由从前人们想象中的有机生命体，转变为充满火山残骸的无机物。这样的知识，在民国时期被一遍又一遍地叙说和不断强调。如郑贞文、胡嘉诏所编《太阳·月·星》一书谈论月世界时，就强调"月亮是死的东西，不是活的"。新中国成立前夕，三联书店所出的《新中国百科小丛书》中有一册新编的《太阳与月亮》，作者开篇面对"谜一样的天空"，告诫"玄想是靠不住的"，月亮上是一个寂静的世界，是"一片死寂"，没有水、没有空气，因此任何生物都不会生长，"阴森得会使人害怕"。[2] 卢景贵在《高等天文学》中也断言，月

---

① 丁锡华译：《谈天》，上海：中华书局，1927年，第18页。
② 日新：《太阳与月亮》，上海：生活·读书·新知上海联合发行所，1949年。

球是一颗荒芜且没有空气的星球，一成不变且全无生机。[①] 在这类科学知识的笼罩之下，作为有机生命体，包含许多人文故事的那个"旧月亮"，似乎濒临"死亡"。

从其他层面来说，"旧月亮"又具有永生意义。一方面，人们仍然在怀疑月亮上不无生命；另一方面，关于月亮的人文情思可能变化，却无法断绝。即便是那嫦娥奔月的古老神话，也会不断被人们赋予新的想象和情感，从而持久焕发新的人文活力。1930 年，当月亮的近代新知已经广为传播和获得认同之时，有人在《申报》上刊发题为《月亮是煤做的》的文章，同时表示："在月亮上不一定没有有生命的东西，我们观察月亮的表面上的变化，她暗示我们以一种解释，那里也许有一群野东西，好像地球上游移的飞蚱。"[②] 1934 年，天津版的《大公报》报道，有人举办"少年中秋赏月会"，主办方不仅请来天文学者王正路来讲"科学中的月亮"，同时也请来书画家桂逢伯讲演"神话中的月亮"。[③] 神话与科学，就这样有趣地共存于赏月活动之中。

民国时期，月亮的人文"生机"，还广泛存续在童书、儿歌等的创作里，类似"月亮姐姐：你是我们的好朋友，你给全世界穷苦的人们——点灯呀！"[④] 这种诗歌的文艺作品，

---

① 卢景贵：《高等天文学》上册，上海：中华书局，1937 年。

② 《月亮是煤做的》，《申报》1930 年 1 月 9 日，第 23 版；《月亮是煤做的·续》，《申报》1930 年 1 月 11 日，第 21 版。

③ 《大公报（天津版）》1934 年 9 月 22 日。

④ 《旅行团唱月亮歌》，《申报》1934 年 1 月 1 日，第 40 版。

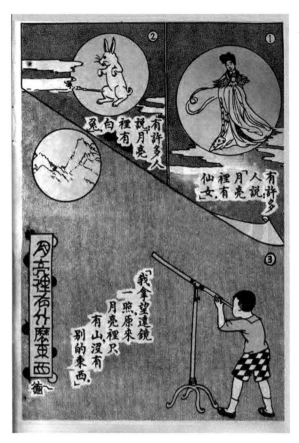

"月亮里有什么东西"[1]

仍然随处可见。无疑地，我们观念中的月亮从未完全抛弃其人文传统，只是科学与想象乃至神话之间的主导地位，发生了某种变动而已。

虽然，伴随着自然科学在中国的兴起，月亮的"神话"和

---

① 黄一德：《月食（附图）》，《儿童杂志：低级》第 22 期，1933 年 9 月 15 日。

相关的传统话语不再神圣，但这一转变，不尽然是科学之光驱走迷信的迷雾如此简单的线性过程。中国人心中的"古时之月"并未全然远去，她总能在不经意的时候，勾起中国人特有的人文心思，哪怕她早已失去神秘的光亮。

第二章

月食：近代国人认知的科学化趋向
与官民的『救护』实践

明清之际陆续传入中国的西方天文学知识，对中国传统的天文学产生了重要影响，中国的学者和士人们因此开始对月食等天象进行日益科学的解释。然而与月食认知渐趋科学化的态势相伴随的，是国人的月食救护活动仍然长期存在。学界对月食的研究，中国科技史学者更多地从自然科学史的角度出发，通过对月食的推算、预测过程的分析，观察中国古代天文学的发展以及外来天文学对中国的影响；① 历史学界则重点关注官方在月食救护方面的制度变革，② 或探究中

---

① 曲安京：《中国古代历法与印度及阿拉伯的关系——以日月食起讫算法为例》，《自然辩证法通讯》2000 年第 3 期；张祺：《〈历象考成〉对〈崇祯历书〉日月和交食理论的继承与发挥》，内蒙古师范大学博士学位论文 2014 年；李月白、江晓原：《卢仝〈月蚀诗〉天文学史研究》，《广西民族大学学报（自然科学版）》2019 年第 1 期；李亮：《政治、礼制与科学：宗藩视域下的清代中朝交食测验与救护》，《科学技术哲学研究》2021 年第 6 期。

② 谢小华：《清代宫廷的日、月食救护》，中国第一历史档案馆编《明清档案与历史研究论文集》（上），北京：新华出版社，2008 年，第 555—570 页。余焜：《明代官方日月食救护考论》，《安徽史学》2019 年第 5 期。

国人"蟾蜍吞月""天狗食月"等月食观念的转变。[①] 总体而言，关于近代国人月食认知的科学化与月食救护实践矛盾并存的张力问题的研究则稍显薄弱。本章试图具体呈现这两者之间不完全同步的历史进程，并对其内涵与成因略作分析。

一、明清以降国人月食认知日益科学化的进程

"天人合一"与"天人感应"的天道观是传统儒家思想的重要内涵，也是历代帝王巩固统治的重要思想基础。因此，历代统治者对天象的变化极为重视，天象记录亦是各朝史书中不可或缺的内容之一。《史记》中已有《天官书》记录汉代以前的天文现象，《汉书》则专门辟有开创性的《天文志》和《五行志》，这种体例为后代大多数史书所继承，保留了古代丰富的天文资料。

对月食的认知和阐释是传统天文学的主题之一。古人在长期观察月亮的运动变化中已经认识到，太阳是自己发光的，而月亮本身不发光，是靠反射太阳光才发亮的。成书于公元前 1 世纪的《周髀算经》和西汉晚期的易学家京房都对此有所论述。东汉天文学家张衡在《灵宪》中，则从日、月二者位置关系的角度对月食成因进行了解释，认为"日譬犹火，月譬犹水，火则外光，水则含景。故月光生于日之所照，魄生于日之所蔽，当日则光盈，就日则光尽也。众星被耀，因

---

① 吴杰华：《论中国人月食观念的转变》，《东岳论丛》2018 年第 7 期。

水转光。当日之冲，光常不合者，蔽于地也。是谓暗虚。在星星微，月过则食"。[①] 同西方现代天文学相比，中国传统天文学对月食的解释缺乏精密的探测和计算，更重要的是，传统天文学是为皇权统治服务的，它既有别于近世基督教统御下向科学演化的西方天文学，更不同于作为一门自然科学的现代西方天文学所进行的科学探索。

通过明初历官元统等人所做的调整工作，历法得到明显的改善，《大统历法通轨》相较于《授时历经》在交食预测精度方面已经有了明显的提高。[②] 明末西方耶稣会传教士将西方的天文学知识带入中国，不仅促使中国古代天文学逐步转变体系，而且进一步改变了中国传统的天文学观念。[③] 经由传教士输入的西方天文学也推动了国人月食认知逐渐向近代科学转化的进程。利玛窦为《坤舆万国全图》的日食、月食图附了两则说明，首次介绍了各地所见日食情形不同的原因是不同地方的人们观日有斜正之异，还正确地解释了月食的成因。[④] 明末杰出的科学家徐光启就曾与利玛窦有较为密

---

① 范晔《后汉书·天文志第十》，卷一〇〇，北京：中华书局，1973年，第3216—3217页。

② 李亮：《明代历法的计算机模拟分析与综合研究》，中国科学技术大学博士学位论文，2011年。

③ 杜昇云、崔振华、苗永宽等主编：《中国古代天文学的转轨与近代天文学》，北京：中国科学技术出版社，2008年。

④ 王刚：《明清之际东传科学与儒家天道观的嬗变》，山东大学博士学位论文，2014年。

切的交往，"从西洋人利玛窦学天文、历算、火器，尽其术。遂遍习兵机、屯田、盐策、水利诸书"。[1] 徐光启在崇祯年间主持改历，还聘用了意大利龙华民、罗雅各，瑞士邓玉函，德国汤若望等人与中国天文学家一道，编译或节译欧洲著名天文学家的著作，最终历时六年完成了《崇祯历书》。[2]《崇祯历书》较早明确了地球为球体的概念，对地球经纬度的测量和计算方法也有了明显改进，这极大地提高了日、月食的原理解释水平和计算的准确性。[3]

与中国传统用肉眼观测天象不同，徐光启率先将望远镜用于天文观测。他在《月食回奏疏》中写道："日食之难，苦于阳精晃耀，每先食而后见；月食之难，苦于游气纷侵，每先见而后食。且暗虚之实体与外周之游气界限难分，臣等亦用窥筒眼镜，乃得边际分明。"[4] 此外，徐光启还多次就月食事上奏朝廷，其在《月食依法推步具图呈览疏》《月食疏》《为月食具图呈览乞测验施行疏》《月食乞照前登台实验疏》《奉旨测候月食云气隐蔽无凭测验疏》等奏疏中，详细说明了观测所得的月食初亏、食甚、复圆时刻及各直省初

---

① （清）张廷玉等：《明史·列传第一百三十九》，卷二五一，北京：中华书局，1974 年，第 6493 页。

② 白寿彝总主编：《中国通史》第 9 卷，下册，上海：上海人民出版社，2015 年，第 1757 页。

③ 邓可卉：《比较视野下的中国天文学史》，上海：上海人民出版社，2011 年，第 125 页。

④ （明）徐光启撰，王重民辑校：《徐光启集》，上海：上海古籍出版社，1984 年，第 394—395 页。

亏的不同时刻，并对进一步提高观测和记录的精确度提出了自己的看法，还附有月食简图。① 在徐光启观测日、月食方法和传扬西方科学技术的影响下，明代崇祯皇帝本人还利用望远镜等天文仪器，亲自观测过 1638 年 12 月 20 日的日食。②

清朝顺治元年（1644），汤若望被任命为钦天监监正，传教士由明末参与钦天监的工作转而开始掌管钦天监，从而进一步加快了西方天文学在中国的传播。作为明清时期官方天文历法的《崇祯历书》《西洋新法算书》（在《崇祯历书》基础上修订而成）和《历象考成》等著作，对日月交食成因有着明确而详细的论述，这些内容对明清时期西方日月交食理论的传播与推广，起到了重要作用。③《崇祯历书》和《历象考成》等在解释月食成因的过程中，都介绍了大量的西方自然科学知识，既有助于提高对月食预测的精准度，也帮助人们更好地理解月食现象。1740 年前后至清末，月食宿度记录的精度比之前有所提高，其主要原因就在于《历象考成后编》和《仪象考成》的编纂。④ 当然，官方历书的传播范

---

① （明）徐光启撰，王重民辑校：《徐光启集》，上海：上海古籍出版社，1984 年，第 397—410 页。

② ［英］李约瑟：《中国科学技术史》第四卷天学第二分册，北京：科学出版社，1975 年，第 640 页。转引自：毛宪民：《明清宫廷望远镜研究》，载故宫博物院编：《故宫博物院十年论文选（1995—2004）》，北京：紫禁城出版社，2005 年，第 807 页。

③ 张祺：《〈历象考成〉对〈崇祯历书〉日月和交食理论的继承与发挥》，内蒙古师范大学硕士学位论文，2014 年。

④ 马莉萍：《中国古代交食的宿度记录及其算法》，中国科学院研究生院博士学位论文，2007 年。

围毕竟有限，其在社会民众中的影响程度不可高估，但西方传教士对近代天文学知识的积极传播，加之清帝对天文学新知的兴趣，使得帝王对月食具备了一定的认识，已意识到月食是一种有规律可循的自然现象。《钦定大清会典则例》就明确记录"月食为月入地影，本体失光，故各省见食分秒皆同。日食为月体掩日，日距地远，月距地近，人在地面有东西南北之殊，故各省见食分秒各异。"①

顺治帝经常要求汤若望为其解答各种天文问题，譬如日食与月食之原理。②法国传教士也曾向康熙帝解释太阳系的结构和日月交食的产生原理。③乾隆帝更直言，"日月薄蚀，躔度本属有定数，千百年前，皆可推算而得。所谓千岁之日至，可坐而致者"，④他本人还利用从西洋进贡的反射式望远镜观测过日食。⑤不过，大清皇帝虽然认识到日月食为可推算而得的天象，但同时依然认为月食乃是上天的一种示警。如乾隆五十五年（1790）皇帝八旬大寿，内外大小臣工吁请举行庆典时，乾隆就表示："明正朔望，实有日月亏食之事，不

① 《钦定大清会典则例》卷九十二，《礼部·祠祭清吏司》，护日（护月附），第4页。
② 阚红柳：《顺治王朝》，北京：中国青年出版社，2014年，第214页。
③ 桥本敬造：《中国康熙时代的笛卡尔科学》，载卓新平主编：《相遇与对话——明末清初中西文化交流国际学术研讨会文集》，北京：宗教文化出版社，2003年，第368—369页。
④ 《清高宗实录》，卷一四四六，乾隆五十九年二月庚申。
⑤ 吴守贤、全和钧主编：《中国古代天体测量学及天文仪器》，北京：中国科学技术出版社，2013年，第358—359页。

可不弥怀寅畏，亟思修省，所有乙卯年庆典，着毋庸举行。"①

上行下效，从明清之际开始，已有民间天文学家重视比较传统天文学与传入的西方天文学，并逐渐吸收近代天文学的新理论与新方法。如潜心天文数学研究的王锡阐，就是一个突出代表。他在其著作《晓庵新法》一书中采用月体光魄定向的方法，首创对日月食初亏、复圆方位角的计算，1722年清政府编《历象考成》就采用了此种方法。② 清代著名天文学家、数学家梅文鼎曾有意通考古代历法，其所著《历学骈枝》一书即根据《大统历法通轨》交食法与《元史·授时历经》而作，其中就包括对日月食推算过程的详尽阐释，梅氏还首次画出了清晰明确的日、月食限图，表示了日、月食从初亏到复圆的全过程，他的解释与现代学者的研究结果完全一样，达到了相当高的水平。③ 梅文鼎在图形方面的阐释，是其对交食研究最重要的成果，《交会管见》中有 27 幅交食图解，《交食蒙求》中也有 8 幅。④

明末至清中叶，可称为国人月食认知科学化的第一阶段，西方近代天文学知识的传入使得清朝皇帝、钦天监官员

---

① 《清高宗实录》，卷一四四六，乾隆五十九年二月庚申。

② 江晓原：《王锡阐及其〈晓庵新法〉》，载陈美东、沈荣法主编《王锡阐研究文集》，石家庄：河北科学技术出版社，2000 年，第 39—46 页。

③ 卢仙文、江晓原：《梅文鼎的早期历学著作：〈历学骈枝〉》，载黄城主编：《中国科学院上海天文台年刊（1997 年第 18 期）》，上海：上海科学技术出版社，1997 年，第 250—256 页。

④ 李迪：《梅文鼎评传》，南京：南京大学出版社，2006 年，第 238 页。

逐渐认识到月食为一种因日、地、月天体运动而产生的天文现象，少数天文历算家更是融合中西天文学提出了计算月食时刻、方位的精确方法。但这一阶段对月食的相对科学的认识，还局限在很小一部分阶层，更广大的中下层人民还难以接触这种知识。

时至晚清，关于月食新知的传播有了新的进展。京师同文馆设有天文馆以教授天文学知识，其中就包含对日月食等天文现象的解释与推算。光绪九年（1883）京师同文馆的年终大考考卷中，天文算学题就有"推算日、月食之法，求讲明"一题。[①]就社会传播层面而言，晚清至民初新式报刊的大量创立，为科学化的月食知识的传播提供了绝佳的媒介。对月食成因的通俗化解释在各大报刊屡见不鲜，同时还开始出现对传统的天狗食月观念的批判。1833年，《东西洋考每月统记传》用文字兼配图的形式，从日、地、月三者的位置关系出发来阐释月食之成因，指出："古者与今无学之人，多常说月食为不吉之兆，而因怕天狗尽食下肚去，所以打锣击鼓、点烛烧香，周围救月台边，走来走去念经，欲救月的意思。却不知道此月食是神天预早所定着，而世人若欲止住之，岂不是自擅违逆天哉？"[②]作为传教士所办的刊物，《东西洋考每月统记传》最终将月食归为神灵所预

---

① 茅海建：《康有为的房师与同文馆的考卷》，载茅海建：《依然如旧的月色》，北京：生活·读书·新知三联书店，2014年，第187页。

② 《论月食（附图）》，《东西洋考每月统记传》1833年10月。

造，将神灵凌驾于一切自然规律之上，这当然有违科学，但其中对于月食成因的具体解释，为其后很多报纸沿袭。

在晚清传播月食新知方面，西方传教士所办报刊扮演着重要角色。《中国教会新报》《万国公报》《益闻录》等刊登了大量以月食为主题的文章，解释月食成因、预测月食发生的时刻、批判传统的月食认知。

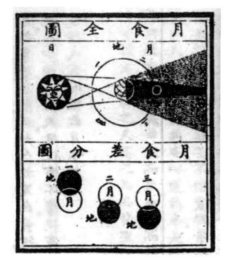

《东西洋考每月统记传》所作月食全图

由于全国各地的经纬度、地形的差异，各地所见之月食亦有不同；甚或由于天气影响，预推月食之期有时也会出现不准确的现象。这些现象给民众带来困惑，而报刊则对此进行针对性的详细解释。如1874年12月，《万国公报》刊出《论月食与金星过日同为阴云所蔽事》一文，就提到：中国九月十六日为月食之期，各国有见有不获见者。惟南北亚美利加洲全洲之人皆可见焉。讵是日彤云密布，瑞雪纷霏，大失所望。[①] 该

---

① 《论月食与金星过日同为阴云所蔽事》，《万国公报》第316期，1874年12月19日。

第二章 月食：近代国人认知的科学化趋向与官民的"救护"实践 049

文还专门解释了沪上金星过日之情形因阴云蔽空而未出现之事，以收释疑解惑之效。1894 年，《益闻录》还曾登载《月食论》一文，讲述作者在阴雨天晚上观测月食的经历，强调"各家揣测月食之法，特未示人，有云无云耳"。[①]

进入民国后，一些科学专刊也加入对月食相关问题进行社会化解释的阵营中。1917 年 12 月 28 日下午出现月食，一批热心观察月食的人于四时三十分登台观测，并架望远镜以增加精确度。观测结束后，其中一友人与《观象丛报》记录此事的记者朋友通电话，以月食时分不准确责问他，记者应之曰："子之时计诚准也，子之观测诚密也，子之诘问则非也。夫时刻本诸日，而日之视行自东而西，故居东者见日在前，时分较早，居西者见日在后，时分较迟。"并告知根据经度推算时差之法，友人据此算出的时间仍然不对，记者又告知曰："此视象与实象之差也。凡人目久视明亮之物，转视他物，则生黑暗……子谓二十八分复圆，此久视明亮之所致，亦专心察物之结果也。实则二十七分已无魄矣"，"于是友乃默然，挂耳机而去"。[②]

月食天象属于复杂的天体运行现象，有时人们对此理解会有一定困难。为了更为形象地解释月食之成因，当时不少报刊都致力于采用比喻和举例的方法，向民众普及月食

---

① 《月食论》，《益闻录》第 1355 期，1894 年 3 月 28 日。

② 《月食观测记（附图）》，《观象丛报》第 3 卷第 7 期，1918 年 1 月 15 日。

的科学原理和知识。1916年，有位科学爱好者胡惠生就在《通俗讲演书》上刊载《说日食月食的道理》一文，用实际的试验说明月食的道理，他说："我们就拿个大皮球代做地球，拿个小皮球代做月亮，把灯放在桌子中间，拿大皮球绕着灯周围行走，仿佛地球绕太阳的意思，又拿小皮球绕着大皮球也周围行走，仿佛月亮绕地球的意思……若是小皮球走到大皮球那面去，和灯、大皮球成了一条直线，大皮球在灯和小皮球中间，将小皮球遮住，灯光照不到小皮球上，自然大皮球上也看不见小皮球了，这不是绝妙一个月食的模型试验吗？列位听了我的这两个试验，回去试试看，必定能够明白日食月食的道理了。"[1]1933年，《儿童杂志》这样解释月食的成因："灯好比日，人头好比地球，皮球好比月，灯光被人头遮住，皮球就没亮光了。月食就是这个道理。"

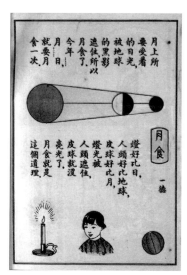

月食（诗歌）[2]

---

[1] 胡惠生：《说日食月食的道理》，《通俗讲演书》第1卷第4期，1916年3月1日。

[2] 黄一德：《月食（附图）》，《儿童杂志：低级》第22期，1933年9月15日。

1915 年创刊于北京的《观象丛报》，是民国时期研究天文问题的重要刊物，在介绍和普及西方天文学和气象学知识方面有突出贡献，其中就传播了大量的月食新知。而与《观象丛报》关系密切的天文学家高鲁值得我们关注。高鲁于1905 年被选派至比利时留学，获工科博士学位，辛亥革命后任南京临时政府秘书，民国政府北迁后任新成立的天文机构——中央观象台的台长。高鲁主持编制的民国历完全按照外国"天文年历"中说明的方法推算日月食各食相的时刻和方位，并附图说明。其结果比旧历精确得多，还推算并列出当时各省省会等地所见日月食时刻、方位和食相图，便于民间观测。[1] 高鲁还认为只有通过办刊物，才能向广大的人民群众准确宣传观象知识，于是从 1913 年起中央观象台又刊行《气象月刊》，并于 1915 年把《气象月刊》扩充为《观象丛报》，高鲁本人积极向刊物投稿。[2] 据统计，《观象丛报》在 1915—1921 年期间共出版 7 卷 69 期，其中与天文有关的文章 366 篇，与气象有关的文章 94 篇，天文知识更是该刊物的重点内容，而月食问题自然是天文知识中必不可少的一方面。[3] 此外，1928年国立中央研究院天文研究所成立，并于 1935 年建成紫金

---

[1] 杜昇云、崔振华、苗永宽等主编：《中国古代天文学的转轨与近代天文学》，北京：中国科学技术出版社，2008 年，第 273—274 页。

[2] 中国气象学会编著：《中国气象学会史》，上海：上海交通大学出版社，2008 年，第 267 页。

[3] 陈遵妫：《中国天文学史》（下），上海：上海人民出版社，2016 年，第 1472 页、第 1545—1557 页。

山天文台，购买先进仪器用作观测与量度、计算之用，为进一步认知、解释月食现象创造了更好的科学条件。

可以说，晚清至民初是近代国人月食认知科学化的第二阶段，这一阶段科学化的月食知识主要借助新式报刊得以传播。由于报刊篇幅的有限及民众理解能力的差异，这一时期对月食的科学解释也多是简短与浅显的文字，多限于从日、地、月三者的位置关系来解释月食的成因，而较少涉及月食时刻、月食变化过程等更为复杂的层面。但这些浅显的科学知识突破了第一阶段所局限的小范围人群，进一步推动了国人对月食的科学化了解。

民国中后期，近代国人对月食的认知进入第三阶段。这一阶段，报刊依然是传播月食新知的重要手段，它们不断刊登有关月食的新闻和对月食的科学解释，但同时社会上还出现了大量面向大众的以月球、月亮或月食为主题的通俗著作和《天文学概论》等天文科普丛书，①从而加快了月食认知科普化、社会化的进程。这一阶段对月食科学知识的普及更加细致深入，对月食成因、过程等进行了更详尽的解释。关于月食新知的传播主要表现在如下几个方面：

首先，对月食成因的分析。晚清时期的报刊多限于说明日、地、月三者成一条直线，使得月亮进入地球的影子中，但

---

① 参见北京图书馆编：《民国时期总书目（自然科学·医药卫生）》，北京：书目文献出版社，1995年，第120—128页。

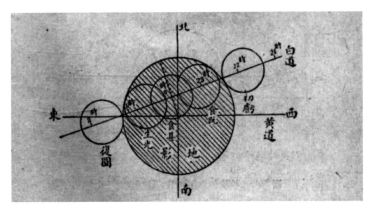

王维克所绘 1935 年月全食所见之形状 ①

其实这并未能充分说明三者为何会成一条直线。而这一时期的中国科普著作中则从月球绕着地球公转、地球复绕太阳公转出发，明确说明了三者在某一时间段必处于一条直线上，并配图加以阐释。如1931年，《日球与月球》一书就如此叙述这一问题："月球公转于地球之外，而地球复公转于日球之外，每二十九日十二小时，月球可追过日球一次，故日球、月球、地球三者必有居于一直线之上，此时非日蚀即月蚀也。"②1936年，《日食和月食》一书在解释月食原理时，则通过地球影子之长度与地球、月球之间距离的比较，更进一步阐释了月球何以能进入地球的影子之中："地影之长：最短为1357000公里，最长为1400000公里。在日地平均距离时，地影之长约为1382500公里。地

---

①　王维克编译：《日食和月食》，上海：商务印书馆，1936 年，第 11 页。

②　李蓍：《日球与月球》，上海：商务印书馆，1931 年，第 69 页。

心至月球的距离有些变化，最大距离为408000公里，显而易见月球不得不经过圆锥体的地影。"[1]

其次，中国科学家借助"本影""半影"和"在望"等科学概念，清晰说明了何以有时出现月偏食，有时却出现月全食的道理。如陈遵妫在《天文学纲要》一书中，就解释清楚了"本影"是地球完全遮断日光的投影，而遮蔽日光的一部分则为"半影"，"太阴走到半影中的时候，不过光辉稍弱而已；走到本影则变为暗黑，但因地球大气折光散光的原故，遂呈赤铜色。太阴全部走到地影中的时候叫作全食（Total eclipse），只有一部分侵入本影的时候叫作偏食（Partial eclipse）"。[2] 然后，对月食何以出现"在望"，[3] 而在望却不一定有月食的问题进行了解释。该书认为，这主要是因为地球运行轨道与月球运行轨道并不一致，二者之间有一定的夹角，只有在望且在两个轨道的交点附近才能产生月食，"在望并非月食的充分条件，应当再加一个条件，就是月球接近一个交点，也就是接近黄道"[4]。对此，陈遵妫在《天文学概论》中解释道："白道和黄道若相一致，则每次满月一定发生月食，但是他们实际不是一致，是相交成5°9′的角

---

① 王维克编译：《日食和月食》，上海：商务印书馆，1936年，第9—10页。
② 陈遵妫编：《天文学纲要》，昆明：中华书局，1939年，第72页。
③ 当月亮绕行至地球的后面，被太阳照亮的半球对着地球，此时地球处于太阳与月亮之间，这时叫"望"，一般在农历每月十五前后。
④ 王维克编译：《日食和月食》，上海：商务印书馆，1936年，第15页。

度，所以每逢望月，未必发生月食……月亮在交点附近，若是满月发生月食。"①

最后，中国科学家清楚呈现和说明了月食的全过程。月全食分为初亏、食既、食甚、生光、复圆，而月偏食则只有初亏、食甚、复圆三种现象。陈遵妫《天文学纲要》一书则更细致地对五种现象进行了说明："当太阴和本影第一次外切的时候叫做初亏（First contact），第一次内切的时候叫做食既（Second contact），月心和本影中心距离最近的时候，叫作食甚；当太阴和本影第二次内切的时候叫做生光（Third contact），第二次外切的时候叫做复圆（Fourth contact）。"②这一时期的科普读物所传播的月食科学知识，对月食成因有了更为详尽且逻辑严密的说明，对月食过程进行了更精确的描述，不仅加深了人们对月食现象的理解，也增强了人们的科学观念。

此外，高校天文学专业的设置也推动了民国中后期月食知识社会化的进程。1949 年新中国成立前，中国曾有 5 所高等学校设置过天文学专业，其中历史较长的是齐鲁大学天文算学系和广州中山大学天文系。③经过第三阶段月食知识的科普，传入中国的西方天文学知识逐渐进入广大国人的生

---

① 陈遵妫编：《天文学概论》，上海：商务印书馆，1939 年，第 107 页。

② 陈遵妫编：《天文学纲要》，昆明：中华书局，1939 年，第 72 页。

③ 杜昇云、崔振华、苗永宽等主编：《中国古代天文学的转轨与近代天文学》，北京：中国科学技术出版社，2008 年，第 343 页。

活中，加快了近代国人月食认知的科学化、社会化进程。

二、大清朝廷的月食救护礼制及在清末遭遇的批评

日月食救护是传统中国历代帝王用以巩固统治的重要礼制。古有"日食修德，月食修刑"之说，日、月食的出现被认为是对皇权统治的警示和劝诫，因此统治者需要对此进行救护，以示改进统治和稳定社会秩序的决心。荀子曾言："雩而雨，何也？曰：无何也，犹不雩而雨也。日月食而救之，天旱而雩，卜筮然后决大事，非以为得求也，以文之也。故君子以为文，而百姓以为神。以为文则吉，以为神则凶

清朝官员救护日月食图[1]

---

[1]　王鹤鸣、马远良主编：《西方人笔下的中国风情画》，上海：上海画报出版社，1997年，第110页。

也。"①荀子生活的战国时代已有日月食救护的礼制，而且在荀子看来，日月食救护与占卜等活动还是君王政治上必不可少的文饰之道。

传统帝王往往将月食视为凶象加以救护，即便是清代帝王，正如前文已经提及的，他们在了解月食的科学成因后，仍将交食现象视为上天示儆之意，正如《（嘉庆）钦定大清会典事例》所指出的："虽日月薄蚀，躔度本属有定数，千百年前，皆可推算而得。所谓千岁之日至，可坐而致者。但新正一月之间，朔望俱有亏食，此正上天垂象示儆之意。"②因此，清朝依旧沿袭了传统的礼制，不仅没有立即废除月食救护的活动，反而将其更加规范化，对月食救护礼制中的仪式、服饰等都做出了详细的规定。

顺治二年（1645）就规定，"月食前期，由礼部具题，在京文武各官，俱赴公所救护（原系中军都督府），随行勘合，分行直省各官，俱于本衙门救护"；康熙七年（1668），改于太常寺救护月食。③康熙十四年（1675），定"日月食俱归钦天监职掌。前期，钦天监推算分秒时刻奏闻，科抄到礼部，仍用勘合，分行直省各官，俱于本衙门救护。至期，礼部遣司官一员，前往观象台，督同钦天监官，测验所食分秒，仍令

---

① （唐）杨倞注：《荀子》，上海：上海古籍出版社，2014年，第204页。
② 《（嘉庆）钦定大清会典事例》，卷二百三十七，《礼部五·朝会》，万寿圣节，第40—41页。
③ 《（康熙）大清会典》，卷七十一，《礼部·祠祭清吏司》，日月食救护，第4页。

钦天监奏复"。① 对于具体的月食救护仪式，则与救护日食相同，可见如下记述：

> 凡遇日食，结彩于礼部仪门及正堂，设香案于露台上，设金鼓于仪门内两旁，设教坊司乐于露台下，设各官拜位于露台上，俱向日。钦天监官报日初食，鸿胪寺鸣赞官赞"排班"，各官俱朝服序立。鸣赞官赞"进"，赞"跪""叩"，乐作，各官行三跪九叩头礼，毕，乐止，班首官上香毕，鸣赞官赞"跪"，各官俱跪，班首官击鼓三声，众鼓齐鸣，鸿胪寺官再上香，乐作，各官俱暂起立，上香毕，各官仍跪，以后上香、行礼、作乐并同，钦天监报复圆，鼓声止，鸣赞官赞"跪""叩"，各官又行三跪九叩头礼，乐作，礼毕，乐止，各官俱散。月食救护仪同。②

康熙末年，还对救护月食所着之服饰进行改制。据载，康熙六十一年（1722）十一月十五日月食，"凡无执事之九卿詹事科道等官咸素服前往太常寺行三跪九叩礼，不作乐，仍

---

① 《（康熙）大清会典》，卷七十一，《礼部·祠祭清吏司》，日月食救护，第4页。
② 《（康熙）大清会典》，卷七十一，《礼部·祠祭清吏司》，日月食救护，第4—5页。

击金鼓救护"。^①官员因不能久跪而对日月食救护之事有所推托，乾隆二年（1737）遂规定，"将吏、户、兵、刑、工五部分为五班，及文武各衙门亦各分配班次附于五部"，以轮替跪拜；七年（1742）又议准"救护日月食止击鼓鸣金，毋庸作乐"。^②乾隆还对月食救护所应达到的时分进行了规定，最终于十四年（1749）确定下来，"嗣后仍循曩制，一分以上者即令救护"。^③此后，在月食的救护礼制上，清廷没有特别大的变动，循旧例由钦天监预测月食之期，再谕令中央及地方衙门按照规制进行救护。关于地方衙门救护月食的消息，晚清时期的报刊曾有过大量报道。^④

　　在晚清报刊中，曾出现较多批评清廷月食救护礼制的言论，但这些言论并未能动摇清廷月食救护的活动。1881年，《益闻录》刊载《救护日月食论》一文批评日月食救护之礼制，很具代表性。同时，该文对清廷救护月食的由来、现状和重视程度，也有揭示。其文如下：

---

① 《钦定大清会典则例》，卷九十二，《礼部·祠祭清吏司》，护日（护月附），第3页。

② 《钦定大清会典则例》，卷九十二，《礼部·祠祭清吏司》，护日（护月附），第3—4页。

③ 《钦定大清会典则例》，卷九十二，《礼部·祠祭清吏司》，护日（护月附），第6页。

④ 参见：《救护月蚀》，《申报》1887年2月8日；《救护月蚀》，《申报》1887年8月4日；《救护月蚀》，《申报》1892年11月6日；《救护月蚀》，《申报》1902年4月24日；《月蚀仍然救护》，《大公报（天津版）》1905年2月16日。

圣朝定鼎之初，救护之典，沿而不废，凡日月食，由钦天监豫推交食时刻及食之分秒，具奏以闻。旨下通行直省及四夷属国之奉正朔者，按钦天监所推时刻分秒，随地测验，敬谨救护。及期，日食则礼部置香案于露台，设拜位于案前。月食则太常寺设案位。日月初亏，各官行三跪九叩礼，食甚暨复圆时，行礼与初亏无异。各省会及外府州县，皆于公署举行救护，礼亦如之。是国家制礼，以救护日月蚀为重典也。然吾观《历象考成》诸书，而窃叹日月之食为不必救，亦不可救者……其无与于殊祥也，明矣。世人不察，以日月蚀为日月之灾，亦以日月蚀为人世之殃，真可谓无聊之论矣。①

1903 年，杭州文武各署于农历八月十六日夜半救护月食，被批为"野蛮已极"。②《大公报》还将月食救护一事斥为"中国陋俗，为文明国窃笑者"。③1906 年，《救月蚀之愚谬》一文叙述了作者所见之救月活动并予以评论："昨晚八点钟后，忽闻炮声隆隆，不绝于耳，继闻金鼓齐鸣，惊天震地，如两军激战者。然初不解以何缘故成此怪象，比向人查询，始知系为举行救月蚀之大典。呜呼！方今科学大明，而吾国上下尚有此等举动，其至愚极谬，真不值稍有常

① 《救护日月食论》，《益闻录》第 92 期，1881 年 3 月 19 日。
② 《野蛮已极》，《大公报（天津版）》1903 年 10 月 26 日。
③ 《循例救护》，《大公报（天津版）》1907 年 1 月 27 日。

识者之一笑矣。"①

　　清廷的月食救护礼制不仅被抨击为陋俗、无聊、愚谬，在晚清中国学习西方、自我改革以向近代化迈进的进程中，这类救护活动更被斥为与近代化的潮流相悖，被视为清廷无法彻底改革的某种象征。如1905年，《大公报》发文批判清朝官员坚持实施救护月食之礼制，就将救护月食与晚清的变法维新联系起来，批评"满朝的大员，竟没有一个奏请除去此例的。今日说变法，明日讲维新，连这点儿小事都不能改，还要说什么大事？今将礼部奏请救护月蚀的奏折登在后面，大家看看，不是一个笑话吗？"②《中华报》亦评论道："方今列国竞争，胥以国民之智愚决胜负而判存亡，日求开民智、强民力，尚恐不足以图存，更何可沿用愚民之术以蔽塞庶民之聪明，而自弱其国力耶？处争竞之场，自蔽其耳目、锢其手足以求获胜，虽愚者亦知其难矣。"③1906年，京师各处照例预备救护农历正月十六日之月食，《大公报》为此感叹不已："噫，维新时代尚有此等举动，真愚不可及矣！"④

　　20世纪初，清廷的月食救护礼制还受到来自官僚体系内部的冲击。1905年农历正月十七日的月食救护，各部本应分别派员前往礼部行礼，但外部、商部却并未派员前往，《大

① 《救月蚀之愚谬》，《时报》1906年8月5日。
② 《月蚀仍然救护》，《大公报（天津版）》1905年2月16日。
③ 《月蚀仍然救护》，《大公报（天津版）》1905年2月16日。
④ 《照例救护》，《大公报（天津版）》1906年2月8日。

公报》称"足见该署之文明，不为此无谓之举动，诚可钦佩"。[①]1908年，摄政王载沣曾谕令革除救护月食礼制，[②] 报端言论大多对此表示赞赏与支持。如《东方杂志》就评论说："由监国摄政王交谕，国民承风颇踊跃，谓摄政王能破除俗解故见，必有非常兴革，足契宪政之至精者，一启口而顿长中国之名誉，以文明震动全球，非终此蹈常袭故之局也，特今则愧我臣工，犹未能将顺其美耳。"[③]《大公报》在一篇论说破除封建迷信的文章中，也提到摄政王下令革除救护月食之举，文曰："警局此禁，实与摄政王之月蚀无庸救护同一破除迷信。倘在上者皆能诸如此类，将一切荒诞不经之事悉革除而禁绝之，则所以为斯民造幸福者岂浅鲜哉？因不禁拭目俟之。"[④] 然而，摄政王载沣之令并没有得到切实执行，宣统三年（1911）九月初一日日食，礼部仍遵例提请届期救护，并转行直隶各省一体举行。[⑤] 汪荣宝在日记中也

---

① 《救护月蚀》，《大公报（天津版）》1905年2月22日。

② 关于摄政王的此条政令，翻阅《宣统政记》《醇亲王载沣日记》《清史稿》等史料，遗憾未能找到完整记载。不过，报刊对此事多有明确报道，如《新闻报》1908年12月7日提到"摄政王交谕，月蚀毋庸救护"，《时报》1908年12月11日称"日前钦天监具奏，十五日月蚀，摄政王破除迷信，谕令毋庸循例救护，都下中外人等无不称颂摄政王之明决"，但报刊也只是称颂摄政王之行为，并未提及废除理由等细节。

③ 《光绪三十四年十一月大事记：十五日月食始不循例救护》，《东方杂志》1908年第5卷第12期。

④ 《江西 禁止敛钱建醮》，《大公报（天津版）》1908年12月20日。

⑤ 谢小华：《清代宫廷的日、月食救护》，中国第一历史档案馆编：《明清档案与历史研究论文集》（上），北京：新华出版社，2008年，第568页。

提到了当天的救护情形，"本日开院礼原定午前行之，因是时正逢日食，故改于午后行礼"。[①] 可见直至清朝灭亡，日月食救护礼制都一直存在。进入民国后，才不再被作为国家制度予以强制执行。

三、民国时期民间持续的月食"救护"活动及其舆论处境

蟾蜍食月的观念在中国自古有之，自先秦一直到晚清，这种观念一直都盛行不衰；与之相较，天狗食月的传说则出现较晚，大致明清以后才涌现较多的记载。[②] 无论是蟾蜍食月还是天狗食月，民间都保留着相对稳定的月食风俗，每逢月食出现时则敲锣击鼓、燃放爆竹以示"救护"。明末以降经传教士等不断传入中国的天文学新知推动了人们月食观念的日益科学化，但政府的月食救护礼制直至清朝灭亡才得以真正取消。民国成立后，政府已革除救护月食的旧制，也申令民众不许擅放烟花爆竹以示救护，但民间的月食救护风俗却依旧盛行。

1912 年 9 月，《申报》刊载《救护月蚀之恶习》一文指出，虽然民国成立后已将救护月食之礼制革除，但民间敲

---

① 赵阳阳、马梅玉整理：《中国近现代稀见史料丛刊：汪荣宝日记》，南京：凤凰出版社，2014 年，第 242 页。

② 吴杰华：《论中国人月食观念的转变》，《东岳论丛》2018 年第 7 期。

锣击鼓的救护风俗并未改变，"前晚月蚀，一般愚民仍燃放花爆，公共租界内尤甚。事为捕房得悉，以擅放花爆殊违定章，即饬中西探捕往查"。①1915 年，《中华妇女界》载文《忆七月十五夕救护月食记》，详细叙述了作者亲见的月食救护情形："去岁中元之夜，余读书小斋，忽闻户外人声汹涌，金鼓之声不绝于耳，瞿然惊曰：'此何声也，胡为乎来哉？岂乱事猝发欤，抑不戒于火欤？'亟起抛卷，趋至门外，以侦其实。既出，不禁哑然而笑，盖通衢僻巷，老少咸集，焚香膜拜，或燃爆竹，或杂击金鼓，甚且口中作咒声，喃喃不可辨识，齐声曰：'今日十五，月为天狗所食，常此不吐，长夜莫睹光明，吾侪在此，虔心救护，冀邪魔惊避，还我一轮明镜。'余至此始悟。仰视天河，果黯淡无光，月已如钩，俄而全没矣，而祷颂之声愈急。"②1920 年 10 月，《申报》还报道了因燃放花炮以救护月蚀而炸伤手指的新闻。③1939 年，日本向各国要求改组上海工部局，其原因之一就是当地华人因月食大放爆竹，引起恐慌，警方极力制止居民燃放爆竹，但未能立即收效。④ 由此可见，民国时期月食救护活动仍是普遍存在的事实。

---

① 《救护月蚀之恶习》，《申报》1912 年 9 月 28 日。
② 吴雪蕉：《忆七月十五夕救护月食记》，《中华妇女界》第 1 卷第 7 期，1915 年 7 月 25 日。
③ 《伤一指》，《申报》1920 年 10 月 31 日。
④ 《日方向各国要求改组沪工部局》，《申报（香港版）》1939 年 5 月 5 日。

民国时期，月食救护的普遍存在与社会上关于月亮的科学知识普及程度仍不足自然是密切相关的。如1929年，一位小学教师在讲解月食知识的过程中问了如下三个问题：（一）月是不是有家和野之分？（二）月是不是一种动物会吃东西和相打相咬的？（三）月既被吃掉了何以还能复原？何以要提出这三个问题呢？原因在于"这许多问题的答案，儿童都肯定的。因为这是大多数社会上人教导他们的新知识，他们不会生怀疑的"，[①] 可见，当时社会上广泛流行的月食观念与实践，其实并未完全突破传统的束缚，绝不能夸大当时科学知识传播的社会普及化程度。

不过，总体说来，民国报纸的舆论主流还是将民间的月食风俗斥为封建迷信活动，这与前文提及的这一时期关于月食认知不断科学化的趋向大体一致。如1914年，《申报》就因此刊文批判国人迷信太深："我国人民迷信之深，已入脑髓，猝难祛除。前晚适值月蚀，一时燃放花炮之声竟若贯珠。"[②]1915年，《中华妇女界》刊登《忆七月十五夕救护月食记》一文，作者吴雪蕉在叙述自身见闻后，对月食救护风俗评论道："余怜诸民之愚，又笑其迷信一至于斯，乃庄立向众言曰：'君等少静，请听吾一言，吾人所居之地，名曰地球，其形如橘，旋转无定，地球在日月之间，月为地所

---

① 金润青：《二三年级儿童生活教育的实际》，《地方教育》第6期，1929年8月。
② 《救护月蚀之迷信》，《申报》1914年9月6日。

遮蔽，是为月食。何有天狗来之说哉！且月食有一定度数，有一定时刻，天文家预能推测，知之证之，历书毫厘不爽，本无灾害之可言。即使月有灾害，亦非救护所能免，君等试思，未施救护之前，月之被食犹浅，既施救护之后，月之被食乃益多矣，此岂不知所觉悟乎？且余能知月以何时复现，绝不关乎救护之力。'反复为之解说，奈迷信深固之民仍然充耳若不闻，祷拜如故。"最后，作者还将月食风俗与中国的富强文明联系起来，感慨系之："嗟乎，当此军事孔亟之秋，在上者惟以刮民脂膏为宗旨，以献媚外人为目的，不谋富强之策，不求教育之方；而在下者犹是溺于虚教、拜佛、祷神种种，耗费金钱，妄期获福，即如救护月食，言之可哂，何其愚也！呜呼！民乃邦之本，本固则邦宁。今人民之程度如此，尚安望与欧美诸国相竞文明哉！"①吴雪蕉通过对月食风俗之迷信成分的批判，进而思考国家民族的发展之路，在她那里，月食风俗改造被塑造成了强国话语的一部分。

南京国民政府成立后，明确将鸣金击鼓救护日月食的活动归为迷信活动予以取缔，如南京市社会局就声明："吾国俗例，每逢日蚀月蚀，民众群相鸣金击鼓表示救护之意，其为妨害安宁，提倡迷信，莫可言喻。本局曾于去年月蚀前一日揭示，严予禁止，并函请首都警察厅切实协助查禁。"②

---

① 吴雪蕉：《忆七月十五夕救护月食记》，《中华妇女界》第 1 卷第 7 期，1915 年 7 月 25 日。

② 南京市社会局编：《南京社会特刊》第 3 册，南京市社会局，1932 年，第 205 页。

这是反对救护月食的政策依据所在。

　　当时，也有反对将月食救护风俗视为迷信，而愿意对其进行人文解释者。如1932年，范郎发表《月食》一文，其中就明确阐述月食时国人打鼓敲锣并不是迷信现象。在他看来，"日月食是一种有周期的自然现象，我们的祖先早就知道。日食必在朔，月食必在望，在春秋时代已有极正确的认识。就是现在民间通行的历本关于日月食的发生也能明确地指出几时几刻初食、几时几刻食甚和几时几刻复圆。可知中国人谁都知道月食是可以预测的必然现象，不是天地的变异，不去救她也能够复圆。所以说打鼓敲锣的举动是迷信这句话是不能成立的"。因月亮是我们感情上种种崇高的美丽的表征，"这可亲可爱的月亮在她清光正圆的时候，突然受了侵蚀，不问是何原因，我们都觉得不能袖手傍（旁）观。敲锣打鼓去救，这是出于崇高的感情的自然行动，这种手段的有无效果是不成问题的。本来无论何事，可为则为，不可为则不为，这是属于理智的，知其不可为而为之这就属于感情了"。因此作者认为敲锣打鼓救护月亮并非人们不明白月食的成因，而是感情上的一种自发行为，是借由感叹发乎情感而非理智所主导之行为。[①] 此种解释，在民国时期虽不占主流，却也可在迷信根深蒂固的作用之外，从侧面提供一个有助于理解何以这一时期月食救护仍旧存续的说明。

----

① 范郎：《月食》，《鞭策周刊》1932年第1卷第8期。

实际上，民国年间的民间月食救护始终面临着"不合科学"的尴尬处境。一方面是政府出于取缔迷信与社会安定的考虑，明令禁止民众私放爆竹以示救护；另一方面是报刊舆论对民间救护活动的抨击，斥之为封建迷信、愚昧无知的行为。但在这双重压力之下，民间社会依然盛行着传统的救护月食活动，可以说民众的月食救护实践并未发生根本性的变化。当然，民众坚持救护月食的传统，并不意味着其完全没有接受有关月食的科学知识，但此时民众的月食救护实践无疑更多的还是受到传统文化和社会习俗的延续性影响，所谓"在家不救月，出外遭雨雪"的民间谚语，仍然对社会上普通民众的行为产生作用。

四、结语

近代天文学的传入对国人月食认知与救护实践的影响是一个曲折的渐进过程。明末以降，西方天文学新知不断传入。但政府层面，根据《大清五朝会典》及晚清报刊等史料的记载可知，直到宣统朝仍存在日月食救护的礼制；社会层面，已有的吞月的传说并未立刻被日趋科学的天文学解释所取代，还出现了大量的天狗食月的说法，并且敲锣击鼓救护月食的活动在民国年间仍相当盛行。这在某种程度上，无疑与传统文化的延续、有关礼制的惯性影响有关。值得注意的是，当时的报刊上不断出现抨击这种行为为封建迷信活动的文字，且很少引发激烈异议与公然抗争，可见时论导向并不同情前者。这说明近代国人月食认知的科学化，与相关实践并未保持完全同步，两者的趋同无疑有一个曲折的过程。

人们长期延续传统的对月食的认知与实践，还与当时天文科学知识不够成熟、通俗性天文读物较为缺乏有关。民国时期已经设立了观象台进行天文观测和日月食预测。报纸上有很多对日食、月食预测的消息，但是当时的预测有时候也是不准确的，这就很容易引起民众对这一科学解释的怀疑，在一定程度上也削弱了科学解释的说服力，从而使得人们仍然保持其传统的认知乃至习惯性信仰。何况这一时期，社会上同时还存在以讹传讹、混淆视听的天文学知识，"原其由来，则以天文学之论著殊少，而普通人民之智识尚未趋科学研究之途径也"。①

另外，换一个角度说，人们对月食的科学化认知与其延续传统、在月食出现时燃放鞭炮等习俗的实践，并不必然是全面冲突的。人们保留部分传统习俗与信仰，并不代表其完全没有接受科学的天文知识，不能因此否认西方天文学对近代国人月食救护实践产生的实际影响。事实上，近代天文学新知对国人的月食认知及其有关实践的影响是多维、持久的。科学知识与人文传说，可能以一种新的复杂组合方式，长久存在和逐渐演化。

---

① 黄艺锡：《本年之天文》，《进步》第9卷第5期，1916年3月。

第三章

到月球去：近代中国『月球旅行』的

想象与新知传播

在中国的神话传说中，月球被想象为天庭世界里的广寒宫，嫦娥、吴刚与玉兔居于此间。文人常常想象着凡人在广寒宫遇见嫦娥的故事，或吟咏"人攀明月不可得，月行却与人相随"，或感慨"我欲乘风归去，又恐琼楼玉宇，高处不胜寒"……概言之，月亮是一个想象可至而现实不可抵达之地。而"万户飞天"的传说被一再讲述，则表明这种神话的想象，仍有其持久的生命力，促使着人们继续做着飞天的梦想。

明清以降特别是近代以来，随着科学知识在中国的传播，传统的关于月球的神话描述逐渐被科学知识所替代，中国人关于月球的叙事亦随之一变。在近代中国，国人对于月球，一方面仍保留了传统的想象，借由想象的力量，人可以登临月球，与仙人聚会；另一方面，科学知识也起到"祛魅"的效果，随着现代物理学知识的传播，月球和地球之间的距离被测算，人们渐而知晓月球是人类难以抵达之地。不过，这并未阻止人们对于月亮的探寻，此时西方各国也逐渐出现发射火箭到月球旅行的尝试，这些现代科技知识在中国也获得了传播，它们使得国人对于"月球旅行"的想象重新被打开。借由科技的力量，人们认识到新的月球旅行，必须经由火箭才能完成。"上九天揽月"的梦想，也由此慢慢朝着现实演进。

目前，学界对于近代中国的旅月问题已略有研究，但主要集中于晚清一段，特别是对荒江钓叟的《月球殖民地小说》饶有兴趣，不过对此后中国人的旅月故事与知识的探讨，则相对少见。① 事实上近代中国有不少关于月球旅行的讨论，本文主要关注自晚清到 20 世纪 40 年代这一时段内中国人的旅月知识，对此的考究，可以还原出近代以来中国人对于"探月"方式认知的演变，也从一个侧面反映出现代科学知识在中国传播的情形。

一、传统与现代：清末民初的旅月想象

晚清时期，中国文坛出现众多科幻小说，这些小说体现着世纪末的中国人在现实与未来之间的生存处境，借由想

---

① 任冬梅：《科幻乌托邦：现实的与想象的——〈月球殖民地小说〉和现代时空观的转变》，《现代中国文化与文学》2008 年第 1 期；刘淑一、李娜：《晚清科幻小说的传统因袭和现代转捩——以〈月球殖民地小说〉和〈新石头记〉为例》，《鲁东大学学报（哲学社会科学版）》2011 年第 3 期；邹小娟：《二十世纪初中国"科幻小说"中的西方形象——以荒江钓叟〈月球殖民地〉为中心》，《海南师范大学学报（社会科学版）》2013 年第 2 期；贾立元：《晚清科幻小说中的殖民叙事——以〈月球殖民地小说〉为例》，《文学评论》2016 年第 5 期。

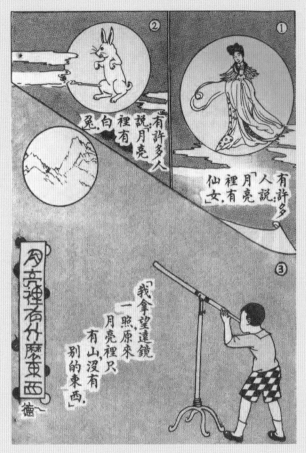

月亮里有什么东西

《儿童杂志》1933 年第 22 期，黄一德绘

象，他们打开了新世界的大门。

凡尔纳的《从地球到月球》及其续集《环游月球》在晚清时来到中国，1903年，前者被鲁迅在东京译成中文，名为《月界旅行》；^①1904年，后者又得商务印书馆翻译，^②此后，二书风靡一时。鲁迅坦承，其之所以有此翻译是因为"胪陈科学，常人厌之，阅不终篇，辄欲睡去，强人所难，势必然矣"，"假小说之能力，被优孟之衣冠，则虽折理谭玄，亦能浸淫脑筋，不生厌倦"。^③1905年正月，皮锡瑞曾在日记中记下自己读凡尔纳小说《月界旅行》的感想，在皮锡瑞看来月界旅行为"必无之事"，而书中"已有是说"，故他遥想"将来能通月球亦未可知"。^④彼时人类的探月仍是空想，但皮锡瑞仍有期许。在《林骏日记》中，亦有"在舟中倚枕看《环游月球》"之记录。^⑤可以想象，如皮锡瑞、林骏一般读过这部科幻小说的人应不在少数。只不过，旅月技术的进步并不那么迅速，关于如何实现月界旅行，国人和彼时的外国人一样，虽感兴趣，但尚未觅得良法。

而在这之后，中国人也有了自己的旅月故事，即荒江钓

① 鲁迅：《鲁迅全集》第10卷，北京：人民文学出版社，2005年，第163页。

② ［法］焦奴士·威尔士著，［日］井上勤译，商务印书馆译编所重译：《环游月球》，《说部丛书初集》第7编，上海：商务印书馆，1914年。

③ 鲁迅：《月界旅行·辨言》，《鲁迅全集》第10卷，北京：人民文学出版社，2005年，第163页。

④ 吴仰湘点校：《皮锡瑞日记》，北京：中华书局，2015年，第1877页。

⑤ 温州市图书馆编，沈洪保整理：《林骏日记》（光绪三十二年五月六日），北京：中华书局，2018年，第686页。

叟的《月球殖民地小说》。① 该小说中的科学成分不算太多，更多的仍是"想象"。在作者笔下，人们已经可以乘坐先进的交通工具，月球之上还有月球人，那里物产富足、生活幸福，俨然一幅乌托邦或桃花源的图景。这些描述与现代月球知识相去甚远，不过是一部幻想小说而已。在《月球殖民地小说》之后，从清末到 20 世纪 20 年代，国内的报刊上还出现过许多译自国外的旅月文学作品，如《月球探险记》②、《往月球的航路》③、《游历月球》《月球旅行车》《月球见闻录》④，等等。值得注意的是，在《月球殖民地小说》以后，国内少见类似主题的长篇小说。

在清末民初，常见的是一些关于月亮旅行的小文章。比如民国时沈庆鸿编辑的《民国唱歌集》中就出现了一首名为《月界旅行》的歌谣：

① 《月球殖民地小说》讲述了中国人龙孟华与妻子的旅行故事。他们逃难到南洋，逃难过程中二人遇险，彼此失散。多年以后，龙孟华得知妻子被美国人所救，并生下一子，然而孩子不知所终。在日本科学家玉太郎的帮助下，龙孟华乘上气球去寻找孩子。在未写完的故事最后，龙孟华和全家最终一起到了月球之上留学。荒江钓叟：《月球殖民地小说》，连载于《绣像小说》第 21—24、26—40、42、59—62 期。

② 浮痕：《月球探险记》，载《大同报（上海）》19 卷、20 卷。

③ 《往月球的航路》，《晨报副刊》1922 年 8 月 5 日，第 2—3 页；《往月球的航路（续）》，《晨报副刊》1922 年 8 月 5 日，第 2—3 页；《往月球的航路（续）》，《晨报副刊》1922 年 8 月 7 日，第 2—3 页。

④ Clement Frezandié：《游历月球》，敏芝译，《民众文学》1925 年第 10 卷第 13 期；《月球旅行车》，《民众文学》1925 年第 10 卷第 12 期；《月球见闻记》，《民众文学》1925 年第 11 卷第 2 期。

（一）忽然发出一奇想，翩翩月窟游。手携回光镜，脚踏轻气球。入荒芜太阴世界，探险壮吾俦。怪千山喷烟吐火，世外幻瀛洲。南山名太古，白光百道射星球。试向温泉，一回濯足，高唱步天歌。

（二）太阳一出十五日，辉辉不夜天。无云无大气，光耀大平原。待斜阳环山暮色，长夜转淹淹。问何处广寒宫殿，万里绝人烟。嫦娥奔也未，更从何处觅神仙。蟾蜍乌有，桂花乌有，归去向人言。[1]

题目似乎受到小说《月界旅行》的影响，内容则表现出作者对月球旅行的科学认知。在作者的注解中，还特别标明：天文学家说月中有千座火山，其中一座名为太古，月上十五日白昼，十五日夜晚，没有大气，且"中国旧说嫦娥、蟾蜍、兔、桂树、广寒宫殿等语均谬"。由此可知，关于月亮的科学知识在民初之时已经得到一定传播。

然而，科学破除了神话的虚幻，并不一定能将其从人们的想象中完全驱逐。在那些科学叙说之外，还是有很多人仍然延续着传统的对月球的想象。徐通渝的《丙寅中秋夜梦游月球记》一文中，开篇即写道："中秋之夜，余家设案廊前，陈果饵，焚香斗，以祈月神，迷信亦未能免。"可见，作者已经知道中国传统所谓的月亮传说实为"迷信"。不过他接着

---

① 沈庆鸿编纂，胡群复校订：《民国唱歌集（第二编）》，上海：商务印书馆，1913年，第50—51页。

又表示，"忆及家人谈玉兔杵药、吴刚伐桂等神话，心窃疑之，而以不得一游为憾"。继而，作者想象有一位老人带着他冉冉升空到达月球，然后发现月球上与地球上无异，从月球上，他还望见了"形如海棠之叶"的国境，且"细察之，则东北伏尸百万，长江一带血流千里，犹隐约闻有炮火声也"。目睹此情此景，主人公不由得感叹："吾国以堂堂神州，而为风声鹤唳之战场，不亦大可惜乎。其余各州，亦皆黑暗沉沉，幸有月光之照临，乃得一线清明。"作者承认自己的旅月经历，不过是一场秋梦。①

与徐通渝相类的，还有胡国梁所写的旅月故事。他把故事场景设置为"酩酊大醉"之后，于是主人公"身坠五里雾中，与星月齐驱，风云并驾"。醉酒后的主人公到达月球后，所见的月球是"亭台楼阁，高耸云中，金碧辉煌，如同白昼"。在月球上，他还遇到了伐树不止的吴刚和制药的玉兔，吴刚告诉他"方今中国之军阀自相杀伐，做阋墙之斗，操同室之戈，不知外侮将至，而犹内讧不息。吾之伐此树，所以泄吾不平之气也"。玉兔则告诉他，制药是为了治愈世人之贪心。于是作者感慨"登虎帐者，不思有以救其民，而反糜烂其民，岂地球之人不如月球之兽哉"。故事最后，也是被"喔喔之声"所惊醒。②

---

① 徐通渝：《丙寅中秋夜梦游月球记》，《青年镜》1926 年第 47 期，第 44—45 页。
② 胡国梁：《丙寅中秋夜里游月球记》，《青年镜》1926 年第 47 期，第 43—44 页。

对于民国初年的中国人来说，关于月亮的神话与神圣意蕴其实多半已经去除（如在同一期《青年镜》上刊文的葛承祥也认为拜月是"无知之民"的行为），那么何以这些青年依然保留了那神话般的旅月叙事方式呢？不难发现，对于那些执着于书写这类故事的中国人来说，是科学的还是神话的叙事并不那么重要，他们只是想要借由"月亮"来纾解胸怀罢了。正如《东方杂志》上的论者所言，近代人的生活繁复，经济问题、社会问题困难等，道德的束缚，一切文化、礼法、宗教的限制，把人生给束缚了。因此"吟诗人的佳句，读文学家的名篇，对于美妙的、放荡的、憧憬的广寒世界，真不胜其遐想"①。在 20 世纪 20 年代，有一位学生这样书写他渴望登临月球的幻梦：

> 我便是这苦海中的一分子，我终日所希望的便是上月亮，因为地球上的人心是没有像从前那样梦想的了。可是上月亮，在现在虽不能成为一种事实，但我很想把我的精神寄托在上。我每天要默念的便是："上，上！努力！努力上月亮，那里光明，那里霄凉；没有人间的尘烟，又无人类的心肠。"不然我这数十年的春华，恐将永远沉在海底，永不接人世了！人心是难以改良的，岁月是有限度的，要

① 化鲁（胡愈之）：《月之文学》，译自罗杰（Roger Wray）原著，《东方杂志》1922 年第 19 卷第 7 期，第 71—74 页。

不求些理想快乐，减些烦闷，尽力于社会，则天将
几时再我生呢！ ①

可见旅行到月亮，也成为当时一些国人对于痛苦现实的
逃避手段。1930 年，高志翔的《梦游广寒宫记》一文中，主
人公到月球之后，曾回答月中之人的提问，他坦承来月球就
是因为"尘世嚣浊，凤羡广寒之清虚"。② 在人们的想象中，月
亮之上似乎没有人间的种种苦痛，于是月亮成为不少人梦想
中可以摆脱尘世纷繁痛苦的避难空间。作为想象的"异乡"的
月球，为不少感到挫败者提供了一个栖身之地。

月亮旅行除了寄托个人情感之外，还表达了作者对于国
家与时政的批判与关怀。在前述两篇《丙寅中秋夜梦游月球
记》和《丙寅中秋夜里游月球记》中，作者都是在借旅月见
闻，说家国大事。军阀混战，内交外困，时局危如累卵，两
位作者都选择以月球这一"他者"视角来观中国的时事与政
治，进而展开批评。

而在《月球殖民地小说》中，寄寓的还有另一种关怀。
作者在文中写道：

世界之大，真正是无奇不有。可叹人生在地球

---

① 李义炳、张秉仁、贤江：《通讯：两个青年的人生观》，《学生杂志》1923 年
第 10 卷第 10 期，第 126—128 页。
② 高志翔：《梦游广寒宫记》，《慧灵》1930 年 6 月号，第 187 页。

上面，竟同那蚁旋磨上、蚕缚茧中一样的苦恼。终日里经营布置，没一个不想做英雄、想做豪杰，究竟那英雄豪杰干得些什么事业？博得些什么功名？不过抢夺些同类的利权，供自己数十年的幸福……单照这小小月球看起，已文明到这般田地，倘若过了几年，到我们地球上开起殖民的地方，只怕这红黄黑白棕的五大种，另要遭一番的大劫了。月球尚且这样，若是金、木、水、火、土的五星和那些天王星、海王星，到处都有人物，到处的文明种类强似我们千倍万倍，甚至加到无算的倍数，渐渐的又和我们交通，这便怎处？①

这里作者借主人公之口，通过与世外桃源般的月球对比，表达的不是对于国家命运的关注，而是对于人类社会的关怀和忧虑。对于文明未来的长远思考，成为荒江钓叟这部小说的一个重要意涵所在。②

不过当时，对于人类是否能够真正作月球旅行，国人尚认为不行。直到1920年，在《东方杂志》刊载的《文学的催眠术》一文中，作者还把文学家的写作比作"催眠术师"：

① 荒江钓叟：《月球殖民地小说》，连载于《绣像小说》第21—24、26—40、42、59—62期。本处文字载于第59期。
② 此点早为前揭几篇论文所阐释。

文学家亦然，富于天才之创作，常能使读者入其玄中，失其个性批评之能力。例如吾人读谈神语怪之寓言、飘流荒岛之日记、环游月球之小说，虽明知其事之虚妄，亦不能不信以为真，亦犹之在催眠中。惟催眠术师之命是听，更无自己判别之能力也。[1]

作者的这番表述透露出，在他看来环游月球不过是如同鲁滨孙漂流或是神话一般的"虚妄"之事，只发生于虚构小说之中，而在现实中是不可能存在的。

总的来说，这一时期关于"月亮旅行"的书写，大抵呈现出传统与现代杂糅的状态，并且停留在想象的层面。旅行月球可以说仍然是一种"想象"，这种想象或是建立在现代关于月球的科学知识之上，或是沿袭中国千年的神话传说，往往是将两者彼此杂糅。至于其形式，则小说、歌曲、杂文不一而足。概言之，借由想象的力量，中国近代的书写者能够到达他们所想象的月球世界。然而，想象终究不是现实。对于人类是否能够真正进行月球旅行，许多国人尚持保留态度。

---

① 罗罗：《文学的催眠术》，《东方杂志》1920 年第 17 卷第 7 号。

二、自西徂东：火箭旅月实验知识在华的 初步传播

　　与此同时，远在大洋彼岸的美国，登月的科学实验却正在一步步使人类的这一梦想成真。一直以来，西方都有人试图发明火箭以实现飞天梦想，但均未成功。20 世纪初，美国克拉克大学的罗伯特·戈达德[①]持续开展他的火箭实验。1914 年他已经成功试验了多级火箭，两年以后又试验了液体燃料火箭，只不过这些火箭规模都较小，相关知识此时也未在中国引发很大反响。此前人们关注的是作为传统战争武器的"火箭"，而非空间旅行的现代航空工具"火箭"。如《万国公报》所载，"火箭一物，军营中要件也"。[②]

　　火箭旅月问题在华引起讨论，还要到 1919 年以后。1919 年《益世报》曾报道法国科学家制造钢铁飞行机"以探视月球"的新闻，并称此"颇足令人注意"，"不特于科学上有莫大影响，即制造上亦有至要之关系"。同年，美国在华英文报刊《大陆报》（*The China Press*）报道了戈达德进行火箭实验一事，称他发明的火箭将是"新的战争武器"，并且在海战与陆战中都能发挥作用。[③] 当戈达德等人火箭实验

---

① 戈达德：又译作"高达德""高医德"等。本书所引资料中译名均照录原著，不作统一处理。

② 《火箭探营》，《万国公报》1878 年第 477 期，第 22 页。

③ "Invents New War Weapon, Armistice Prevented Use of Dr. Goddard's Rocket", *The China Press,* May 7, 1919, p.5.

台北机器制造局的验放火箭图①

的消息传到中国以后，国人对于"火箭"也有了新的理解。

1919 年，《学生》杂志上登载了一篇题为《游月球》的文章。文中指出，中国文学家以为月球是天宫福地、嫦娥仙姝的家宅，吟诗作赋常常引用，这是中国人"有其文不必有其事"的老套："现在嫦娥、不死之药这种话头，大家也知道无稽的了，但是游游月球的念头，有几个科学家真想实现。"文章认为，科学家根据的是科学的原理，"虽然不见得一定办得到，但是总可以算的言之成理"。而登月的方法，一是用飞机，二是用大炮，三是用爆仗。不过飞机和飞艇无法

① 金桂：《验放火箭》，《点石斋画报》1890 年第 215 期，第 10—11 页。

突破大气层，大炮则无法突破地心引力，无论哪一种办法，实际上都很难实现。除了飞行问题之外，作者认为，离开地心引力，人的外部和内部结构可能都要颠倒，而月球的极热、极寒条件也无法让人生存。[①] 不久之后，一位读者来信进一步论证了这一点。他附上其基于物理学的论证和计算，指出由于地心引力"不但住不得月球，并且也去不得月球，现在只好暂行罢论，等到有可在真空里走动的机器成功，才可旧事重提"。[②] 简而言之，在"五四"以后科学知识流行之际，登月的原理因为其属于科学知识似乎可以被接受，但在一般人看来登月是难以实现的。不过，不管怎样，经由科学实验故事的传播，"探月"似乎已经成为一个可以被严肃讨论和引起广泛关注的命题了。至于其能否实现，则需要交给科学家来证明。

1920 年 3 月，当《大陆报》再次登载戈达德进行火箭实验的新闻时，指出火箭可以作为星际旅行的工具："可以确定会有地球上的人被发射到月球，当戈达德教授的火箭变得完美，人类将会有这个机会。"不过报纸也以玩笑的语气写道："亲戚也许会告诉他，一旦你到达月球，将无法从月球上返航。"[③] 其实不仅是《大陆报》，当时在美国本土的许多主流媒体虽然对戈达德的实验感兴趣，但也大都认为这

①　《游月球》，《学生》1919 年第 6 卷第 8 期，第 30—44 页。
②　《通讯》，《学生》1920 年第 7 卷第 1 期，第 1—5 页。
③　"By Rocket to the Moon", *The China Press*, March 6, 1920, p. 6.

还是不可能实现的事情。20 天后的另一则报道中，作者还介绍了其他科学家的观点，他们认为火箭以后将会被制造得足够大，至少能装载两个人到月球旅行。不过从《大陆报》的报道来看，这些科学家的观点似乎很是可笑，这里，我们不妨从该报道的语气中来感受一下报道者的态度：

> 这些旅客到月球之后将会做什么没有作出说明。时间将会属于他们自己。也许他们什么都不会做，只是四处踱步，欣赏风景……最初的两位旅客的身份并没有公布，但也许会经过选举产生。似乎列宁和托洛茨基将会全票当选。月球飞车的主要功能将会是一个放逐系统。没有回程会被安排，公司也不会发给旅程票或者提供帽子和外套，对旅程中的意外他们也不会负责……这是一个很长的旅程，但是乘客将不会寂寞，因为吸烟室里会有纸牌桌和咖啡。这一旅程的乐趣没有被高估，它将会是……完全自由的，不会有拥挤的乘客……唯一需要去做的就是完善这一理论以保证它能够到达月球。如果撞到了金星的话，会使整个计划变得沮丧和尴尬，并且也会让乘客失望。[1]

---

[1]　"All Aboard For The Moon", *The China Press*, March 24, 1920, p. 13. 此处根据原文翻译。

通过作者对于乘客问题的调侃，其对人类是否能真实登月的态度不问可知。在《大陆报》的作者看来，月球旅行计划存在两个重大的问题：一是科学家无法保证火箭能够按照预定轨道到达月球而不是飞向其他方向；二是即使能够到达月球，科学家也无法使宇航员返航。因此，在美国的作者看来，月球最适合成为他们讨厌的人物的流放之地。

同一年的《字林西报》（*The North-China Daily News*）和《大陆报》也登载了前述戈达德教授制造火箭的故事，在1920年6月18日的报道中，《大陆报》介绍了戈达德定于7月进行的火箭装置试验。[①] 在另一篇文章中，《字林西报》还介绍了戈达德教授的装备耗费超过20000英镑，将会有19吨爆炸物被用以给火箭加速。该文作者还给出了月球之旅的具体时间：到月球的距离是240000英里，允许火箭四五天完成这一旅程。不过作者也同样没有回避旅行者难以返回的问题：如果一个人去的话，他也许必须留在那里，因为火箭是否能够自动回来是有疑问的，即使发明者认为可以。也就是说，《字林西报》的作者同样不认为旅月者能返回地球。在文章中，作者打趣地写道：一个降落在那里的人也许必须去安排自己的生活，但他或许会感到孤独。年轻的飞行员也许会飞向火星，因为他相信那里有人类存在。[②]

① "Moon Rocket Test Is Set for July: Prof. Goddard Will Seek Data", *The China Press*, June 18, 1920, p. 11.

② "American Rocket to the Moon", *The North-China Daily News,* June 7, 1920, p. 17.

当年，《大陆报》还报道了在美国费城的一位着迷于月球旅行的绅士的故事。故事的主人公表示愿意完成登月之旅，报道称：这位绅士建议带回更多有价值的关于社会生活、政治、农作物和政府的数据。这个计划唯一的问题是发射火箭的人并不能保证乘客能返程。然而返程对于这位先生而言是至关重要的。[①] 可见在 1920 年的外国人看来，月球旅行的相关实验虽然展开，但确实尚不具有太大的可行性，无论是《大陆报》还是《字林西报》的有关报道，都清楚地表明了这一点。

继在华英文报刊后，中文报刊《时报》《东方杂志》也在 1920 年出现了相应报道。[②] 如《东方杂志》介绍了历史上

高达德教授改良之爆仗

《东方杂志》介绍的戈达德教授的火箭

---

① "Keeping Up with the Cosmic Urge", *The China Press,* Wednesday, April 7, 1920, p. 11.

② 《用火箭直射月亮》，《时报》1920 年 3 月 25 日，第 3 版。

乘坐爆仗升空的尝试，并对戈达德教授的火箭做出说明。其编者认可戈达德教授的尝试，相信或许火箭真能抵达月球，不过对人类登月表示怀疑：

> 爆仗升空而达月球，虽在理论上已为可能，然欲如弗纳之理想，人乘其中，则决不可能。以吾人所能打破者为物质界之阻力，而于生理上之障碍，则无可奈何。月球上无水无空气，且又半面酷热而半面严冷，天文家已考之至详，人类生理之构造，不可一息无空气，岂能托足于月球而从容游历乎。[①]

总体说来，与《大陆报》《字林西报》等英文报刊的态度相比较，中国的《东方杂志》对于戈达德教授的尝试可谓相当肯定，作者声言："然高达德教授之发明，不能不视为科学发达史中一大事实。从前科学家所谓地上之物无一能打出地心吸力范围之外之说，今已不能成立。而晚近科学家最有野心之星球间通讯问题，今亦显出一线光明矣。"

同年《时报图画周刊》刊载的文章则指出，月球旅行原是"理想中之事"，而戈达德教授等人的实验使"社会之视线乃集"，可见该报登载赴月火箭新闻，也受到了戈达德实

---

① 《科学杂俎：人类游历月球之空想》，《东方杂志》1920年第17卷第18期，第79—80页。

验的影响。该报说，"唐明皇游月宫"这类中国古代"不足凭信"的神话在现代社会实现起来不仅不是毫无可能，而且对于人类还有必要："欧美学者确能从科学上用工夫，要达到这个目的在一般人看起来以为全凭理想，很不容易。但是飞艇既成了功，可以证明人为万能，一时即不能实现，将来总有希望。况且人类生齿日繁，地球不敷供给，再寻一殖民地也是事有必至，理有固然的了。"①

　　1921 年，据在华《大陆报》报道，戈达德教授希望有人对他的"月球火箭"提供经济援助，《大陆报》的记者认为戈达德教授的尝试应该得到支持，因为"通过实际的实验，证明人类可以从地球向星际空间中最近的另一个天体发射导弹，这将是人类智慧和技术的最大胜利之一"。作者相信，巧妙地运用力的反作用的机械原理，把一个物体送上月球，乃是可行的。② 不过，《时报》的作者也说"其至月球时候如何停止，如何回至地球上，尚在研究中"。③

　　在华盛顿史密森学会的财政支持下，戈达德教授的火箭实验得以继续进行。④ 但此后戈达德教授发射巨型火箭的实验，最终还是推迟了。即使有许多业界人士为戈达德的项目

①　《游历月球之新计划（附图）》，《时报图画周刊》1920 年第 2 期，随报奉赠页。

②　"Garrett P. Serviss's Article: Scientists, As Well As Laymen, Showing Keen Interest In Massachusetts Astronomers Proposal To Shoot Great Rockets To The Moon", *The China Press*, April 13, 1921, p. 15.

③　熹敏：《射至月球之火箭》，《时报》1927 年 3 月 9 日，第 2 版。

④　"From the Earth to the Moon", *The North-China Daily News*, May 13, 1924, p. 10.

驗放火箭

臺北機器製造局自張壻卿太守
接辦以來精心擘畫綱
舉目張大廠小廠各專一門有條不
紊工匠八等三百餘名
或一月考驗一次或數月考驗一次
觀其技之成否以定賞
罰欲人皆思奮志以殫苦各戲哥
長某日有工匠數八仈
其自製新式火箭就大稻埕河
干向上安置具請驗放
太守命如法燃戎商一雜弶即如
萬道金蛇沖霄而去頃
刻向不知所之數驗皆然太守讚賞
不已惟末後一矢功行未

台北机器制造局的验放火箭图

金桂：《验放火箭》，《点石斋画报》1890年第215期，第10—11页

背书，认为"最终能够达到克服地球引力所需的高速度"，但媒体依旧质疑"这一项目并不像看上去那么有远见"。① 与此同时，德国科学家赫尔曼·奥伯特（Hermann Oberth）则提出了另一个更具雄心的登月计划，他希望制造一个约400吨的巨大火箭完成旅月目标。② 但在20世纪20年代的前5年，关于火箭旅月，无论是戈达德还是奥伯特都仍停留在理论之上，他们的计划都没有能够通过实验实际解决登月的问题。

1928年，法国学者裴泰利（Robert Esnault-Pelterie）在他的新书《穷苍界之火箭探访与星际交通之将来》（*The Exploration of Upper Atmosphere and the Future of Interplanetary Communications*）中得出结论：到达月球火箭的飞行高度应达于24万英里。虽然这对于机器构造和人类生理来说皆是难题，但终归有实现的可能。裴氏的观点很快被《字林西报》和《东方杂志》介绍到中国来。在裴泰利看来，将来旅行月球时最适用的运载物是一种"雪茄形的火箭"，它要使用煤气，或是借助火箭尾端喷出来的原子性的微物，来实现极速的推进。裴氏承认这种飞行"在今日确为人力所不及"，但"在将来是可能的"。中国的作者也称赞"这种言论，不是

---

① "From the Earth to the Moon: Prof. Goddard's Scheme for this Summer", *The North - China Herald and Supreme Court & Consular Gazette (1870—1941)*; May 17, 1924, p. 272.

② "Trip to the Moon by Rocket: German Scientist's Daring Project", *The North-China Daily News*, January 6, 1925, p. 9.

梦想家的谵语，乃是科学专家的意见"。[1] 裴泰利希望英国科学家能够加入法国和德国科学家的这一工作。[2] 而他的畅想也在遥远的中国引起关注，中国天文学会在 1928 年《中国天文学会会报》中就介绍了裴泰利的研究，并指出"月球旅行火星探险等事，前此大都为小说家意想之谈。近有Robert Esnault-Pelterie 者，专心研究高层空气及星球间游行之理论，一切以科学数理为根据，不同空谈"。[3] 此种科学家的理论支撑和努力探索，无疑增进了中国人对火箭旅月的认知和期待。

从 20 世纪 20 年代末开始，随着国外火箭理论的发展和实验的纷纷展开，中国人对火箭实验也有了自己的兴趣，除了介绍西方科学家的旅月理论[4] 外，一些国人更自觉阐述其有关构想。

1929 年，刘开坤在《中国工程学会会刊》上发表的《火箭机游月球之理想》一文，可称此种思想之代表。在刘开坤看来，德国初造火车轨道、爱迪生发明留声机等最早都曾受到过世人的质疑，但他们最终都实现了，因此火箭登月的实验决不应停止。他说，以往自己与亲朋好友"茶余酒后，尝

---

① 冠丹：《月球与地球之交通》，《东方杂志》1928 年第 25 卷第 7 期。
② "A Rocket Journey to the Moon, Difficulty about the Return: No Advantage to be Gained by Venture", *The North-China Daily News*, December 11, 1928, p. 10.
③ 《天文界新消息：航星术奖金》，中国天文学会编：《中国天文学会会报》，中国天文学会，1928 年，第 92 页。
④ 如：《火箭速度可惊，旅行月球只须八日》，《时报》1928 年 2 月 15 日，第 2 版。

作空谈，每有往游月球之梦想，谓吾人伏在炮弹上，不难一射而抵月球也"，如今这样的"玄谈"，"以科学之理想，已证实其或可能成功"。针对世人关于登月的种种疑问，作者还一一表达了自己的看法，他认为，月球上虽没有空气，但是人类却可以仿照潜水服，"背负着气袋，则不患无新鲜空气"。至于冷热转换人类难以适应的问题，则可以通过"制造一种器具，令其寒冷不至悬殊"。同时，人类登上月球后，还可以利用月球上的太阳光，"借光学各种镜片收光之理，而设日力电厂"。至于如何到达月球，首先需要找到一种高速行驶的方法，只有速度快到一定程度，才能够突破地心引力的约束。刘开坤甚至还设计出了地月飞行的轨道图，认定唯一可行的交通工具只有火箭。若以"后见之明"来看，刘氏的一些设想，正是后来月球旅行的发展方向。

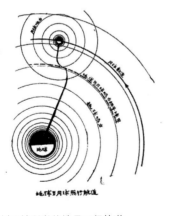

刘开坤所举的地月飞行轨道

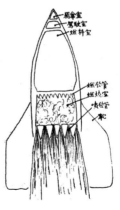

刘开坤所绘火箭

刘开坤是民国时期重要的工程学者，他毕业于黄埔海军学校航海科，曾在德国留学。归国后担任过同济大学、中山大学、武汉水运工程学院等高校教授。从文章内容来看，刘开坤显然非常熟悉欧美国家火箭研究的情况，他在文中列举了美国、德国、罗马尼亚、俄国等的火箭研发状况，并且认定，火箭原理太深，不容易入普通人之脑，故至今"仍未得社会人士之信仰"，但其前途却是光明的。他认为："以三十年来飞机进步之神速，及火箭机多次试验之优良而推测，想百数十年后之火箭机不独能飞赴月球，且可在日力厂中，添加燃料，作异星球之旅行！此时天体之游，将与今日之京津沪粤，舟车旅行无异也。"[①] 同一时期，毕业于加利福尼亚大学的孟寿椿也在其著作《世界科学新谭》中介绍了各国科学家对于火箭的探索，并认为"其原理大同小异，或将于一九二七年之星象学上放一异彩也"。[②] 如刘开坤、孟寿椿等留学归国的学者，对于探月知识在中国的传播，都有不小的贡献。

在舆论的推动下，"五四"以后经受过现代科学感召和初步洗礼的中国人，多怀有一种"科学万能"的憧憬，因此彼时的国人很容易将"火箭登月"视为一种符合科学原理的理想来看待和期待，而不愿将其视作永难实现的梦想。正如

① 刘开坤：《火箭机游月球之理想》，《工程：中国工程学会会刊》1929 年第 5 卷第 1 期，第 93 页。

② 孟寿椿编述：《世界科学新谭》（下），上海：亚东图书馆，1928 年，第 466—467 页。

《东方杂志》的一位论者在讲述"理想"与"梦想"的差别时所强调的那样：

> 大概说，理想的与梦想的不同；梦想的事情，是办不到的，理想的事情，是办得到的。本来世界上没有什么好说是绝对的办不到；就如到火星月球上去，我们也不敢说定是永远办不到的。①

对于火箭登月，一位《申报》上的作者，同样表达了一种科学主义的乐观热忱，其致思方式和内在逻辑，在20世纪20年代末的中国具有相当的代表性：

> 余谓今之人，不必拜月或赏月。与夫看月踏月，以为力谓勿负此良宵也。将来且可到月里去考察与游玩。谓余不信，谓即以空中飞行为前鉴。……故余谓将来吾人之到达月球，一如今白里亚脱之飞越英伦海峡，必有破天荒之一人也。②

作者以飞机为例，相信尚未成功的火箭旅月技术随着人类科学的发展，终有实现之日。而通过本节的论述，可以看到正是在近代天文知识传播的基础之上，20世纪20年代戈

---

① 董时进：《理想的东亚大农国》，《东方杂志》1927年第24卷第11期。
② 清□：《从科学上想到月里去》，《申报》1928年9月30日，第22版。

达德等人的火箭实验为人类的月球旅行带来了希望。这批科学家的实验和理论经由在华英文报刊和中文报刊、留洋学者等被介绍到中国，并引起了部分国人对月球旅行的讨论，中国本土对月球旅行的讨论也已萌发。

三、地月交通：20 世纪 30 年代火箭旅月问题的讨论与言说

如果说 20 世纪 20 年代早期，对于火箭旅月的实验，许多人尚且难免报以冷漠和嘲笑，那么进入 20 世纪 30 年代后，舆论界则充满了更多的热情。此时，嘲讽火箭者反要被讥为"井底之蛙""所见甚浅"。[①] 科学家普遍相信，月球之旅绝不是不可能实现的目标。火箭飞机或者火箭弹被相信将成为进行星际旅行最有可能的交通工具。[②] 人们相信宇宙飞行虽然是科学家的梦想，但并非不可能。《东方杂志》刊文指出，如同多年以前备受质疑的飞机、飞艇、无线电话、电视等一样，星际间的旅行将来也有可能会实现。[③] 不论是研究者或旁观者，此时人们对于月球旅行都乐见其成。

赫尔曼·奥伯特和戈达德的火箭登月计划，此时也受到越来越多的肯定。如《大陆报》的作者就相信，动能问题可

---

① 棣华：《月球与火箭》，《军事杂志》1931 年第 41 期，第 127—128 页。

② Archibald Henderson, "A Voyage to the Moon", *The China Press*, August 14, 1930, p.13.

③ 微知：《火箭冲空机》，《东方杂志》第 27 卷第 27 期，第 85—87 页。

以从阳光中获取，氧气也可以由电离产生，月球之旅是可以指望的。[1] 1930 年，一位歌德堡的普通居民林登海姆写信给赫尔曼·奥伯特，表示他希望能够亲自冒险参与月球旅行。[2]可见相关实验已获得一些普通民众的支持。到 1931 年，火箭快速运载的可能性问题在多个国家特别是美国引起了科学界的广泛关注，《字林西报》报道了美国行星间协会副主席爱德华·彭德雷的有关访谈，彭德雷明确表示：再过十年，我们也许就能成功地通过火箭与月球进行通信……相对而言，年轻人（奥伯特教授只有 36 岁，戈达德教授只有 45岁），他们总有一天会见证梦想的最终实现。[3] 即便不那么乐观的论者也认为，"我们的后代将会乘火箭登月，在一个世纪内就能启动飞船"。[4]

　　要实现火箭旅月，需要克服的难题自然不少。如果说20 世纪 20 年代，是世人逐渐相信火箭旅月可行的时代，那么 20 世纪 30 年代以后，就是去设法解决各种难题的年代。在 20 世纪 30 年代的中国，登月的话题也开始受到越来越多

---

① Archibald Henderson, "A Voyage to the Moon", *The China Press,* August 14, 1930, p.13.

② "Moon Rocket' Have Passenger on American Trip: Gothenburg Man Willing to Travel in Unknown Spaces of Earth", *The China Press*, February 16, 1930, p.1.

③ "Future of the Rocket'Across Atlantic in 20 Minutes':To the Moon by 1936?", *The North-China Daily News,* June 25, 1931, p. 18.

④ "Journey to Moon: 'Possible Within a Century'", *The North-China Daily News,* December 14, 1931, p. 21.

的关注，针对登月存在的问题，在科学界甚至社会上，都不难见到有关讨论。

　　火箭登月，其自身如何获取动能非常关键，因此燃料成了主要问题。燃料问题主要取决于物理学方面的基础研究。[①] 因此，1932 年美国科学家 D. O. Lyons 提出了一个名为 "VIENNA" 的新计划，据说它能不断形成爆炸，长时间、持续有力地为火箭提供推动力。[②] 与美国科学家有别，英国剑桥大学和德国的科学家们，则致力于利用原子能来解决这一难题，他们认为原子能的能量释放可使火箭以不可估量的速度飞向月球和其他天体，并拥有取之不尽的能量源。[③]

　　1930 年，上海慈善社举行会议，会上哈特利（H. Chatley）博士发表了"火箭登月"的演讲。（1931 年 2 月哈特利在另一活动中也演讲了相似的主题，[④] 可见当时这一话题的热度）哈特利博士在他的演讲中，讨论了建造能够到达

---

① "Journey to Moon: 'Possible Within a Century'", *The North-China Daily News*, December 14, 1931, p. 21.

② 其内容是火箭将由不同的部分组成，第一部分将汽油流射出、点燃第二部分，当所有工作完成之后，它们就自动脱落下来。这样，由于各个部分的不断脱落，火箭就会变得越来越明亮，又因为自身重量持续减轻，火箭也会飞得越来越快。如此一来，火箭速度预计将每秒超过七千米，到达月球将耗时 10 个小时。"Another Idea For Rocket To Moon," *The China Press*, Dec 12, 1932, p. 12.

③ "Rocket Trips to Moon Possible as Result of Atom Splitting: Changing Baser Metals into Gold, Platinum Power without Coal Gasoline or Oil Seen as Fruit of Amazing Achievement of Science", *The China Press*, August 11, 1932, p. 1.

④ "From Day to Day", *The North-China Daily News*, Friday, February 6, 1931, p. 6.

月球的火箭所需要克服的各种问题和困难。强调火箭发射要想成功，可能需要利用原子能。如果控制得法，原子能将远远大于从任何炸药中获得的能量。除此之外，探月过程中的温度、着陆速度、重力和以 5 英里每秒的速度飞行等控制保障，也需要花费相当长的时间去探索。[1]

另一个问题是月球上没有氧气。针对这一问题，1930年，一个来自上海的中国人 Yu Tsing-thor 向《大陆报》投稿，发表自己对月球旅行的看法，称自己有一套提炼氧气以完成月球旅行的理论构想。[2]《大陆报》也将他的来信与理论构想一并登载出来。这可能是中国人第一次向英文世界提出自己关于解决月球

Yu Tsing—thor 在《大陆报》的投稿

---

[1] "Leading Engineer Tells Rotarians Here How to Go to the Moon by Rocket", *The China Press,* July 11, 1930, p. 2.

[2] "Chinese Expounds Theory Of Going Up To The Moon: Contingencies Necessary Before Flight Of Airplane", *The China Press*，April 11，1930, p. 8.

旅行难题的完整方案。

巧合的是，在中文《新闻报》上也找到了另一则作者署名为郁隽操、沈亮钦的《上升月球之新理想》的文章。该文提出的解决旅月难题的方法如下：

（一）欲上升月球，必须制造无量数空气。放之天空，扩大原有空气界范围，达之月球以外。

（二）空气系养气一成，淡气四成，混合而成。欲制造无量数之空气，必先制成无量数之养气与淡气。

（三）无量数之养气，可将海面上一部分之水，用电力分解而得。

（四）水系轻二养化合物，电分养气时，必同时分出无量数之轻气。用去此项轻气之法，可将世界上所有陈旧房屋拆去，其地基悉种农产品，如此则农产大增，人民生活容易。然后将轻气造成无数大轻气球，下悬多层房屋，各屋以□练横贯之，并拴住于地上。

（五）既有养气，欲制造无量数之淡气，尚无妙法。惟世界上最多之物质，除水面外，以山石为最，石系炭酸钙化合物，以此推想，则陆地上最多之原质为钙。今于石中提出钙质，提出后将钙在真空中用极大电力烧成气体，以之代淡气与水中电解之养气，依照成分混合放之天空，如此则飞艇可有达月球，而人至月球后亦可生存矣。①

将两篇文章对照可知，内容几乎完全相同，《大陆报》中的作者 Yu Tsing-thor，应该就是郁隽操。在《上升月球之新理想》刊载以后，许多读者写信到《新闻报》编辑部表达疑问，郁隽操又一一进行了解答。②

经笔者考证，郁隽操应为著名学者于光远之父郁祁培（号隽操），早年毕业于江南制造局工艺学堂，学习枪炮制造，曾在北洋政府陆军部兵工署、南京市土地局等单位工作。于光远在回忆录中记载了其父在 1934 年离开南京市土地局之后的一段生活：

> 他想了一个很大很大的问题：到月球上去移民。怎么去法？如果他想到火箭就好了。他在学校里学的是枪炮制造，应该懂得子弹前进的道理。但当时他提出的上月球去的方法，是制造一种无害的气体，扩大地球的大气层，把月球包括在内，然后坐飞机上去。他为此做了许多计算，写出了文章。我明白

---

① 郁隽操、沈亮钦：《上升月球之新理想》，《新闻报》1930年2月23日，第17版。
② 郁隽操：《上升月球新理想之答问》，《新闻报》1930年3月30日，第17版；
郁隽操：《续上升月球新理想之答问》，《新闻报》1930年4月13日，第17版；
郁隽操：《续上升月球新理想之答问》，《新闻报》1930年4月14日，第17版。

他做的这件事完全是不科学的。但这是他唯一有一点积极性的活动，不忍彻底否定它。不知道他请到什么人的帮助，把他的文章翻译成英文，而且在上海出版的英文报纸《大陆报》上发表出来了。这是他的唯一的一件非常得意的事情。①

郁隽操坚信游月宫虽然只是理想，但终究可能会实现。但如于光远所说，其父不懂得"第一宇宙速度"，做法更"不科学"。　以今日科学眼光视之，郁隽操的方案无疑过于天马行空，其所具备的也只是一些简单的科学知识，并未真正理解现代火箭原理和技术。但其提出制造氧气与氮气，正是为了解决当时困扰人们旅月梦想的氧气与动力难题。他的这种科学热忱，亦值得肯定。

在20世纪30年代，人们对探月饱含激情，但也要面对实践中的重重问题。《字林西报》曾总结了月球之旅的主要挑战，包括：1. 如何以高速离开地球，又不杀死旅行者；2. 如何在252175或者221466英里的旅程中控制火箭的方向和速度，并且保证旅行者的生命安全；3. 如何以合适的方式，在不伤害人的情况下安全降落在月球上。②

而理论的发展是一回事，实验又是另一回事。在20世

①　于光远：《青少年于光远》，上海：华东师范大学出版社，2003年，第4页、第150页。

②　"Astro-Navigation Explained: French Professor on Method to Get to the Moon", *The North-China Daily News,* August 6, 1934, p. 10.

纪30年代初，人类的登月试验依旧屡屡失败。早在1929年，戈达德的火箭试验失败。[1] 同年10月23日，德国的火箭试验也宣告失败，但试验者们宣布将继续试验。[2] 到1930年，各种火箭试验没有减少，反而更加热闹。[3] 1930年，德国的火箭试验再次失败，但中国的观者相信他们总会成功："射于月之世界，目下虽未能到达月界，然确信已达五十基罗米之高度，再加以实验，必能达到月球去。"[4] 1932年，德国的登月计划在失败中告一段落。[5] 残酷的失败表明，火箭登月的计划要想成功，还有很长的路要走。但不久，在他们的努力下，初步实现了火箭发射高空后的顺利降落。[6] 紧接着，德国科学家开始致力于实现火箭载人。[7] 越来越多的试验开展起来，即便这些试验不甚成功，也大大提高了人们对于月球旅行的信心。

不过，火箭试验不仅需要人们的信心，还需要耗费巨大

---

[1] "The Moon Rocket that Failed, Makes Only a Few Thousand Feet: Alternating Changes Explode Simultaneously", *The North-China Daily News* , August 17, 1929, p. 7.

[2] 《火箭飞机第一次试验》，《时报》1929年10月24日，第4版。

[3] 《火箭》，《商工月刊》1930年第1卷第5期，第97页。

[4] 《旅行月球新试验》，《新闻报》1930年6月24日，第9版。

[5] "German Plan to Reach Moon: Unsuccessful Attempt by Giant Rocket", *The North-China Daily News,* October 8, 1932, p. 1.

[6] 《航空火箭试验顺利》，《新闻报》1932年10月25日，第8版。

[7] "German Plans Rocket Ascent with Passenger", *The China Press*, November 29, 1932, p. 4.《德人研究多年明春可造成火箭乘坐一人将成火箭史上空前创举》，《时报》1932年11月29日，第7版。

的财力和物力。根据《大陆报》的报道，科学家预估，月球之旅将花费一亿美元的资金，[①]而火箭到达月球并且安全回到地球，将需要 20000 吨燃料。[②]这些问题个个棘手，解决起来并非易事。不过，尽管试验失败、耗费巨大、问题艰巨，但许多科学家坚定地相信，乘坐火箭去月球的旅行将会在不久的将来实现。[③]一些人相信，这一时间点会是 2050 年。[④]

在中文舆论界，这种信心也得以传播。《航空杂志》载文称，这一时期"举世科学家，咸信游月球为事实所可能"[⑤]。不论是国内还是国外，关于旅行月球试验的报道越来越多，讨论也变得愈加热烈。美、德、法等科学家制造火箭的新闻更是屡见报端，在国内造成一种世界各国均在研究火箭的热闹氛围。[⑥]如《大公报》在报道法国科学家火箭实验时便指出"德美天文学者，作此种研究亦甚夥"。[⑦]1930 年，德国

---

① "BARBS", *The China Press,* January 4, 1934. p.10.

② "Your Children", *The China Press*, February 12, 1935. p.5

③ "International News to Sponsor Photo Exhibit", *The China Press,* February 25, 1936. p.5.

④ "Journey to Moon by Rocket is Possible by 2050", *The Shanghai Times*, May 13, 1930, p. 3. "Trip to the Moon by Rocket Ship Expected in 2050", *The China Press*, May 22, 1930, p. 14.

⑤ 《谈谈游月球之火箭》，《航空杂志》1930 年第 1 卷第 2 期，第 16 页。

⑥ 《旅行月球的又一消息》，《军事杂志（南京）》1931 年第 31 期，第 184—185 页；《德科学家研究射月火箭》，《航空杂志》1930 年第 1 卷第 7 期，第 11 页；《法人研究旅行月球特造飞机期以十年成功》，《时时周报》1931 年第 2 卷第 11 期，第 173 页；《奇游月球之预言》，《军事杂志（南京）》1930 年第 26 期，第 184 页。

⑦ 《如何与月球通信——赖蒲西尔希奖金鼓励研究》，《大公报（天津版）》1931 年 6 月 29 日，第 4 版。

有科学家在波罗的海附近进行火箭试验，《科学月刊》的报道就此援引法国科学家白尔特理的话声言："十年或十五年后，能在月世界往复旅行，殆为确实之事，绝非梦想，惟金与实验之问题耳。"①非科学杂志的《黄埔月刊》上也转载了这一消息。②《北洋画报》还刊登了美国学者的预言："百年后人类可乘每小时行五万英里之飞行器往游月球，除使游者服类似潜水衣之衣服外，其他供给养气即防止极冷极热之装备，均甚完备。"③

20 世纪 30 年代初开始，东方人和西方人对于火箭的热情都渐趋高涨。在中国，借由在华英文和中文报刊的推动，火箭旅月知识的文章越来越多地登载出来。其中包含了关于月球旅行存在的人的生理、火箭的动力、降落等问题的知识。④总的来说，人们能正视试验中的困难，但不放弃努力和追求。

---

① 《科学界消息：与月球交通或有实现可能》，《科学月刊（上海）》1930 年第 2 卷第七八期，第 205 页。

② 《旅行月球新试验》，《黄埔月刊》1930 年创刊号，第 15 页。

③ 《你该知道……》，《北洋画报》1930 年第 10 卷第 465 期，第 2 页。同一新闻不久后又在另一期上重新登载，见《你该知道……》，《北洋画报》1930 年第 10 卷第 471 期，第 1 页。

④ 譬如《新天津画报》就连载了火箭旅月的种种困难。见《到月球去能否实现（未完）》，《新天津画报》1936 年第 161 期，第 3 页。《到月球去能否实现（续）》，《新天津画报》1936 年第 162 期，第 3 页。

《国际现象画报》介绍的德国马泰哥（Theouateyko）设计的火箭及太空舱①

1937 年，《知识画报》上就载文表示："有此种种困难，到月亮去的幻梦，便很难实现。可是科学家的希望和制造火箭的计划，绝不因而稍懈，希冀有日成功，则历年来对月亮的疑问，可获一完满的解答。"② 同时，也有较为乐观一些的报道，预告有的科学家的看法，认为月球旅行在十五年内即可变为现实。③1933 年，根据凡尔纳小说改编的电影《月球旅行记》正式上映，媒体评价说该片"完全是理想科学的表

---

① 《果能于六十小时内往返月球与地球之间乎？》，《国际现象画报》1932 年第 1 卷第 3 期，第 20 页。

② 《到月亮去的火箭》，《知识画报》1937 年第 7 期，第 19 页。

③ 《地球与月球十五年内可以交通》，《知行月刊》1936 年第 2 期，第 53 页。

向月球出发的火箭式的航空器

许达年、许斌华译：《初中学生文库：最近之新发明》，
上海：中华书局，1936 年，文前页

现"，^①这也说明月球旅行作为"科学"的理想，在中国已被进一步接受。

20 世纪 30 年代，大量中文报刊对火箭旅月进行了报道，而诸如《闲话星空》^②、《航空概要》^③等科普译作、著作，更大大丰富了人们对火箭旅月的认知。此时的国人虽已知道"要坐在冲空机里旅行月球，而且又要安全地回来，在现今还是一件不可能的事"，^④科学译作也告诉了人们"无论是对于假期中的小旅行，或长期的居住，都很不适宜"。^⑤但总体而言，30 年代的中国人对火箭旅月的前景满怀期待。虽然彼时的实验均未成功，但人们相信"冲空机如果逐渐加以改良，则飞行宇宙，访问月球，当不是梦话了"。钱学森此时也曾发表《火箭》一文，详细介绍西方各国的火箭研发进展，表示要"把理论上东西，实现出来，是要一步一步的，在未造到月球上去的火箭前，我们必要先试验火箭飞机"。^⑥《申报》上所载文章也指出，"所谓游月宫，而揖嫦娥者，其为荒诞不经，而渺无影响，可不俟言；故吾谓科学进步，一

---

① 郑宗宪：《月球旅行记评》，《新闻报（上海副刊）》1933 年 7 月 11 日，第 2 版。

② ［英］吉安斯（J. H. Jeans）著，李光荫译：《闲话星空》，上海：商务印书馆，1936 年。

③ 陶叔渊编：《航空概要》，上海：中华书局，1935 年。

④ 顾均正：《月球旅行》，《太白》1935 年第 2 卷第 11 期，第 487—489 页。

⑤ ［英］吉安斯（J. H. Jeans）著，张贻惠译：《宇宙及其进化》，北京：震亚书局，1932 年，第 30 页。

⑥ 钱学森：《火箭》，《浙江青年》，1935 年第 1 卷第 9 期，第 152 页。

日千里，将来人类必有达到月球之一日，可预决尔"。[1] 这一时期媒体上的讨论，也使得人们普遍认识到月球旅行的种种问题所在。随着相关的科学知识的普及，中国人更跃跃欲试，通过报刊等为火箭研发建言献策。不过，随着 20 世纪30 年代中国抗日战争的开始，国人对这一问题的讨论也受到影响，如论者所言，彼时"人类为着地上的生活还忙得不可开交，更没有充分的余裕来顾到那么远的天空上的事"[2]。

四、无奈的旁观者：20 世纪 40 年代火箭技术的发展与国人的观察

至 20 世纪 40 年代，经过二十多年的普及，火箭奔月在中国业已成为科学常识。一方面国人对乘火箭奔月的限制和阻碍了解得更为清晰；另一方面，随着技术进步，人们对火箭旅月的信心也大大增强。

20 世纪 40 年代初，世界尚在"二战"之中。这时仍有中国人依据科技知识，表达了对火箭旅月的疑虑。1941 年，国民党要员梁寒操就说：我们所能做到的，又不能不受着客观的时间空间的限制，并不能照着我们的意念随便实现的。譬如喧阗科学界许久的月球旅行啦，和火星来往啦，虽然也不

① 清癯：《到月里去》，《申报》1936 年 9 月 30 日，第 18 版。
② 高士其等：《我们的抗敌英雄》，上海：读书生活社，1936 年，第 26—29 页。

无若干根据，也许可以实现，而目前则不能不说是空想。①
在当时，旅月确实还"是一种理想"。②

此时火箭技术尚未成熟，引起一些质疑自然在所难免。
但对旅月怀有信心的人渐多，而科学的旅月技术的不断发
展，也影响到此时国人对于月球旅行的想象。在国人的旅月
故事写作中，已经将科学与神话糅合在一起。在1941年的
科幻小说中，作者就想象着乘坐飞机到达月球以后，月球上
未来所发生的战事。③1943年熊吉的小说《千年后》，讲到
人们未来到达月球的方式，也是通过火箭。④1941年中华书
局出版的一本中学生读物《最近之新发明》，其内封图片就
是名为"向月球出发的火箭式的航空器"的图像。在该书中，作
者介绍了火箭与月球旅行之关系，并称火箭为游月球"最好
的工具"，但该书也明确地说出了火箭技术所遇到的难点：

> 至现在所计划的火箭机，以其连续不断之燃爆
> 力，不但无须顾虑到天空中空气之有无，且能抗拒
> 地球之吸力而远出。所以为游月球而作种种长距离
> 之行程，真非它不可了……在三四十年前飞机尚未
> 发明时，谁也不会想到人可以在空中飞行，就是许

---

① 梁寒操：《总理遗教研究七讲》，社会工作人员训练班，1941年，第45页。
② 唐杜华：《到月球去》，《知识与趣味》1940年第2卷第2期，第2页。
③ 周楞伽：《月球旅行记》，上海：山城书店，1941年。
④ 熊吉：《千年后》，成都：复兴书局，1943年。

多学者，也视为未必可能。然一经科学家悉心研究，发明机翼原理及原动机燃料等物，改良制造以后，飞机已成为军事上及交通上唯一的利器了。同样，现在火箭机的原理业已证实，惟因所用燃料的爆力太小，不敷往游月球之需，尚有待于科学家之继续努力。至将来之能否成为事实，决不是现在的我们所能确定的了。[①]

从这段文字我们可以清楚地知道，燃料问题是制约着火箭旅月技术发展的关键因素。作者对此很了解，但这不影响他对火箭技术发展的信心。通过对国际航空技术的了解，很多人已经知晓了火箭旅月技术的限制和困难所在，因此明白20世纪40年代初人类尚无法完成旅月。但同时，他们也确信这种"目前的空想""理想"总会有实现之日，因此，他们将希望寄托于将来。

"未来"并不遥远。"二战"结束后，人类的火箭旅月之梦，又大大地向前迈进了一步。

20世纪40年代火箭研发的重要进展，得益于火箭技术发展，也受原子能、雷达等技术进步的影响。这几个方面，都与二战密切相关。首先，在"二战"中，1942年德国研发

---

① 许达年、许斌华译：《初中学生文库：最近之新发明》，上海：中华书局，1936年，第123—126页。

了弹道导弹"V-2"，并发射成功。① 这在人类的火箭发展进程中有着重要意义，并深刻影响了战后的火箭技术发展乃至"冷战"时期的航空军备竞赛。② 其次，"二战"期间原子能的发展为人所知，原子弹的使用更在二战中发挥了重要作用。再者，雷达也在二战中取得重要的技术突破。这三个重大的技术变革，使得火箭运载航空器的研发在"二战"时期特别是战后再次为世人瞩目。

1946 年，美国陆军通信部队科学家完成以雷达射入月球之试验。这使得借雷达勘测月球及行星，乃至于控制长程火箭武器具备可能。③《大公报》对此刊文指出："此事不论在平时或战时应用，均将大有价值……月球距离地球约二万八千八百五十七哩。此项实验之一种应用法，或可以雷达控制远程喷射推进或火箭推进之发射物。"④《申报》则翻译了外国科学家的文章，指出雷达试验的成功使得"人类驾火箭到月球去探险的尝试，已经从空想接近实现的地步"。⑤

---

① 王芳、张柏春：《颠覆性创新与换道超车：德国 V-2 之路》，《科学与社会》2019 年第 4 期。

② 参见王芳：《苏联对纳粹德国火箭技术的争夺（1944～1945）》，《自然科学史研究》2013 年第 4 期；范海虹：《冷战时期苏联与美国外层空间竞争（1945—1969）》，中国社会科学院博士学位论文，2014 年。

③ 《雷达射入月球 美科学家完成试验》，《大公报（重庆版）》1946 年 1 月 26 日，第 3 版。

④ 《英实验雷达导航 航业界将起革命 美拟用雷达控制远程发射物》，《大公报（天津版）》1946 年 1 月 26 日，第 2 版。

⑤ 《雷达与月球》，《申报》1946 年 6 月 5 日，第 7 版。

新中国航天事业的早期专家黄玉珩在 1946 年参与了战后接收日本在台雷达网络的行动，[①] 他也敏锐地意识到雷达对于航天事业的重要性，黄玉珩在其《雷达》一书中介绍军事雷达的用途时，多次提到其对于月球旅行的作用，认为"可藉之控制飞弹（robot）之前进，无人飞机之航行及火箭等以作月球之旅行，其前途实未可限量耳"。[②]

原子能的发展，同样为国人注目。20 世纪 30 年代叶颐在介绍航空知识时提到，乘坐火箭去月球旅行"是一个很难的问题"，因为"在飞机上储藏了许多炸药，那是只能够烧到着的程度；而回来呢，是没有炸药了"。[③]原子能的发展，则使得这一问题获得了解决的方法。在北平世界科学社出版的《原子能的应用》一书中，收录了吉菲兰（S. C. Gilfillan）的《原子能与原子弹》一文，其中提出"原子能的动力放在燃烧间内来作喷射推进机的动力"，"原子能的动力发动火箭，当然是更轻便，人也可能乘原子能动力的飞机或火箭到月球上去"。这也引起了国内学者的重视，北平世界科学社社长唐嗣尧多年从事科普工作，在《原子能的应用》一书的序言中，他指出原子弹只是原子能应用的一个方面，原子能不仅能在军

---

① 参见黄玉珩：《拼搏与蹉跎：一个科技工作者的自述》，北京：人民日报出版社，1999 年。

② 黄玉珩编著：《雷达》，上海：正中书局，1948 年，第 186 页。

③ 叶颐：《航空的常识》，上海：乐华图书公司，1935 年，第 100 页。

事上发挥作用，且"不久可使工业发生第二次的大革命"。①
更有美国科学家直接指出，随着原子能的发展，月球旅行"已
在可能范围之内"。②

　　"V-2"等火箭装备在二战中作为武器被使用，使得人
们对火箭信心大增。张以棣对此亦有认识："月球旅行虽然
只能俟诸未来，可是目前火箭，已用在距离轰击上，如有名
的德国的巨型的火箭——复仇武器 V-2；用在探测高空上，如
美国的'女兵'号；用在投邮上，也已经试验成功了。"③
而二战结束，人们开始意识到火箭技术已经发生了重大的革
新，时人也开始从"武器"之外的角度去思考这一技术进步
对于星际旅行的意义。如唐嗣尧提出，火箭将来"甚或用为
将来月球旅行、航行成层圈及征服宇宙，不再作战时的杀人
工具了"。④

　　科技的进步使得人们到月球去的梦想更近了。此时的人
们就算对月球旅行持怀疑态度，也是基于当下科学知识的进
展而产生。如季文美在其编写的《应用力学》教材中用物理
学理论计算了火箭飞达月球的可能性，作者认为"月球与地

①　［美］S. C. Gilfillan 著，勾适生译：《原子能的应用》，《原子能与原子弹》，
　　北平：世界科学社，1946 年，第 80 页。
②　《科学家估计原子弹之威力 人类可能企图到达月球》，《中央日报（昆明）》
　　1945 年 8 月 8 日，第 2 版。
③　张以棣：《航空趣味》，上海：开明书店，1949 年，第 74 页。
④　唐嗣尧：《序》，《火箭》，北平：世界科学社，1947 年，第 2 页。

球，目前仍嫌太远"。① 比较冷静的观察如顾均正，认为乘坐冲空机到月球旅行尚有几个问题，如加速度、燃料、流星群、宇宙射线、心理障碍等亟待解决。因此他觉得：

> 现代科学还不能使一只冲空机、一块石子，甚或一个原子发射到大气圈以外的空间中去，现代科学所能做的，只是使一只冲空机或一粒炮弹发射到数英里高的空间。这样看来，我们要坐在冲空机里旅行月球，而且又要安全地回来，在现今还是一件不可能的事。人类虽然老是在喊着"到月球去"的口号，可是假使我们把与这事有关系的问题，一一加以考虑，除非等到将来人类的知识和能力会突然膨胀起来，恐怕我们人类只合老死在地球的怀抱里吧？②

不过顾均正也说，天下无绝对不可能的事，"现在认为不可能的，到将来会变成可能，也正难说"。③ 顾均正本人在另一篇文章里，也曾设想人类可以在距离地面五六百里的高空中先建立起一个"空中码头"，这样一来"不但是月球旅行，就是与其他星球间的交通也不是难事了"。④

---

① 季文美译：《应用力学》（下），上海：龙门联合书局，1949 年，第 384 页。
② 顾均正：《月球旅行》，《科学趣味》，上海：开明书店，1940 年，第 123 页。
③ 顾均正：《月球旅行》，《科学趣味》，上海：开明书店，1940 年，第 121 页。
④ 顾均正：《从原子时代到海洋时代》，上海：开明书店，1948 年，第 66 页。

即此时人们多相信月球旅行是可能之事，实现月球旅行的关键就在于科技的进一步发展。1945 年，吴忠葵翻译了菲尔帕的《火箭学》一书，其中阐述了火箭与星球旅行的相关问题。[1]《地球新话》中说："近年有一德人曾宣称已发明一火箭，可以射到月中去，但我们并没有听到还有什么下文。如果一天能完成月球旅行，那倒是很有趣的事。"[2]1947 年李林译著《月球旅行》一书则介绍了月球上的样态，也提到有科学家计划射火箭到月球上。[3]一位作者直接举出当时 A. H. Rowe 发表的火箭设计方案，称"月球旅行，非复梦□，犹倡不可能者，徒见其无智耳"。[4]还有人说乘坐火箭去拜访"嫦娥"不是神话，"人类知（智）慧的矿藏的继续开掘，将使人类的领域扩展到不可知之数"。[5]达之则认为：

> "月球旅行"，在科学家努力之下，将由神话而进于事实了。从此人类的活动领域也将渐渐地扩展到地球以外的宇宙其他部分去了……预料不久的将来一定可以成为事实，只是时间的问题罢了。[6]

① ［英］菲尔帕著，吴忠葵译：《火箭学》，重庆：中国文化服务社，1945 年。

② 吴湘渔：《地球新话》，上海：永祥印书馆，1945 年，第 15 页。

③ 李林译：《月球旅行》，上海：文化生活出版社，1947 年。

④ 《火箭》，北平：世界科学社，1947 年，第 137 页。

⑤ 罗伽：《战后青年之座右铭》，上海：山城出版社，1948 年，第 7 页。

⑥ 达之：《月球旅行与航空工程》，《文汇丛刊》1947 年第 6 期，第 20 页。

由上可见，这一时期，当被问起"怎样到月球去"的时候，人们已开始明确寄望于火箭。[①] 换言之，由于科技的进步，"梦想月球旅行的日子已经过去"，切实"探讨怎样使这旅行具体化"已成为研究的目标。[②]《申报》刊文对此评论道："此后，只等科学解决几个比较困难的问题以后，人类便可实地尝试'月球旅行'了。"[③]

"月球旅行"似乎快要成为事实，然而对于20世纪40年代的中国人而言，虽然抗战已告结束，但中国的火箭事业却没有像美国、苏联等一样获得发展。

20世纪40年代后期，世界各国关于月球旅行的积极探索，还逐渐掺杂了政治与军事竞赛的意味。1948年，美国火箭协会主席法恩斯渥斯就宣称，美国如为原子时代之一强国，便理应占有月球，如能控制月球，则月球上存积的矿物即可被利用。不仅如此，月球甚至还可用作为星球之间飞行的往来站，"握有月球之国家，可轰炸地面上任一地点"。[④]对此，评论者指出：

> 这也许是一个梦想，也许是一个真正的"科学新发明"。美帝国主义今天还没有把嫦娥撑走，高

---

① 《怎样到月球去》，《粤汉半月刊》1946年第12期，第2页。

② 李玉廉：《怎样飞到月球》，《科学画报》1947年第13卷第7期，第1页。

③ 《到月球去》，《申报》1947年1月15日，第10版。

④ 《占领月球：美国人有此志愿》，《中国的空军》1946年第96期，第9页。

踞月宫，对全世界人民说："向我跪下，三呼万岁！"
但是，这也足够暴露他帝国主义的狂妄企图了。

　　虽然现在还没有一个好战份（分）子，胆敢跑
到连空气也没有的月球上去，可是他们确已在地球
上的很多地方，建立起军事基地，连北极圈里的冰
天雪地，也不肯放过。①

　　这段话是 1949 年所作，此时"杜鲁门主义"已被提出，随
着冷战序幕的揭开，这位作者此时已经深刻认识到宇宙空间
对于国家间军事和实力竞赛的意义，并由此基于自身立场对
美国提出批评。

　　在军备竞赛意味日浓的情况之下，当时有英国星球研
究会的会员发表论文，想象未来星球战争将较原子弹更为恐
怖，他认为将来各国将争取月球基地。② 这种意识也很快传达
给了中国人，《申报》上即有人著文预测，警示国人："如
能控制月球，在军事上也就可以完全控制着整个地球"，"所
以在未来的原子时代中，野心的武力侵略者不但要控制地球
上的重要战略区域，还会设法占据月球，作为征服全世界的
根底"。③ 然而事实上，中国在这一竞赛的过程中远远地落后了。

① 张一中编著：《战后美国》，沈阳：东北书店，1949 年，第 32 页。
② 《英工程师预言，未来星球战争各国将争取月球基地对地球发射火箭炸弹》，《申报》1948 年 3 月 8 日，第 3 版。
③ 虚人：《月球秘密》，《申报》1947 年 6 月 13 日，第 9 版。

中国的科学界与国防界并不是没有看到航空航天的重要性。抗战尚未结束之际，就有科普作者撰文指出民国时期中国航空事业的落后：

> 欧美各国人民，对于各种科学的研究，都十二分高兴，所以发明的东西，也特别来得多了。反观我们中国，国家的历史比人家长，但科学方面，没有一件比得上人家，正是可以痛心的事情。小朋友们，希望你们将来大家要在科学上格外努力，替老大的中国争一点气！①

在这种落后的境遇中，有人指出，欧美各国均发展航空业，而这一事业大有可为，"国家无事，可以便利交通，一旦战争爆发，可以保护领土之安全。世界第二次大战现已结束，可是第三次又在加紧准备。故各国科学家，无不聚精会神，力谋飞机引擎之改善……晚近原子科学发展神速，在不久将来，必有原子引擎出现，其马力之大，恐无比喻，月球旅行之幻梦，或可借此而实现"。② 在这种情况之下，达之又写了《月球旅行与航空工程》一文。在该文中，作者不仅指出月球旅行"在科学家努力之下，将由神话而近于事实

---

① 穑秋编：《世界科学珍闻》，上海：大方书局，1946年，第105页。
② 李文尧：《喷气飞机引擎》，《中国工程师学会广州分会第十四届年会特刊》，中国工程师学会广州分会，1946年，第61页。

了"，而且敏锐地察觉到利用原子能实现地球与其他星球的往来，可能会成为"未来人类文明必然的发展"，因此呼吁政府像美国等一样重视航空工程，这样，"在不久的将来，会有一个新途程的月球旅行来临。到那时，广寒宫的秘奥将展现人前，就不致永久相隔在虚无缥缈之乡了"。① 而在另一本阐述国防与航空关系的书中，作者更直接地说，"明日之航空机"就是火箭："火箭的研究已成为今日世界新发明的焦点了。有了火箭，人类可以脱离地球，飞上月球，访问金星，探望火星，可以开办宇宙间的行星交通定期航行线"，"固然目下仿佛是'痴人说梦'还没有达到成功之域，但是现今世界各国，早已耗费了偌大数目的国币纷起组织了'火箭研究会'"。作者列举了德国、美国、英国等对此一问题的关注和投入，他指出"宇宙航空船的发明现在已到了白热化的程度"。②

从 20 世纪 20 年代开始，国人已渐渐具备了火箭旅月的科学知识，抵达月球，不再是神话中的梦想，人们心中的旅月叙事也已变更。然而一直到 20 世纪 40 年代，中国始终都是月球旅行知识的接受者和实验的旁观者，并无能力进行相应的探索。因此，对于那时的中国人而言，能做的便是见证着西方世界的实验，想象着"将来乘着火箭，可以在天空的

---

① 达之：《月球旅行与航空工程》，《文汇丛刊》1947 年第 6 期，第 21 页。

② 《航空与防空》，出版信息不详，第 153 页。

各个星空间跑来跑去"。[①] 到20世纪40年代末，虽然有不少有识之士已经认识到宇宙空间对于国家发展的意义，但此时中国正爆发内战，并无条件实际参与这一科学竞赛。而国人彼时的畅想与观察，只能是望洋兴叹。

五、结语

随着近代科学知识的传播，月亮逐渐从传统神秘的自然和意象存在，转变为一个可以探研的实体"月球"。在近代中国，对月球的探寻从来不曾停息。清季民初，受西方传入的有关月球的科幻小说之影响，人们开始借由文学在传统与现代科学知识的传输中进行想象，书写着各种抵达月球的故事。自20世纪20年代起，在华英文报刊开始对美国等国家开展火箭登月试验进行报道，现代的火箭旅月知识随之不断传入中国，此后二十多年里，中文报刊上关于乘坐火箭旅月的讨论越来越多，人们对于火箭旅月的过程、困难等都有了新的想象和认知。这时的登月旅行虽仍限于想象，但已不再是毫无根据和实现可能的梦幻，而逐渐成为可以实验，甚至即将实现的科学理想。有关的话语也被视为不言而喻的科学知识，或至少是追求科学的新知。

从晚清到民国，中国人虽然还只能做这些知识的接受者和火箭试验的旁观者，但有关的知识获取与认同历程，对于

---

① 夏雷：《月球旅行记》，《生活教育》1936年第3卷第3期，第2页。

中国人来说并非全然可无，它们逐渐改变着人们对月球乃至宇宙的认知。如当年热心于贡献探月思路的郁隽操，其子于光远不仅选择了物理学专业，还在 20 世纪 60 年代成为国家科技战线的领导人。而 20 世纪 30 年代就对火箭抱有兴趣的钱学森，此后更成为中国航空航天事业的先驱之一。这种知识的转变蕴含着一种力量，让国人不会忘记期待未来的月球之旅，就像一篇文章中所说：

> 但是，我们总可以希望，总可以等候，总有这样的一天！①

无疑地，这是一种延续至今的、无法割断的精神存在。

今天，当中国人终于有能力实施载人登月计划的时候，回顾清末民国时期国人关于月球旅行的各种想象和新鲜知识的传播与演化，我们能够对其中的历史意义，有着愈加深切的体会。

---

① 李玉廉：《怎样飞到月球》，《科学画报》1947 年第 13 卷第 7 期，第 1 页。

第四章

雅俗之间：近代中秋月文化的变迁〔一〕

〔一〕 「雅俗观」是讨论中国古典美学思潮常用的范畴，在中国古代有着深厚的思想渊源，并且沿用至今。关于这个概念生成演变的讨论，参见李春青：《论「雅俗」——对中国古代审美趣味历史演变的一种考察》，《思想战线》2011 年第 1 期。

中国传统典籍中留下了许多关于月的记载。如《周礼·秋官·司烜氏》中说："以鉴取明水于月。"《淮南子·天文训》中也说："积阴之寒气为水，水气之精者为月……方诸见月，则津而为水。"[1]《艺文类聚》中说："月犹水也。"小说《西游记》中孙悟空对唐僧说："月至三十日，阳魂之金散尽，阴魄之水盈轮，故纯黑而无光，乃曰'晦'。此时与日相交，在晦朔两日之间，感阳光而有孕。"[2]传统中国人认为月亮在五行中属水。自然界的事物如贝壳、珍珠、翡翠等，都要从月亮吸取甘露。[3]作为自然物象的月亮，成为中国古人创制历法的依据。中国古人观天象、察时变，以月相的晦朔交替创制了太阴历，指导着几千年农耕生产的节律。

中国古人认为月亮具有阴柔的特质，并赋予月亮许多极

---

① （汉）刘安等：《淮南子》，长沙：岳麓书社，2015年，第20页。

② （明）吴承恩：《西游记》，北京：人民文学出版社，1980年，第442页。

③ ［法］葛兰言著，汪润译：《中国人的信仰》，哈尔滨：哈尔滨出版社，2012年，第109页。

富想象力的故事和有生气的活物。嫦娥奔月、吴刚伐桂的神话传说以及蟾蜍、玉兔等美好物象都是中国人耳熟能详的。宋代诗人李朴的《中秋》一诗描写道："皓魄当空宝镜升，云间仙籁寂无声。平分秋色一轮满，长伴云衢千里明。狡兔空从弦外落，妖蟆休向眼前生。"[①]他的诗句活灵活现地刻画出月宫中的狡兔和蟾蜍。同代诗人苏东坡的《中秋月》一诗中则有"暮云收尽溢清寒，银汉无声转玉盘"的著名诗句，描绘了自己和胞弟在中秋节共赏皓月美景的画面。

中国传统节日中，元宵和中秋都是以观月为主题，并含有家庭团聚的意蕴。相比正月十五热闹红火的元宵，八月十五的中秋似乎别有一种风清月白的寂寥。从近代国人在中秋节时的所思、所想、所为以及相关观念中，我们既可得见传统中秋月文化的延续，又能发现其新的时代性变迁与发展。在这一历史过程中，都市消费娱乐文化和新式交通工具的兴起，西方近代天文学知识的传播，基督教本土化的理念与实践，民国新文学的开展，[②]以及革命与抗战的持续发生等，都既是引发中国中秋月文化在近代有新变化的重要因素，又

---

① 陈超敏评注：《千家诗评注》，上海：上海三联书店，2018 年，第 197 页。

② 学界关于"中秋节"和"中秋文化"的论文主要有王颖：《中秋节的起源与中秋月的文化意象》，《北京青年政治学院学报》2008 年第 1 期；熊海英：《中秋节及其节俗内涵在唐宋时期的兴起与流变》，《复旦学报（社会科学版）》2005 年第 6 期等。著作主要有黄涛：《中秋节》，北京：中国社会出版社，2011 年；冯骥才主编：《我们的节日·中秋》，银川：宁夏人民出版社，2008 年等。

构成这一包含延续与变化内容的近代中秋月文化的特色所在，成为其有机组成部分。下面，我们就从以上几个视角出发，对近代中国的中秋月文化之变迁作一大体观察和揭示。

一、共赏中秋月：都市消费娱乐风气浸染下的中秋民俗

月亮在中国传统文化中是被祭拜的对象。中秋节作为重要的传统节日之一，衍生出祭祀月神、送瓜得子等丰富的民俗活动，而主角多是女性，祈愿多关于吉凶、生育、容貌、寿数、姻缘、子女等女性关切之事，因此有"男不拜月，女不祭灶"的说法。

民国时期，胡朴安曾搜集各地风俗编成《中华全国风俗志》一书，1923年由上海广益书局出版。1928年中山大学民俗学会的《民俗》月刊推出《中秋专号》，专门介绍广东地区的中秋习俗。全国各地方报刊也都不时刊登民俗活动的内容，各地方编写的"城市指南"中的节令岁时部分也有对此的记载。各地民俗活动大多是妇女扮演主角，如湖南、贵州等地都有给数年不孕的妇女送瓜一事。安徽歙县纪俗诗唱道："送子中秋纪美谈，瓜丁芋子总宜男。无辜最惜红绫被，带水拖泥那可堪。"徽州一带除摘瓜外，还有舞龙的习俗，"以新稻草扎草龙，燃香遍插龙身，锣鼓

喧天，满街衢跳舞，店户各助香燃放爆竹"。① 广西庆远阳山有妇女焚香降仙的古老仪式，合浦则有"烧番塔"的旧俗，"番塔"即佛教"浮屠"，具体做法是搜寻"断砖残瓦以为结构番塔之用，采集柴薪以供焚烧"。② 广东翁源的妇女们则会请七姑星，祭拜时还要吟唱固定的谚文："七姑星，七姊妹，七朵莲花开六朵，还有一朵今夜来。"③川西地区的少女在中秋之夜要"请月神"，"由三五少女悄悄地备就香烛纸钱和月饼水果辣菜等物，到了明月高升之后，便悄悄地到后花园或

中秋拜月④

① （清）刘汝骥：《陶甓公牍》卷12《法制·申送六县民情风俗绅士办事习惯报告册文》，安徽印刷局，1911年，第82页。

② 许瑞棠：《珠官脞录》卷3，1927年，第19页。

③ 愚民：《翁源的中秋节》，《民俗》第40期，第44页。

④ 《中秋月饼：中秋拜月的最高潮》，《长江画刊》1942年第7期。

竹林中极清幽的地方"①请月神。苏州吴中地区的妇女在中秋之夜往往"盛妆出游，互相往还，或随喜尼庵。鸡声喔喔，犹婆娑月下，谓之走月亮"。②上海的中秋节则"月饼盛行，夜间均在户外燃香斗、大烛、锡箔等，望空顶礼，月下膜拜，甚至终夜燃放爆竹，名曰恭奉月神。多数妇女，人静更阑，犹婆娑月下，谓之踏月"。③

民俗活动中的拜月仪式多见于中国南方地区，北方京畿一带也有记载，但不似南方丰富热闹。如河北遵化盛行焚烧"月光纸"，纸面上有莲花菩萨像或月轮桂殿玉兔杵药像。又有谚文说："八月十五云遮月，正月十五雪打灯。"京城的"月光马"同样是纸制成的，上面绘有菩萨、月宫、玉兔等图案，祭月时与元宝等一起焚烧。儿童喜欢玩"兔儿爷"，多为黄土制成，饰以五彩妆颜，千奇百怪。④中秋节祭神习俗在岭南一带更为盛行，仪式也更繁复隆重。传统中秋习俗包含着古人祀神的神秘拜月仪式，但更多的是家庭团聚、其乐融融的欢聚时刻。

《礼记》中记载："天子春朝日，秋夕月。朝日以朝，夕月以夕。"可见祭祀月亮自古便是国之大典，时间设在秋季

---

① 《中秋请月神的川西女儿》，《东方日报》1942 年 9 月 24 日，第 2 版。

② 胡朴安：《中华全国风俗志》下编，石家庄：河北人民出版社，1986 年，第 164 页。

③ 柳培潜编：《大上海指南》，上海：中华书局，1936 年，第 202 页。

④ （清）潘荣陛：《帝京岁时纪胜》，《北平史迹丛书》第一种，国立北平研究院史学研究会，1937 年，第 14 页。

夜晚。清代官方礼制对祭月仪式的规定也非常详细。《清史稿》中记载："夕月用秋分日酉制，奉星辰配，凡丑、辰、未、戌年，帝亲祭，余遣官。乐六奏，仪视日坛稍杀，亲临较少。升坛行礼，二跪六拜，初献奠玉帛。读祝，余如朝日仪。"[①]相比民间百姓喧闹的祭祀活动，古代帝王的秋季拜月仪式显得格外庄严肃穆。

近代都市的休闲娱乐风气蔓延开来，中秋月在戏剧、小说、广告当中常常被当作大众消费的对象。报纸、杂志等印刷媒介纷纷参与到月亮意象的阐释和塑造中，城市内公园、茶楼、戏院、商店等公共空间，也成为新式中秋文化的演绎场域。1928年，中山大学《民俗》月刊发行"中秋专号"，其引言提出中秋节理当从"神的迷信"逐渐进化为"人的娱乐"，从少数人的迷信祭拜逐渐改造为多数人的公共娱乐。政府可以鼓励民众竖灯杆、放烟花，小儿提灯唱歌游耍，开展大规模的公众娱乐活动。此外，音乐会、跳舞会亦可提倡，它们都有助于丰富民众生活，增强节日的意义感。[②]在近代商业文化的浸染下，中秋节增添了新式消费娱乐的色彩，中秋月则在消费场域中，成为大众娱乐赏玩的对象。

作为摩登都市的上海，自然走在娱乐时尚的前沿。上海的回力球场是娱乐消遣的场所，深受普通市民的欢迎。1930

---

① （清）赵尔巽等撰：《清史稿》（第10册）志五十八·礼二·吉礼二，北京：中华书局，1976年，第2516页。

② 容肇祖：《中秋专号引言》，《民俗》1928年第32期，第1—2页。

年10月5日，回力球场刊登广告写道："明日为中秋佳节，天上人间，俱庆团圆，消遣胜地，舍回力球场莫属。该场经理海格君，为增加观众兴趣起见，特添精彩伟大节目。"[①]新新公司是上海四大百货公司之一，它在中秋节举办各种娱乐活动以吸引人们眼球，参加者可以"望团圆皓洁之明月，平视群芳会花枝招展之女史，侧耳聆各种之雅奏，左盼电影"[②]，享受现代都市文明的光影娱乐。1931年中秋节那天，上海各大戏院就纷纷上映"月亮"主题的戏剧，在神仙世界、小世界两处，京剧《一轮明月》《船头望月》《嫦娥奔月》《薛礼叹月》四部作为日戏不断上映，新剧《嫦娥》则作为夜戏连续上映，各大剧院均推出此类剧目，不一而足。[③]

1934年，胡蝶为上海冠生园拍摄的广告

① 《铃报》1930年10月5日，第3版。
② 黄定安：《中秋佳节游新新》，《新新日报》1926年9月30日，第3版。
③ 《申报》1931年9月26日，转引自姜进主编：《二十世纪上海报刊娱乐版广告资料长编（1907—1966）》，上海：上海文化出版社，2015年，第38—41页。

在中秋节，各大食品公司也会想出各种推销月饼的手段。比如1933年中秋节期间，上海杏花楼就请来本市最著名的画家杭穉英，特别设计嫦娥奔月的国画印在纸盒上，还配有"借问月饼哪家好，牧童遥指杏花楼"的广告词。冠生园是上海一大月饼生产商，冼冠生为了推销月饼，利用畅销杂志《礼拜六》的封面刊登月饼广告。1934年，冼冠生在当时上海最著名的娱乐场所"大上海"举办的月饼展览会，还请来著名影星胡蝶为开幕式剪彩，并发明了一句精彩的广告词"惟中国有此明星，惟冠生园有此月饼"。1935年，冠生园又打出广告称："凡购买月饼十盒者，即可得到水上赏月券一张。"在中秋之夜，买家可凭券免费搭乘冠生园租用的轮渡去吴淞口赏月，或者凭券乘坐包用的火车去青阳港赏月。值得一提的是，1945年抗战结束，冠生园特制作了一只"九九"月饼，重达十斤，成本一百四十几万。老板冼冠生声称此月饼义卖所得之款将用于救济苏北难民，媒体也赞其为"上海首屈一指的月饼大王"。[1]

民国时期的交通条件逐渐改善，出游的便利极大地刺激着人们外出旅行的愿望，报刊、旅游指南、城市指南和游记等出版物成为赏月旅行兴起的重要媒介。1921年中秋节开始，长沙城内大同合作社、长沙青年会有意识地组织青年渡河，于中秋夜晚到岳麓山顶赏月。1921年9月17日，长沙

---

[1] 欧阳霜：《冠生园义卖大月饼》，《上海滩》1946年第15期，第8页。

《礼拜六》杂志封面的广告

《大公报》署名"小知"的作者写道，在中秋"月白风清"之夜，他们几个长沙小青年，花三四毛钱，租得一个划子，"泛舟中流，东望长沙灯火，西望橘洲烟树"。有一位叫"沙白"的小青年则自称，从1931年到1934年四年间，每届中秋他都要和朋友们"以三四毛钱买只小划，放流到纺纱厂"。①1935年木兰山的中秋节相当热闹，"时在中秋前数日，但情形之热闹，已多足述者。兹际桂子飘香，皓月正圆……山上宫殿巍峨，香火特盛，每年废历八月一日至中秋，各邻省暨各县信士弟子等，前来'朝山进香'者，日以万计，故山

---

① 《过中秋》，《大公报·副刊（长沙版）》1936年9月30日。

上僧道之生活，亦赖此得享受其安逸焉"。^①京沪沪杭甬铁路是民国时期较早开通的铁路，旧称"两路"。1935年中秋节，"两路"便策划举办了从上海到昆山的中秋赏月之旅。游客从上海坐火车到青阳港上北站，然后从花园饭店出发坐汽船到昆山。上海著名的食品公司冠生园也组织起七百人大团体准备前行，但最终因大雨未能到达，当日实际成行的游客有七十九人。主办方还专门为游客精心准备了赏月徽章、赏月手册、灯笼和月饼等特色物品。

近代中国城市商业发展的潮流不断冲击着古老的中秋节风俗，旧社会沉淀下来的节庆习俗不再能得到新时代的认可。那些被视作不合时宜而遭废弃的习俗常带有一些迷信的色彩，例如祭拜月神、占卜姻缘、画符通灵、鬼魂附身等。这些行为与近代都市的发展理念不合，只能在城市化进程中日趋边缘化。与此同时，城市商业的发展为传统中秋节注入新的狂欢方式，如霓虹灯下的舞会、剧场中的演出、百货商场里的月饼、铁路旅行中的景观等。商业发展带来各式各样的休闲娱乐方式，对中秋节风俗起到重塑作用。一方面，它们带来的新式娱乐满足着大众的精神需求；另一方面，城市商业也不断侵占着传统中秋习俗赋予的私人空间，使之转变为"共赏中秋月"的大众狂欢。

---

① 王兰：《中秋佳节之木兰山》，《戏世界》1935年9月12日，第3版。

二、中秋月的祛魅：新式宇宙观冲击下的中秋神话

宋代词人辛弃疾在中秋节彻夜赏月畅饮，诗兴大发，不由吟诵道："可怜今夕月，向何处、去悠悠？是别有人间，那边才见，光影东头？是天外，空汗漫，但长风浩浩送中秋。"近代学者王国维评价说："词人想象，直悟月轮绕地之理，与科学家密合，可谓神悟。"[1] 王国维觉得辛弃疾在对中秋月西沉东现的观察中，领悟到月地环绕的空间关系，不免有些牵强。但这种古今关联的思路实际上反映出中西文化交汇时期国人思维特点和认知方式的深刻变化。

中国古人对月亮的认知基于天圆地方的宇宙观，大体上是把地面看成固定不动的，日月东出西入，交互运行。[2] 近代西方天文学知识率先借助传教士译介到中国。例如，美国传教士林乐知与海盐郑昌棪同译的《格致启蒙》，艾约瑟译介的《天文启蒙》、李安德译介的《天文略解》、骆三畏译介的《星学发轫》等。西方天文学研究影响到清代学者，他们在编写书卷时便注意吸纳最新的天文学成果。比如，《清朝续文献通考》中就记载："月面空气必甚稀少，其气压当为地球上气压七百五十分之一。气压既小，则水必化为气，故

---

[1] 谢维扬、房鑫亮主编：《王国维全集》第1卷，杭州：浙江教育出版社，2009年，第474—475页。

[2] 半梅：《传闻之月与科学之月》，《申报》1920年9月27日，第14版。

月面止有冰雪而无水。"① 这篇文章还提及月亮的"热力""月面温度""望远镜""磁电力"等诸多物理学名词概念。《皇朝经世文统编》中的《说月》篇则写道："月常随地绕日而行，故名曰地球之属。星月有摄引之方，过洋面时能将海水吸之使涨，潮汐之理即原于此。"②

《说月》，《申报》1874 年 11 月 28 日

---

① （清）刘锦藻编：《清朝续文献通考·象纬考》卷二百九十五，北京：商务印书馆，1955 年，第 10410 页。

② （清）邵之棠编：《皇朝经世文统编·天文》卷九十七，光绪二十七年（1901）刊本。

鸦片战争后，报纸杂志等大众传媒逐渐兴起。《格致汇编》《格致新报》《申报》等报纸开始刊登专文、开辟专栏普及现代天文学知识。例如，1874 年，《申报》头版文章就介绍了西人纳士麦耗时二十年观测月球形状，终成实体模型的故事。[①]1875 年，《申报》刊登《谈月》一文，声称："盖谓月球本圆，而人所仰见之一面去地较近。然西人用至精之远镜窥之，犹平视六十里外之动静，固一无所见也。可知月中定无生气，而世所谓琼宫玉宇顾兔明蟾者胥臆造也。"[②]1876年，《格致汇编》（*The Chinese Scientific Magazine*）中刊登了英人艾约瑟的《测月新论》，提及月球表面的各种地貌景观，如火山、月池、平原、平安海等，专门纠正说："俗传云，月中有人，能视其人之身体，且明指何者为其人之左眼。西国天文家将俗传为左眼者名谓平安海。"[③]《格致新报》1898年第 8 期以问答形式普及天文学知识。其中第 75 问问道："太阳之热气与亮光相辅而行，西人尝以电机照演天文，谓月球之有光，是太阳返照使然。果尔则月光应有热气，何月夜之冷热与无光夜同。"回答称："盖宇宙内之物，有亮光者即有热气。人第见星光之亮，而不知星气或有热于日光，犹之灯光本有热气，使置灯于一里外，则有光而无热矣。即如冰

---

① 《说月》，《申报》1874 年 11 月 28 日，第 1 版。

② 《谈月》，《申报》1875 年 12 月 24 日，第 2 版。

③ ［英］博兰雅（Fryer J.）编：《格致汇编》，上海：格致书室，1876 年第一卷秋，7—8 页。

虽冷而有光，亦未始无热气，但其气不及人体之热气，故人不觉耳。"① 可以看到现代物理学中"光"和"热"的概念已见诸报端。

西方天文学新知的传入对传统月亮神话形成的冲击，主要体现在两个方面：一是科学的月象认知对传统中秋月中神话意象形成全面颠覆。嫦娥玉兔所构建的神话境界在科学宇宙观下袪魅化。二是近代科学价值观兴起，特别是政府推行的历法改革以及科学教育的渐次普及，传统中秋月文化的人文价值不免连带受到销蚀和轻视。

西方近代天文知识逐渐普及之后，古代神话故事和民间传说加给月亮的神秘面纱被揭开。清末时，《商会公报》发表文章就表达了对传统拜祭月亮的仪式之强烈反感："同一烧香同一膜拜使在寻常兰若香烟腾起之地则觉可厌，而拜月则芳草闲阶碧梧深院则觉可喜。同一烧香同一膜拜使在烛光人气蒸汗淋漓之际则觉可厌，而拜月则良宵三五风露清凉则觉可喜。同一烧香同一膜拜使拜泥塑木雕无意识之菩萨则觉可厌，而拜天然光明之一轮皓月则觉可喜。同一烧香同一膜拜使一般愚蠢村妪喃喃念佛则觉可厌，而拜月则三五小儿女嗯嗯笑语则觉可喜。"② 民国时期，著名作家徐懋庸更是坚信，科学家已经说"月世界里没有森林，没有花草，没有

---

① 胡镜清：《问月光热》，《格致新报》1898年5月20日第8册，第10—11页。
② 《拜月说》，《商会公报》，1907年第27期，第41页。

虫鱼鸟兽，当然没有广寒宫；没有人类，没有一切生命，当然也没有嫦娥"，月亮正如拜伦的诗说"蒙络着茑叶的废墟的古塔，全身颇觉苍翠而新鲜。但接近一看，茑叶下面，却是灰色的坏璧。故废墟总是废墟，而外观不过外观"。[①] 近代国人在科学价值观的影响下，逐渐确立起对月亮本相的认知，报纸和出版物上随之出现改革传统中秋节的建议。

如 1902 年，《大公报》上就有人著文，劝导民众不要再给"兔儿爷"跪拜磕头，作者认为"变移人心"的妙法在于正风俗、变见闻[②]。1904 年，天津《大公报》发表《拜月的妇女们请听》一文，专门奉劝无知妇女不要在中秋再行"拜月"这种傻事。其言之敦敦，以开民智为己任，且以白话表达："向来八月十五日这一晚上，家家妇女全都拜月……妇女们把这张月亮马子供起来，给他烧香磕头，名叫圆月。哎呀！真算傻到极处了，从前都不懂得月亮的所以然，那就无可怨了。近来学堂大兴，这月亮的所以然，教习当也讲论过，学生当也全都明白了。回到家里，可以把月亮的所以然说给妇女们听听，或者也就不作这拜月的傻事了。"[③]

1909 年，山东威县高等小学堂的十四岁学生王鸿宾发表了一篇《中秋简拜月论》，公然斥拜月为迷信。他不无感慨地写道："中国之迷信，非止拜月然也，而中秋节之拜月

① 徐懋庸：《不惊人集》，上海：千秋出版社，1937 年，第 31—32 页。
② 《戒拜兔说》，《大公报（天津版）》1902 年 9 月 19 日，第 3 版。
③ 《拜月的妇女们请听》，《大公报（天津版）》1904 年 9 月 20 日，第 3 版。

为最著焉。月由东升之时，人皆以最良美之食品，置庭中陈案上，行拜跪礼以享月。其心以为如是，则月神必降之以福；不若是，则月神必降之以祸。且乡间父老群相聚谈，仰视月上之黑点，以为月神之形，如是焉耳。不知其黑点者，实月球之凹凸也。月者，地之卫星，借日之光以射于地面。物体也，岂可谓之为神乎？彼享之以物，祭之以礼者，愚昧甚矣！"①此文刊发在《直隶教育官报》上，未尝不能一窥朝廷之态度。

1916年，《大公报》刊载的一篇文章为改造中秋旧风俗提出以下四点建议：（一）月饼改为"共和饼"。"共和再造，不啻破镜重圆，五族一家，永无破坏"。（二）玩月羹改为闭门羹。中秋时节，索债人纷纷踵至，打搅过节。（三）兔儿灯改名"兔儿奔月灯"，由拜月状改为奔走状。兔性善走，惯于脱逃，好似六君子八功臣，逃窜远方。（四）吹箫笛改为吹大法螺。当今崇尚进步，人人都想升官发财。大法螺一吹，震动全国人的耳鼓。②这些民众对传统节日加以改造的建议，体现了鲜明的时代特征，共和进步的思潮跃然纸上。

民国鼎革，社会风俗改革逐渐推行。孙中山宣布采用国际通行的格里高利历，废除阴历。但普通民众却并不完全配

---

① 《中秋简拜月论》，《直隶教育官报》1909年第18期，第110页。
② 召侯：《中秋节应时妙品预告》，《大公报（天津版）》1916年9月14日，第10版。

合，报刊上的抗议之声从未停止。传统中秋节在阴历四时节序中，也仍占据着重要位置。时人所谓"元旦则致祭天地，求祯祥于国家；立春则致祭耕神，卜丰年于田亩；而清明时节，蝶化纸钱，彼新鬼故鬼得以享祭扫之荣矣；七夕良辰，盘堆瓜果，彼幼儿幼女，得以作乞巧之乐矣；且也端午悬蒲，驱邪避毒；中秋赏月，悦性陶情；重九登高，发为诗咏"[①]可以为证。中国古人的生活习惯寓于自然节律中，正所谓"天固应时而转移，人亦应时而动作"。

西潮浸染下，近代中国民众的生活方式总体说来日趋西化，特别是在大城市和通商口岸早已存在阴阳历混用的情况。孙中山先生倡导改革风俗正是为推动中国社会的革新，但完全废除阴历的政策却无法顺利推行。特别是对于中国商人群体来说，中秋节一直是清算账目的固定日期。若废除阴历，只会助长赖债之人的威风。1929 年 9 月 18 日，《新春秋》上刊登一篇署名竹岩的文章，其中说："民国之改用正朔，已十有八年矣。然民间习惯，仍然重阴轻阳也。观乎阴节之兴高采烈，不言可知。昨为中秋佳节，上海滩上之月饼，不知又要消去若干万也，里街小巷之燃以大小香斗，更是有目难数。废阴用阳，政府中早已三令五申，党国之宣传得力，不为不至矣。何奈习已成风，一时难于改革。"[②]加之阴历还

---

① 蓬庐：《戏拟阴历控诉阳历状》，《大公报（天津版）》1915 年 11 月 8 日，第 11 版。

② 竹岩：《中秋佳节说阴阳》，《新春秋》1929 年 9 月 18 日，第 2 版。

关系到商人结账的习惯，故政府对于阴阳历并行，也是无可奈何。

月亮衍生出的神话、传说和轶事并未随着风俗改革被遗忘，而是顽强地扎根在日常生活中，牵扰着普通人对生活的情感和思虑。1913年，《大公报》曾记载一个普通家庭的中秋之夜。说这家人"共坐庭隅演说唐明皇游月宫，听《霓裳羽衣曲》故事"，妻子感叹："明皇穷奢极欲乐尽悲生，宜有蜀道流离之苦。今吾辈未享其福，乃遭其厄岂非不平？"丈夫则宽慰她说："卿毋不自足，但思金陵惨状，则吾辈如登天堂矣。况彼时唐家百姓之遭难者，岂尽耶？"说完，两人"相与感叹不已"。

嫦娥奔月①

① 来源：《故宫书画集》1933 年第 32 期。

后夜深入睡后，丈夫还梦见"男女十余辈正在作扶乩之戏"，其中一人发愿说："闻仙子窃不死之药以奔月，今某等愿乞余药以御子弹，愿学奔逃以避搜捕。"[1] 此外，月亮神话改编成的小说、戏曲也颇为民众喜闻乐见。如梅兰芳的《嫦娥奔月》在戏院演出时观众爆满，鲁迅《故事新编》中也有一篇以"奔月"为题等。由此看来，传统中秋节令习俗和生活方式的改变必然是一个渐进和长期的过程。何况这些传统月亮神话中，还包含着丰富的人文内涵与值得持久传承的精神价值呢。

三、基督教与中秋节：近代来华传教士眼中的中秋月

清末民初，中秋节的记述在各地基督教报刊中也常有登载。文章作者多为各地传教士，他们多以本国文化和基督教价值观的眼光观察中秋节，尝试把以中秋节为代表的传统节日视作基督教扎根中国的重要媒介。

1879 年，美国长老会传教士哈巴安德 （Happer A.P.）对京师的中秋祭典进行过详细记载。[2] 根据他的描述，祭坛设在北京城西的月坛，地面建筑物与天上的星象排布相互对

---

① 《杂录》，《大公报（天津版）》，1913 年 9 月 24 日，第 13 版。

② Happer A.P. ，"A Visit to Peking"，*The Chinese Recorder and Missionary Journal*，Jan.1st,1879,p.23.

应。祭祀中象征月亮的宝石和官员穿着的礼服都是白色的。祭典开始于中秋夜十点，皇帝在特定年份会亲临神坛，但通常是由文官组织祭典。祭月牌向东而立，祭星牌朝南而立，牌上都盖有一顶白色的篷布，而在神庙里会摆放一块刻有皇帝功业的灵牌。[①]1892年，在九江一位牧师的记载中，中秋节有龙灯、鼓乐、鞭炮和刻红字的月饼。他认为中国人的日常生活讲求实用，中秋节也不例外，因为中国人会在祭拜过后吃掉盘中的月饼，而不是将其作为祭品浪费掉。他观察到欠债人的最大安慰就是能在中秋节获得额外的拖欠时限，还以《圣经》中"sufficient unto the day is the evil thereof"（一天的难处一天担当就够了）来表达宽限后的解脱感。1907年，杭州中秋节举办了一场隆重的禁烟运动。官方提前数周从各烟馆收集吸食鸦片的烟管、木碟约一万件，在衙门口堆成六尺宽七尺高的两座小塔，并悬挂起醒目的红色旗帜。当日身着制服的学生举旗列队，游行呼号。短暂的宣讲仪式过后，数以万计的烟具混合着木柴和油烟被付之一炬。[②]

1909年，一篇署名 W.A.C. 的文章认为对月亮最早的崇拜活动可追溯到公元前6000年的古迦勒底人，而制作月饼

---

① 清顺治八年（1651）重修月坛，定祭月礼制。每逢丑、辰、未、戌年，天子在秋分日酉时亲自祭祀；祭星牌包括北斗七星、二十八星宿、周天星辰和木、火、土、金、水五星的神位，参见武裁军：《京华通览·北京皇家坛庙》，北京：北京出版社，2018年，第81页。

② "A Burning of Pipes", *The North-China Herald*, Sep.27,1907,p.741.

曾受先知耶利米的指引。他还谈到浙江的中秋节有制作红色羊皮筏子取悦河神的习俗，数量繁多的小船就像散落在河中的漫天星斗。他认为从道教传说里可见河神信仰由古代的山岳信仰发展而来，在中国人的信仰体系中，仅次于最高等级的神。他甚至还引用了 15 世纪古书中的浙江中秋节记载，强调长江流域的传统风俗尽管受到太平军反偶像运动的冲击，还是顽固地保存下来了。他发现，长江流域的中秋习俗重在娱乐，相比东部和南部省份而言缺少祭祀的庄严气氛。

辛亥革命前后，西方传教士开始提出基督教与中国传统节日相互调和的方案。如尼尔森·比顿 （W. Nelson Bitton） 牧师就写文章认为，1910 年美国圣公会中国差会在调适差传事业中遇到巨大困境，中国本土宗教力量和民族主义交织成一股抵御基督教的坚固堡垒，突破困境的希望被寄寓在研究中国人的习俗上。在福音传教的号召下，传教士理当思考借助传统节日推动基督教的在华传播和本色化。于是传统节日，被列为一项重要研究计划。尼尔森·比顿将十四个中国传统节日分为四类，其中中秋节被归为与钱财相关的节日。文章最后指出，不可对传统节日中的迷信神权采取轻视污蔑的态度，而应该在社会革新的浪潮下引导和调适传统，巧妙地促成传统节日的转化。[①]1916 年，在宁波的一

---

① W. Nelson Bitton, "Some Chinese Feasts and the Christian Attitude towards Them",*The Chinese Recorder and Missionary Journal*, Apr.1st,1910,p.269.

次宣教会上，传教士琼斯（E. E. Jones）也明确提出基督教对待非基督教节日的态度问题。他认为基督徒对非基督教节日，理当抱持一种宽容和同情。他列举出中国农历十二个月中包含的节日，八月的代表即中秋节和孔子诞辰。在他看来，传教士头脑中充斥着中世纪的基督教理论，丝毫不加改变地将其挪用到中国社会来，其所遇到的排斥必定更为激烈，目前的任务则是从中国自身需要出发，开辟出新的道路来。他提出融贯基督教与传统节日的四大主题，包括祈祷、感恩、岁首年终的默想、祖先崇拜等。[①]1920年，《教务杂志》曾刊登地方传教士对中国传统节日的疑惑并给出解答。提问者质疑说："中国众多传统节日中果真带有宗教崇拜的形式吗？"回应者则称："中国传统节日可分为祭祀、纪念和时气三大类。第一类节日如春祈秋报，第二类如寒食中秋，第三类则是二十四节气。"他还表示，"中国大多数节日都带有宗教崇拜的行为，但更重要的是表达一种聚集、团圆和守望相助的美好愿景"。[②]

　　20世纪20年代的非基督教运动无疑加速了西方传教士对中国本土节日的重视，此后中国传统节日逐渐融入教会活动中，成为基督教在华传教的重要工具。中秋节由此开始与西方感恩节挂钩，被列入教会的宗教活动计划当中。1927

---

① E. E. Jones, "The Attitude of the Chinese Church toward non-Christian Festivals", *The Chinese Recorder*, Mar.1st,1916,p.161.

② J. L. Stuart,"Notes and Queries",*The Chinese Recorder,May.1st* ,1920,p.348.

年，一位牧师曾讲述自己在山东泰山为幼童讲道的体验。他认为，"需要在传道中关注孩童日常生活的兴趣"。① 可见传统节日已成为基督教可资传道的途径。中秋节处在秋季收获的时节，恰好可以对应西方的感恩节。

1932 年，司徒华林（Warren H. Stuart）提交给耶鲁大学的博士论文《中华灵性材料在中国青年基督教教育中的应用》（*The Use of Material from China's Spiritual Inheritance in the Christian Education of Chinese Youth*）正式出版，显示出在华基督教人士试图从中国人的日常生活和传统文化中汲取

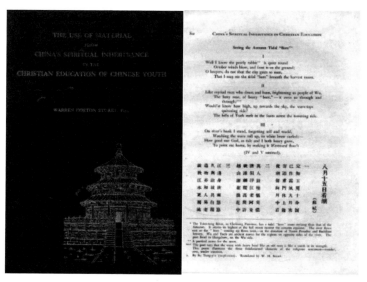

《中华灵性材料在中国青年基督教教育中的应用》书影

---

① K.T. Chung,"Festivals and Religious Education",*The Chinese Recorder*,Aug.1st,1927,p.505.

教育资源的尝试。此书的序言指出，"中国基督教教育事业一直受到西方经验的主导，基督教的福音若要在中华大地上开出繁盛之花，则需要汲取东方文明的古老智慧"。他提出，中国有着优良浓厚的孝文化传统，倡导"生不孝亲，死祭无益"。教会可以尝试着将中秋节与西方的父亲节、母亲节结合起来，在礼拜日弥撒和教会学校课程中讲授《孝经》和《二十四孝》。[①] 作者专辟一章讨论中国人对山水自然的热爱，他认为苏轼的《八月十五日看潮》，具备了宗教体验的三个基本元素：奇迹、敬畏和敏感。他还提到钱塘江东流入海，所以潮水向西反涌，西方指向的正是道教和佛教中的神仙世界和极乐净土。

1933 年，《大陆报》（*The China Press*）发表一篇题为《尊重中国古老节日》的文章，其中出现了中秋节的一种新译法"Harvest Moon Festival"。这篇文章还提到中秋节对于中国妇女和商人有着特殊的意义："中国的家庭妇女只有在过年、过端午和过中秋三个节日才能盛装打扮和参加集会"，"中秋节还是商人清算账目，讨要欠款的标志节点。商人们经常在中秋节当天到南京秦淮河聚会和叙旧"。[②]1940

---

① Warren H. Stuart:*The Use of Material from China's Spiritual Inheritance in the Christian Education of Chinese Youth*,Kwang Hsuen Publishing House（Shanghai）,Oxford University Press,1932,p.18.

② Teh-chen T'ang,"China Pauses To Pay Respect To Moon In Ancient Festival",*The China Press*, Oct.5st,1933,p.9.

年，江苏南京有牧师声称，本地的三座教堂都在中秋节这天推行感恩节活动，包括地方会友的慈善捐献和赈济贫苦家庭等。①

近代科学高举的真理价值观对传统中秋节的民间习俗形成一股显见的冲击。但不易觉察到的是，中秋节中蕴含的古老人文理念和民众生活节律，仍展现出强大的生命力，甚至被西方传教士视作福音布道的重要工具。"五四"以后，传教士对中秋节的讨论已经从较为空泛的"智识上的程式"，深入到日常生活的具体实践，更加注重"灵性生活的意义和价值，以及它在伦理和实际生活上所表现的价值"。在华基督教会普遍认识到，必须在实际生活上提供更加具体可行的行动方案，例如社交礼仪、生活习惯、家庭教育、节庆婚俗等。近代中秋月文化的变迁，折射出中西文化彼此交融的过程，呈现出双向互动、互相渗透的复杂局面。

四、"清算月亮"：民国新文学与月亮意象的延续和非议

传统文学对中秋月的描绘和情感寄托反映着古人朴素的自然观。《红楼梦》中贾宝玉曾说："不但草木，凡天下之

---

① "Work and Workers", *The Chinese Recorder and Educational Review*, Dec.1st, 1940, p.791.

物，皆是有情有理的，也和人一样，得了知己，便极有灵验的。"①古代先民乐于在自然事物中寄托情感意志、抒发内心情怀。中秋月便是中国传统文学浪漫主义情愫的典型代表，其圆满光洁的形象被寄托着团圆、思念、高洁等美好寓意。

古文人在中秋节对月亮的观赏、祭祀、吟诵中，把丰富的文化意蕴赋予月亮，并且以诗文形式流传下来。在历代文人的诗句中，月亮常与金、玉、冰等阴寒物质搭配，有"金镜""玉环""冰轮"等别称。如唐朝的杜牧在《寄沈褒秀才》中说："仙桂茂时金镜晓，洛波飞处玉容高。"白居易有一首《和栉沐寄道友》云："高星粲金粟，落月沉玉环。"宋代的陆游眼中的月亮则是："玉钩定谁挂，冰轮了无辙。"清末南社诗人张冥飞在《十五度中秋》中的小诗写道："月到中秋分外明，扁舟真似镜中行"，"广寒八万四千户，修成七宝镜，挂向星河旁。蟾不敢蚀，龙不敢吞，朔望有胱朒，元气自浑沦。秋为金之精，月为水之精，金水互相感，秋中魄乃盈"。② 这首诗点明月亮属水，中秋节是金水感应之日，月亮受感变得充盈，成为秋之魂魄。传统的道教观念认为日为魂，月为魄。张冥飞的诗作是传统文化的延续。

近代中国文学处在复杂歧变的过渡阶段，文学的形式和理念都发生着深刻变化。新式的诗歌、小说、戏剧、散文逐

---

① （清）曹雪芹，（清）无名氏续：《红楼梦》，北京：华文出版社，2019年，第827页。

② 张冥飞：《十五度中秋》，上海：民权出版部，1916年，第4、47页。

渐兴起，成为文学界活跃的流派。纷繁复杂的社会思潮冲击着传统价值观，文学创作的理念也开始变得丰富和多样。[①]这些新变化都影响到文人对月亮的书写。

月亮作为抒情的典型意象时常出现在新诗和戏剧当中。在郭沫若早期的诗歌和戏剧创作里，月亮意象便时常出现。《虎符》中如姬在父亲墓前的一大段独白就是一首月夜的诗：“满月一轮现于天空，光辉如昼。”[②]《聂母墓前》中聂嫈、聂政姐弟二人在月光下吹箫合奏怀念死去的母亲。[③]小诗《雾月》中描绘的是月光如水的画面，“淡淡地，幽光，浸洗着海上的森林。森林中寥寂深深，还滴着黄昏时分的新雨”。[④]“五四”之后兴起的众多文学团体和文艺期刊纷纷以“月亮”命名，如1923年徐志摩创办新月社，1928年出版《新月》杂志。鸳鸯蝴蝶派的言情小说的名字中，“月”更为常见。朱自清和俞平伯两人同游秦淮河之后写下了同名游记《桨声灯影里的秦淮河》。但月色在秦淮河的灯光当中已失去了

---

① 关于近代中国文学史中“五四文学”“左翼文学思潮”等主题的研究可参考程光炜：《左翼文学思潮与现代性》，《海南师范学院学报》（人文社会科学版）2002年第5期；王晓初：《中国左翼文学思潮的内在差异性和张力》，《文学评论》2007年第1期；陈思和：《从“少年情怀”到“中年危机”——20世纪中国文学研究的一个视角》，《探索与争鸣》2009年第5期，等等。

② 郭沫若：《虎符》，《郭沫若全集·文学编》第6卷，北京：人民文学出版社，1986年，第428页。

③ 郭沫若：《聂母墓前》，原载《时事新报·学灯》双十节增刊，1920年10月9日。

④ 郭沫若：《雾月》，《郭沫若全集·文学编》第1卷，北京：人民文学出版社，1982年，第146页。

其本来的清辉成为"依人的素月","灯与月竟能并存着、交融着，使月成了缠绵的月，灯射着渺渺的灵辉"。不言而喻，在秦淮河灯光的映照下，朱自清脑海中纠结的是文人的道德感与沉潜的情思，他最后写道："我们的梦醒了，我们知道就要上岸了；我们心里充满了幻灭的情思。"[①]朱自清对秦淮河月亮的体验，被其本身所带有的风月之地的文化内涵所影响，产生了道德感和自然风景交汇之下的复杂体验。

"五四"时期，月亮的自然属性和被赋予的浪漫主义特征被文人着重强化，从而凸显出自然和俗世之间的巨大鸿沟。例如，1921年，冰心在小说《月光》中描绘的月亮就有一种临照普天万古、清高拔俗的姿态。主人公维因就对月亮所象征的自然世界极其痴迷。他觉得"世人是烦恼混沌的"，"什么贫、富、智、愚、劳、逸、苦、乐、人造的、不自然的，搅乱了大千世界。……痴绝的世人呵！'自然'不收纳你了！……你要和它调和呵，只有一条路，除非是——打破了烦恼混沌的自己！"[②]类似的观念还出现在1924年吴稚晖写给朱谦之的信中："朱先生是同月亮一样，是自然的，是物质的。"[③]"五四"时期，朱谦之提出"反知复情"思

---

① 朱自清：《桨声灯影里的秦淮河》，原载《踪迹》，上海：亚东图书馆，1924年。转引自廖久明编：《月》，济南：山东文艺出版社，2013年，第5—9页。

② 冰心：《月光》，《晨报》1921年4月20日、21日。参见卓如编：《冰心全集》（第1卷），福州：海峡文艺出版社，1999年，第197页。

③ 吴稚晖：《致朱谦之信——丑风雅的东方文明》，《吴稚晖全集》卷14，北京：九州出版社，2013年，第16页。

想。他提出"理知是万恶之源","复我真情的本体"。他呼吁打碎冷酷无情的宇宙，进行一场天翻地覆的宇宙革命。[1] 吴稚晖在信中将朱谦之比作月亮，实际指向"五四"时期朱谦之唯情的浪漫主义特点。一位笔名为"若水"的作家在《中秋月下》一文中说："月妹儿容光照彻人间，处处是银的世界，这是多末一个清凉而洁净的时节呦！灼热，烦腻等尘寰的污浊，消逝了，消逝了……人间毕竟仍是人间。"[2] 这种天上人间的巨大落差还关联到个体的恋爱观及对自我生命意义的思索。冰心小说的主人公维因就说"自杀是解决人生问题最好的方法"，还说自杀"是将我和自然调和的自杀"，"如果有一日将我放在自然景物极美的地方，脑中被美感所鼓荡，到了忘我、忘自然的境界，那时或者便要打破自己，和自然调和"。[3] 这种不可思议的想法在"五四"一代读书人头脑中却颇为流行，他们把超凡脱俗当作自我生命的价值，宣言以"今日之新我"向着"昨日之旧我"作彻底的决裂。朱谦之就是其中的一个典型人物。他青年时就对老庄哲学感兴趣，在北大读书期间还受到了无政府主义思潮的影响。1921年，朱谦之公开宣布出家，引发过不小的轰动。1924年3月，他在济南第一师范学校讲演自己的宇宙观及人生观，自称"唯

① 朱谦之：《宇宙革命的预言》，《东方杂志》1922年第19卷第3号。
② 若水：《中秋月下：潮州民俗谈之三》，《民俗》1928年第32期，第7页。
③ 冰心：《月光》，《晨报》1921年4月20日、21日。参见卓如编：《冰心全集》（第1卷），福州：海峡文艺出版社，1999年，第194—195页。

情论者"①。这些"五四"文人借月亮表达的并非是一种完全虚无的人生态度，而是体现出一种试图挣脱旧思想束缚，热切寻找新的生命价值而又无所得的迷茫怅然。

1927年"大革命"失败更增添了社会上弥漫着的虚幻感和颓废情绪。1930年，茅盾为创作出的小说三部曲选择了一个与月亮相关的意象"蚀"作为统称。月蚀的幽暗和微光映射的是大革命失败给人带来的幻灭和动摇。1934年，茅盾在《谈月亮》一文中描写的月亮依旧不改负面消极的形象。他满怀讽刺地写道："我只觉得那月亮的冷森森的白光，反而把凹凸不平的地面幻化为一片模糊虚伪的光滑，引人去上当；我只觉得那月亮的好像温情似的淡光，反而把黑暗那潜藏着的一切丑相幻化为神秘的美，叫人忘记了提防。"②茅盾觉得月亮是温情主义的假光明，是"大骗子"和"白痴人的脸孔"，容易使人产生空虚的满足和神秘的幻想。他进而把批评的矛头指向文人的月亮书写，把借月抒情的作家比作"高山里的隐士、深闺里的怨妇、求仙的道士"。茅盾讽刺这些文人的作品是幽怨的、恬退隐逸的，或者缥缈游仙的，全是一种自发牢骚和自我安慰的欺骗。他推崇的是揭去神秘面纱的"粗人"眼中的月亮。茅盾讽刺月亮实际是批评一些文人在国难危机下苟安麻痹的消极态度。

---

① 朱谦之：《一个唯情论者的宇宙观及人生观》，上海：泰东图书局，1924年。
② 横波（茅盾）：《谈月亮》，《申报月刊》1934年第3卷第10号，第97页。

茅盾的批评实际反映出左翼文人鲜明的文艺主张。"五四"时期，伴随着西方的唯美主义和浪漫主义思潮被引入中国，文学研究会、创造社、新月社等一批文学社团纷纷成立。他们提出"为人生而艺术"的主张，反对"为艺术而艺术"。1921年，郑振铎就指出"我们现在需要血的文学和泪的文学"，而不是"雍容尔雅""吟风啸月"的作品。风月文学"在此到处是榛棘、是悲惨、是枪声炮影的世界上"显得不合时宜。他还讽刺一些低劣的风月作品"满口的纯艺术，剽窃几个新的名辞，不断的做白话的鸳鸯蝴蝶式的情诗情文"是没有心肝的。①风月文学的兴起，与"五四"之后的个性解放潮流和新式商业文化有着紧密联系，但国难时局和救亡号召，对风月文学造成巨大冲击。1936年，文学界更是相继提出"国防文学"和"民族革命战争的大众文学"两个口号，主张文学创作应当反映当前抗战的实际。20世纪30年代以后，许多文人都纷纷响应"到民间去"的口号，反映在创作主题的风格上，则多以描写下层劳苦大众的生活为追求，如1935年夏衍的《包身工》、1936年老舍的《骆驼祥子》等。

抗战时期的文艺承担着动员大众的任务，文艺大众化、民族化的口号赋予文学强烈的现实使命，风月题材的作品自然受到冷落和批判。风月甚至成为"有闲阶级"和"小资产阶

---

① 西谛（郑振铎）：《血和泪的文学》，《文学旬刊》第6号，1921年6月30日。

级"的形象标识。1948年郭沫若发表《斥反动文艺》等文，就把沈从文称作桃红色的"看云摘星的风流小生"，视朱光潜为"蓝衣监察"、萧乾为"黑色阿芙蓉"，并说萧乾认为"真真正正的月亮都只有外国的圆"①。1949年中秋节，彭柏山写给朱微明的信中提到，"八年前的今天，我们坐在寂静的田塍上，在那清澈的月光照耀下，我们是做着希望之梦的。不过，那其中，也还夹杂着小资产阶级的幻想"②。由此可见，在左翼文人的眼里，风月文学一般都具有小资产阶级的特性。

然而，也有一些文人站出来为风月文学辩护。如周作人就宁愿在革命的炮声中，仍采取一种消极闲适的态度。1936年，他在《瓜豆集》的题记中便表示："有好些性急的朋友以为我早该谈风月了，等之久久，心想：要谈了罢，要谈风月了吧……其实我自己也未尝不想谈，不料总是不够消极，在风吹月照之中还是要呵佛骂祖，这正是我的毛病，我也无可如何。"③相比暧昧的周作人，林语堂则公开对左派文人直接开炮。1941年他发表《清算月亮》一文，摆开阵势为"月亮"文学辩护，并声言如下：

> 说如果要不使中国受到林语堂的不道德的影

① 郭沫若：《斥反动文艺》，原载《大众文艺丛刊》1948年3月1日，第一辑《文艺的新方向》，转引自《中国新文学大系（1937—1949）第二集》文艺理论卷（二），上海：上海文艺出版社，1990年，第336页。
② 彭柏山：《战火中的书简》，上海：上海文艺出版社，1982年，第221页。
③ 周作人：《瓜豆集》题记，上海：宇宙风社，1937年，第3页。

响，我们终须把月亮一笔勾销。……因此我必需为月亮辩护……我生怕的是，如果中国人全都失去了欣赏月亮与夏日清风的能力，那么中国之为国也必将变得更为狭小、粗劣与物质主义化。现在有人看中秋月与吃月饼，已经被人认为是"封建化"与"反革命"的，因为月饼是中国的，所以也便是旧式的，而与一个女学生去吃瑞士制的巧克力牛奶糖，却是进步的与"革命的"，因为巧克力糖来自西方。

林语堂在此文中，公然批评"左倾"文人把苏东坡、陶渊明这些作家看作是"封建化""有闲阶级""不理现实"的士大夫之不妥。他由此提出所谓的"勾销'月亮'"与"勾销'月亮问题'"两者有别论，令人感慨和回味：

江上清风与山头明月只属资本有闲阶级所有乎？唯有资本家之鸡方知立于桑树上乎？雄鸡桑树果不属于"现实"之世界乎？事实是如此的，陶渊明与苏东坡已经进步一级，不再去谈大众平民——他们自己已经变成平民，思想行动与农夫同感。因此，不能把月亮一笔勾销。还是让我们把月亮这个问题，去一劳永逸地勾销了吧。中国的诗文与浪漫

左图为《讽颂集》1940 年初版封面，右图为林语堂《讽颂集》1941 年
中文版书影

人物，和月亮全有连带关系。①

　　林语堂和周作人早年同为《语丝》杂志的骨干，后又共同创办《论语》半月刊。左派文人抨击风月文章的举动激起林语堂"为月亮辩护"，但不同于周作人进"苦雨斋"漫谈瓜豆，林语堂担忧革命话语的流行会覆盖掉中国文化中的浪漫主义和人文精神，于是创作文章响应论战。出于沟通中西的目的，林语堂于 1940 年还在美国出版英文小品选集《讽颂集》，用充满"日常智慧"的小文章启发人类"合理的精神"。他反对革命家提出暴力口号，坚信世界文化终不会在

―――――――――――

①　林语堂：《清算月亮》，《讽颂集》，上海：国华编译社，1941 年，第 151—153 页。

敌对中毁灭，一切"合乎人情的精神"将超越国际畛域和裂痕被全世界人民所感知，[①]从而走上了革命文学的对立面。

民国文人作品中"月亮"意象的内涵，先后受到"五四"时期启蒙思潮和抗战前左翼文学思潮的影响。在文艺大众化和革命话语的笼罩下，左派文人对月亮的解读逐渐走向僵化和狭隘，致使林语堂走向"清算月亮"的另一极端。林氏与左派文人在"月亮问题"上的争论，实际上反映出浪漫主义和人文精神在近代救亡与启蒙话语下的窘境。

五、炮火下的中秋月：遭受侵略的国人之中秋感念

近代中国遭受帝国主义的侵略，国家领土四分五裂，民族文化备受歧视。香港又是近代中国殖民统治的一个典型。1907年，《北华捷报》曾刊一文，如此报道香港的中秋盛况："中秋节热闹非凡，街道上人群拥挤，特别瞩目的是一条用松树枝叶扎成的一百英寸长的大龙，在里面填塞了数千支点燃的香烛，从外面看亮斑点点，云雾熏腾。大龙在猪皮鼓和乐器伴奏下盘旋舞动。"可这场以本土民众为中心的中秋狂欢，在殖民统治者眼中却被视为中国人自由放纵的"不文明"之举，港英政府允许其存在，则属于对"不文明"的

---

① 今纯：《林语堂的讽颂集》，《西书精华》1941年第5期，第61页。

中国人施予的特殊恩惠。文章认为，节日的庆祝仪式表露出中国人爱好喧闹和聚众狂欢的野蛮天性，只有采取恩威并济的策略，才能换来节后的平静。而在港英当局看来，中秋狂欢则只会带来放荡不羁和不受管辖的感觉，必须予以严厉的规训。文尾告诫华人："若想在香港实现自我管理，华人需要到荒无人烟的地方去举行中秋狂欢，彼处最好空无一物，唯有一轮被祭拜的月亮发着清光。"①

　　每逢中秋，国人常借月表达希望家国团圆的愿景。1923年，郭沫若的月亮记忆就与其民族情感和乡土依恋无法分离。拖家带口的他当时生活在上海"都市的牢笼"里感到窒息，想在月蚀之日带着孩子出去看一看。可是他万般无奈之下还是穿着洋服冒充东洋人走进了写着"狗与华人禁止入内"的黄浦滩公园，内心充满着"亡国奴"的悲哀。月蚀出现之时孩子们在惊呼，他想到的却是："如今地球上所生活着的灵长，不仅是吞噬日月，还在互相噬杀么？"看着公园的景色，心里想的却是家乡的风景："啊啊，四川的山水真好，那儿西部更还有未经跋涉的荒山，更还有未经斧钺的森林，我们回到那儿，我们回到那儿去罢！"最后，孩子们祈求他："爹爹，你天天晚上都引我们这儿来罢！"这一句简单的要求，使郭沫若一听之下却几乎流出眼泪。②公园是

---

① "The Autumn Festival", *The North-China Herald*, Sep.18,1907, p.742.

② 郭沫若：《月蚀》，《郭沫若全集·文学编》第9卷，北京：人民文学出版社，1985年，第49—51页。

西洋人建造的，而且还悬挂着明显的歧视中国人的标语。正是公园空间蕴含的民族歧视，激起了郭沫若的民族主义情感，使他面对都市风景产生了对故乡田园的强烈依恋。

"九一八"事变之后，民族危机加剧，中秋报道与国难家仇常紧密联系在一起。那年《申报》的中秋刊文，就连续不断地呼吁国人起来拯救国难。1931年9月25日，有文呐喊："亲爱的国人，今日何日，你们还在欢天喜地的度中秋，吃月饼么？你们在取了一个圆圆的月饼到手中的时候，应当想到我们的中华民国本来也是圆圆的，像这月饼一样，你在放到口中吃的时候，就应当想到暴日之对于我国，也像你吃这月饼一样。东三省占去了，就好似咬去了月饼的一大角，随后再一口口咬下去，把月饼吃光，而我们的中华民国也就完

《新闻报》1932年9月15日刊登的插画

了。"[①] 次日又刊文表示："亲爱的国人，今天不是旧俗所谓中秋节么？'月到中秋分外明'，是如何的美满。然而我希望今夜的月，不要再圆，不要再明了，怕它照见我们东北方的膏腴之府。那庄严灿烂的青天白日旗哪里去了，却换上了一面面血染似的红日旗。"[②] 与此同时，广州《大中华报》登出一则告示，题目是"中秋赏月灯笼，请'书'抗日救亡"。中秋节的各项庆祝活动也被倡导改造以赴国难。作者倡导民众将"供月"仪式中买香果的钱献给政府，作为"飞机献金"。他提出："一桌香果钱，假定平均十元钱，全华北立时可至少集成一千万元，以之购献飞机，英美何愁不灭？"他还呼吁人们把买兔儿爷的钱替自己子女存储在邮局，以为"储蓄报国"。他认为，"泥制兔儿爷每具假定为五元钱，全华北立时可至少集成五百万元，以之存储邮局，作为增产开发之用，击灭英美之战力"。他还提出把浅斟低吟所用的"赏月"酒菜钱，移作添购沙土，堆在家门口，充当防火用土。他最后号召民众把"步月"的时间，用于全家协力搭建家庭防空设备；把通宵不倦的"守月"坚毅精神，用于防卫天空。[③] 这篇文章提出的建议反映出民众精神正是渡过国家危难关头的最强武器，社会动员的效力将会直接关系到前线士兵的战斗

---

① 《痛心的话》，《申报·自由谈》1931 年 9 月 25 日，第 11 版。

② 《痛心的话》，《申报·自由谈》1931 年 9 月 26 日，第 11 版。

③ 《怎样地来渡中秋节？——供月、赏月、步月、守月都不是现时代许可的应景点缀》，《中华周报（北京）》1944 年第 1 卷第 2 期，第 11 页。

力。抗战时期的中秋节在国家利益的大局下转化为动员民众为国捐献、投身抗战的重要气节。

1934年9月23日，陈诚对庐山训练团的全体成员发表演讲时提到"现在我们的锦绣山河，已去了一大片，变做残缺不全了，凡有血性的人，无不希望我们的河山能如八月十五的月亮一样，金瓯无缺"，还指出"现在已届中秋时节，秋天也快要过去，接着就是肃杀残酷的冬天来了……联想到我们革命的过程，仿佛是到了秋天的日子"，号召训练团的官兵"准备着实力，以铁和血冲破如同残冬风霜一样严酷的环境"。[①]1936年，陈白尘创作的独幕剧《中秋月》描写的便是中秋节贫民的悲惨生活：中秋佳节，皓月高悬。在上海城西的贫民窟里，岳子林一家却无一粒米下锅。[②]剧作家笔下的中秋月成为民众艰难处境的背景烘托。

抗战进入持久作战的阶段之后，国人的生活境况正如陈诚所说的像残酷的冬天一般艰难，此时国人过中秋，自别有一番心情。1943年，有篇中秋随感即写道："尤其是这几年，烽烟弥漫，遍满全球，世界上整个儿的土地几无一角是干净土。 人民就好像热锅上的蚂蚁，天灾人祸，纷至沓来，煎熬得他们走投无路，还有甚么闲情逸致的心情来赏

---

① 陈诚：《石叟丛书·言论第三集》，第98—99页，台湾"国史馆"藏，档号：008-010102-00003-019。
② 白尘：《中秋月》，《文学丛报》1936年第3期。

玩这一年一度的今宵月色呢？"①作者在中秋节夜月下想起的是枪林弹雨的战场上，和敌人肉搏的战士们；想起的是漠漠黄沙中，痛哭饮泣的伤兵残卒；还会想起在敌机轰炸下的背井离乡的难民，寻子觅女的父母和哭哭啼啼、四处逃窜的百姓们。1939年，歌曲《丹桂飘香》中也有这样的表达："中秋夜月桂飘香，月亮晶晶照浦江、照浦江，丹桂飘香繁华场。富豪消闲愿夜长，满眼的大厦高楼，酒绿灯红，弦管抑扬。回头看，遍地哀鸿，烽火四扬，可怜难民受饥荒，泪汪汪。风送丹桂味清香，贫富悬殊世炎凉、世炎凉，垂头丧气恨穷郎。"②

即便在这时候，仍会有奸商巨贾借机发国难财的丑行上演，如1940年，就有报道称："时近中秋，一般投机商人，罔顾大局，明抬暗涨，致以百物飞昂，尤以菜蔬之类更属腾贵异常。鲜肉每元仅及十二两，鱼虾每元不及半斤，此外，如素菜亦须售价每斤二角左右，萝卜每斤约需六角。实为空前所罕闻，一届中秋，恐更倍昂于前，故两租界物价委员会当局，决定在此时期将严厉执行标价。"③此种中秋丑行及其报道，带给国人的不啻双重的伤痛。

1937年，王统照在旧历中秋节曾写过这样一首诗，很能

---

① 道达：《烽烟弥漫话中秋》，《中流月刊（镇江）》1943年第2卷第9期，第15页。

② 轩辕百里（词）、严华特作：《丹桂飘香：为中秋佳节而作》，《歌曲精华·银花集合刊》1939年第4期，第28页。

③ 《时近中秋佳节百物飞昂》，《中国商报》1940年9月10日，第3版。

表达抗战时期国人的普遍心境："几家望月几家圆，圆月
今宵幕战烟。痛饮血杯餐火弹，大青山下浦江边。如练澄
江激火波，秋虫江岸叫寒沙。楼头也自闻人语，空袭何如
昨夜多。不从磊落望秋星，火爆长空耀月明。多少江南儿女
意，同心跋浪扫长鲸。"[①]

六、结语

在近代中西文化交融和时代变革的大背景下，古老的中
秋文化发生着新的变化。概而言之，这一变化大体包含以下
几个方面的内容：一、传统拜月仪式中祭祀和娱乐并存的局
面开始失衡，中秋节的娱乐性逐渐占据上风。二、近代天文
知识带给国人一种科学化的月亮认知，科学价值观的兴起极
大地影响着近代中国的教育体系。作为宇宙星球的月亮形象
逐渐占据国人的头脑，有关传统中秋月的美好神话故事逐渐
祛魅化。三、基督教在中国本土化过程中，传教士以中秋节
为媒介表达对东方文明古老智慧的认同，并尝试融合中西节
日，把中秋节和西方的父亲节、母亲节和感恩节相联系，推
动了基督教与中国本土中秋民俗的融合。四、在近代文学革
命多元价值观和文化思潮的影响下，民国新文学中月亮意象

---

① 王统照：《旧历中秋夕纪感》，原刊于《救亡日报》1937 年 10 月 28 日，收入
　王立鹏注评：《王统照诗词注评》，山东师范大学学报发行组，1989 年，第 313 页。

的内涵极大地超出了传统诗文中的阴柔美和团圆情。文人笔下的月亮进入到唯情主义、阶级话语、左翼文学和风月小说的语言表达中，中秋文学的传统内涵得到进一步扩展。五、中秋月文化深深打上了近代革命与抗日战争的时代烙印。特别是抗日战争时期，国人过中秋节常常带着强烈的悲情色调，团圆成为广大受压迫民众最大的愿景。

中秋月文化意象的内涵变化，原因众多。首先，传统节日意义的建构，展现了复杂的时代变迁和权力关系，包括西方知识所凭借的外来力量，政府推动社会风俗改良的强势力量，以及自然灾害和国家危难所形成的悲剧性的时代主题等，都是动力。其次，近代新式商业文化的兴起、交通运输的发展为赏月文化提供了更多的形式，观剧、旅行等的时兴则赋予了月亮近代休闲的意味，中秋节也成为商家设计广告招揽顾客的重要时机。最后，不同的社会文化群体根据自身的角色和需要塑造"月亮"意象，为"月亮"书写构建出纷繁多样的样貌。"月亮"在"五四"之后的文学图景中，绝非单一的面貌，而是负载着唯情、风月、幽暗等多种复杂的意味。在革命文化的烘托之下，月亮意象中的雅俗书写也充斥着紧张对立的关系。

但无论如何变迁，中秋月圆所代表、所强化的团圆文化祈愿没有改变。这是中秋文化的精髓。民国时期，中秋圆月常常会引发无限的感伤，生活环境的动荡不安是时人最为普遍的感受："人生宇宙之间，真像水面上的浮萍，随着狂涛巨浪，东漂西泊，行踪无定。"①普通民众，抑或是知识精英，都遭受着家国无法保全的痛苦煎熬。他们或俗或雅的"月亮"书写，都表达着浓厚的家园情和故乡情。月亮的圆满仍然被赋予团圆的内涵，这便是古老的月亮文化在近代中国人文中的延续。

---

① 融通：《中秋赏月记》，《中流月刊（镇江）》1943年第2卷第9期，第15页。

第五章

爱与美的追寻：『五四』时期情诗中的

『月亮』书写

"月亮"书写或借月书写，一直是中国文学中的重要现象。中国古典诗词中历来有"咏月"的传统，在中国古典文学的世界里，"咏月"或是寄寓思乡之情，或是独抒孤寂之念，或是发思古之幽情，或是悟人生之秘诠。在西方浪漫主义文学传统中，"月亮"意象则常常用于表达爱情的真挚与缠绵，这迥异于古典诗歌中的"咏月"传统。自新文化运动以来，由于受到西方浪漫主义以及"自由恋爱"新思潮的影响，中国新诗吸收了西方浪漫主义的抒情手法，"月亮"一度成为恋爱的代名词，具有了新的艺术特色与时代内涵，因而诗中的咏怀之月、思乡之月和哲思之月，一变而成为恋爱之月。

一、从传统到现代："月亮"意象的古今流变

　　鸳鸯蝴蝶派文人 1924 年创办了一份名为《月亮》的文学刊物，这对理解古典文学中"月亮"意象的文化意蕴有很

《月亮》月刊各期封面

大帮助。《月亮》是一本月刊，共出版三期，编辑部同人有严芙孙、剑青、严志、沈壮吾、郭文奎、王梅庵等。《月亮》月刊的《编辑小言》颇引人注目，从中或可引发读者对古典文学中"月亮"意象的诸多联想。谨摘选部分"小言"：

> "月亮"的命名却含有几种意思。（一）月亮的清辉能够普照大地，各位小说家的文字也能够深中人心。（一）二五之夜，便是月亮团圆之候，本刊恰是每逢阴历十五发行的。（一）月亮二字又作每月工夫明亮一次的解释。（一）月亮能够普及全球，只要我们抬起头来，便能瞧见。我狠（很）希望诸位同文帮助本刊，本刊的前途也能如此。①

① 芙孙：《编辑小言》，《月亮》1924年第1期。

从严芙孙以"月亮"命名刊物的四个寓意中，可以体会到古典文化中"月亮"的寓意。而每期杂志封面都是以月亮为背景的深闺女郎，这令读者很自然地从月亮联想到女性。实际上，《月亮》月刊所恪守的是古典文学的原则，以传统文人趣味为指归。

翻阅《月亮》月刊，其撰稿人多为旧派文人，文化趣味也仅限于"吟风弄月"，或是抒发怀才不遇之感，以月彰显人格的高洁（见《月下老人》）；也有刊载名伶照片，以及以书写月亮的民歌来描述征夫怨妇的离别，以月亮暗示夫妇团圆的愿望（见《月亮歌》）；或是哀叹女子婚姻的不幸等（见《懿芳室随笔》）。此外，它还刊载过一些民歌、婚俗方面的文章和有关女子兰闺生活的照片。同时对月亮的文化意蕴，该刊中也进行了直接的阐发：

> 古今文学家之描写月亮多矣，是月亮实为诗词小说中之主要材料，能使文字平添无限色彩。如写塞外单骑平沙万里，得月亮而倍增悲壮苍凉之感。又如灞桥蹇卫踏雪寻梅，得月亮而倍增冷逸清高之致。又如西厢密约私语喁喁，得月亮而倍增缠绵缱绻之情，凡此种种。月亮之有助于人情景物不胜殚述，而尤以男女恋爱之事需用月亮最繁。故自来征夫思妇伤离怨别，多托词寄兴于月亮……盖此杂志博采兼收各种小说，描写社会无微不至，正如月亮

高悬人间，悲欢离合之情无不在其圆明普照中也。[①]

古典诗词中的"月亮"意象，与女性相关的部分多涉及夫妇"悲欢离合之情"，因而属于闺怨诗的范围。上文中对"月亮"意象的表述虽语涉"男女恋爱"，但其大意基本上还不脱中国古典文学中的"咏月"传统，尚且没有涉及近代意义上爱情诗中"月亮"的文化意蕴。值得一提的是，《月亮》月刊采用文言，以旧小说、旧诗词、民歌为主，其中关于"月亮"文化意蕴的言说，也大体停留在古典文学传统之内。一般古诗中月的意象通常寄寓着多重内蕴：或是思乡之感（如李白《静夜思》），或是深闺怀人（如古诗十九首之《明月何皎皎》），或是描绘女子的容貌，而月的明亮、洁白、柔和往往令人联想到女子。[②]而"五四"以降，随着人的发现、女子的发现的新思潮影响，反对礼教，追求新道德成为一时的风气，自由恋爱遂成为社会的时尚。在新文化、新思潮的影响下，爱情诗大量涌现，月之文学成为文坛上一道亮丽的风景。

"五四"时期新式情诗的出现，受惠于西方浪漫主义思潮的传播。随着新文化运动前后西方思潮的播扬，浪漫主义成为此期重要的思想、文学资源。浪漫主义运动"是对各种

---

① 王钝根：《月亮漫言》，《月亮》1924 年 1 期。

② 《诗经》中《月出》一诗用月的颜色之艳丽来形容女子的美貌。

普遍性的激烈反叛"，^①它的精神在于反抗古典主义，追求真挚的情感表达以及对自然、宇宙的亲近。这一时期对中国新诗创作影响较大的欧洲浪漫主义诗人，包括英国的拜伦（George Gordon Noel Byron，1788—1824）、雪莱（Percy Bysshe Shelley，1792—1822）、济慈（John Keats，1795—1821）、华兹华斯（William Wordsworth，1770—1850），德国的歌德（Johann Wolfgang von Goethe，1749—1832）、席勒（Johann Christoph Friedrich von Schiller，1759—1805）等。以赛亚·伯林认为："浪漫主义的重要性在于它是近代史上规模最大的一场运动，改变了西方世界的生活和思想。对我而言，它是发生在西方意识领域里最伟大的一次转折。"他还强调，浪漫主义影响下的历史"不仅是思想史，就连其他有关意识、观念、行为、道德、政治、美学方面的历史，在很大程度上也是一种主导模式的历史。任何时候观察一种独特文明，你都会发现这种文明最有特色的写作以及其他文化产品都反映出一种独特的生活方式，而这种生活方式支配着写出这些东西的作家、画出这些东西的画家、谱出这些东西的作曲家。因此，为了确定一种文化特征，为了阐明该文化的种属，为了理解人存身其间思考、感受、行动的世界，很重要的一点是，要尽可能地分离出这种文化所遵从的主导模

---

① ［英］以赛亚·伯林，吕梁等译：《浪漫主义的根源》，南京：译林出版社，2008年，第15页。

式"。① 简而言之，浪漫主义是对自柏拉图以来的古典主义
哲学的绝对真理、普遍理性的反抗，是面对不可知的世界的
一种探索。"情感和热情的大爆发"，引发了被称为"浪漫
主义革命"的"一场艺术和道德领域里全新的动荡变革"。②
在浪漫主义主导模式支配下产生的文学，追求人类自我情感
的解放，进而大胆地讴歌爱情。不难发现，在英国湖畔诗派、雪
莱、拜伦、济慈和德国狂飙诗人的诗中，"月亮"是爱情诗
中频繁出现的意象，而浪漫主义对"月亮"的偏爱很大程度
上是出于抒发恋情的需要。

　　"五四"时期"月亮"意象之意蕴的变化，还受到了西
方"月之文学"传统的影响。西方文学中月亮的文化内涵与
审美意蕴深深影响了"五四"时期新诗中关于"月亮"的表述。
正如 1922 年新文艺家胡愈之翻译发表的西人罗杰（Roger
Wray）《月之文学》所指出的，在西方文学传统中，"月是
一个银盾，是天国的彩光，是昊穹的华灯，是天上女神，是
广寒仙子，是神话中的 Luna、Astarte、Isis，是太阳的妹妹
Poebe，是在林沼中洗浴的 Diana。这却是我们人类所认识的
月，是照在诗和传奇里的月，是文人和艺术家的月了"。②

---

① ［英］以赛亚·伯林，吕梁等译：《浪漫主义的根源》，南京：译林出版社，
　　2008 年，第 9—10 页。

② ［英］以赛亚·伯林，吕梁等译：《浪漫主义的根源》，南京：译林出版社，
　　2008 年，第 14 页。

② 化鲁（胡愈之）：《月之文学》，译自罗杰（Roger Wray）原著，《东方杂志》
　　1922 年第 19 卷第 7 期。

罗杰写道："在月夜里，人们很容易生一种神鬼和妖精的幻觉，而世间的情人，更大多喜欢挽手步行于月下，细谈恋爱的衷曲"，"惟有在皎洁澄明的月下，全世界罩上一层银色透明的大幕，使我们感得神秘的美和爱，不可言说的微光与暗示，因以生出许多奇异的想像……在月亮面上我们恍惚看见有几个人面。因此在诗里我们把月儿人格化了，在宗教里我们又把月儿神道化了，在科学家眼光中的一个扁圆体的地球的副产物，这么一来便变成多少有趣呵。在文学上看来，月亮是一个大的象征，是一个全人类的玩具，是比阿拉亭（Aladdin）的灯更加神奇的明灯。"相比较而言，"太阳给与我们的是光明，月亮给与我们的是幻想"，[①] 在西方浪漫主义诗人的笔下，月亮是爱神与情人的象征，体现了神秘与爱，寄寓着诗人们的爱与理想。因此人格化与宗教化的纯洁、浪漫的月亮，遂成为西方抒情诗中的重要意象。

让人感到惊奇的是，西方文化中这种对月亮的感知和文学书写，中国人并不觉得陌生。随着"五四"新文化运动的兴起，中国新诗中出现了大量"月亮"意象。新文化运动追求的是人的文学，人的解放（妇女解放、儿童解放、劳工解放）。周作人认为"欧洲关于这'人'的真理的发见，第一次是在十五世纪……女人与小儿的发见，却迟至十九世纪，才

---

① 化鲁（胡愈之）：《月之文学》，译自罗杰（Roger Wray）原著，《东方杂志》1922 年第 19 卷第 7 期。

有萌芽。古来女人的位置，不过是男人的器具与奴隶。中古时代，教会里还曾讨论女子有无灵魂，算不算得一个人呢"。"人的文学"意味着一种"人的道德"，"换一句话说，便是人的灵肉二重的生活……肉的一面，是兽性的遗传；灵的一面，是神性的发端。人生的目的，便偏重在发展这神性"。①对女子的发现，引起了一系列有关男女关系的话题，一是男女地位的平等，二是男女恋爱结婚。新文艺家宗白华就认为，"自来社会男子，恃其强力，欺凌弱女，视女子为物品，不为人格。积渐既久，女子恃男子而生存，不能独立，谄媚容悦，亦自视为物品，不为人格。历数千年之久，女子人格日沦夷而不发展，至于今日，已陷可悲之境。知识低微，心襟鄙狭，感情偏颇，意志薄弱，无宏大之思想，乏独立之精神"。而他对理想女性的想象，则是"吾人理想中少年中国之女子，即有健全人格、高尚人格之妇女而已"。②

"人的文学"的新理念在新诗中有所体现。《新青年》第四卷一号、第五卷一号发表了沈尹默的两首白话诗，诗中的"月亮"意象便带有新的时代气息。

霜风呼呼的吹着，月光明明的照着。我和一株

---

① 周作人：《人的文学》，《新青年》1918年第5卷第6号。

② 《理想中少年中国之妇女》，引自宗白华：《宗白华全集》第1卷，合肥：安徽教育出版社，1994年，第82页。

顶高的树并排立着，却没有靠着。（《月夜》）①

　　明白干净的月光，我不曾招呼他，他却有时来
照着我；我不曾拒绝他，他却慢慢的离开了我。我
和他有什么情分？（《月》）②

　　《月夜》诗中"我"与树是并排站立而不依靠树，是独
立的现代个体，而"月光"则隐喻了一种独立的人格，这种
独立的"人"的形象在传统文学中是未曾出现过的。在另一
首名为《月》的诗中，"我"与他是完全独立的两个个体，他（月
光）的到来与离去是同"我"无关的，换言之，人是自由、独
立的，这是新文学中新人的形象，一种新的人的关系的雏形。

　　"五四"时期中国知识界对西方浪漫主义的理解是在特
定的历史语境中形成的。有学者认为："梁启超因西方浪漫
主义推崇的'烟士披里纯'（Inspiration），发现了一种与
儒家谦逊内敛、道德完善的'君子'人格不同的、以个人自
由为目的的情感本体之'自我'，并以此为建构现代人格即
独立心和公民意识的基础。"③鲁迅发表于1908年的《摩罗
诗力说》一文中较早介绍了西方浪漫主义思潮，他将浪漫

<hr>

① 沈尹默：《月夜》，《新青年》1918年第4卷第1号。
② 沈尹默：《月》，《新青年》1918年第5卷第1号。
③ 杨联芬：《浪漫的中国》，北京：人民文学出版社，2016年，绪论第3页。

派诗人称为"摩罗诗派"。[1]鲁迅推崇浪漫主义诗人的用意在于,他们"大都不为顺世和乐之音,动吭一呼,闻者兴起,争天拒俗,而精神复深感后世人心,绵延至于无已"。这些诗人对于现代中国的意义在于陶冶国民的精神:"能宣彼妙音,传其灵觉,以美善吾人之性情,崇大吾人之思想者。"在鲁迅看来,摩罗诗人"于世已无一切眷爱,遗一切道德",这与古典主义的文学观是相违背的,它能够"涵养吾人之神思"。鲁迅认识到西方浪漫主义思潮对传统的反叛以及个体情感的解放,这种"反道德""反传统"的姿态,契合了"五四"新文学反抗礼教、解放个人的时代需求。正是"在这种矛盾冲突之中,使中国的新青年在现实生活中找不出来广坦的出路,于是上了浪漫主义的路途。狂飙似地叫号着,喇叭似地呐喊着。他们在感情奔放中去求满足。他们在作品中去寻求个人的解放"[2],伴随着这种"人的解放"的时代潮流,浪漫主义诗歌开始广为流行。

二、从古典到浪漫:情诗中的"月亮"书写

"五四"时期情诗的兴起是新思潮推动的结果,同时也

---

① 鲁迅介绍的摩罗诗群包括英国的拜伦、雪莱,俄国的普希金、莱蒙托夫,波兰的密茨凯维支、斯洛伐茨基、克拉旬斯奇,匈牙利的裴多菲。参见鲁迅:《鲁迅全集》第1卷,北京:人民文学出版社,2005年。

② 穆木天:《王独清及其诗歌》,《现代》1934年第5卷第1期。

受到了西方浪漫主义的影响。这一时期接受西方浪漫主义思潮洗礼的诗人群体主要有三个：以汪静之为代表的湖畔诗派，以郭沫若为代表的创造社，以徐志摩为代表的新月派。总体而言，湖畔诗派、创造社、新月派受到英国湖畔诗人、拜伦、雪莱，美国惠特曼，德国歌德、席勒，印度泰戈尔等浪漫主义诗人的影响。考察中国浪漫主义诗歌接受的西方资源，有助于理解诗人笔下"月亮"意象的现代性。

正如朱自清所言："中国缺少情诗，有的只是'忆内''寄内'，或曲喻隐指之作；坦率告白恋爱者绝少，为爱情而歌咏爱情的更是没有。"[1] 汪静之等湖畔诗人的情诗具有不同于古典诗歌的抒情方式。汪静之以写作大量爱情诗而闻名，他受到英国湖畔诗人、雪莱等浪漫主义诗人的影响，他的诗歌主题是"赞颂自然，咏歌恋爱"[2]。在一首诗中，汪静之用拟人的艺术手法书写了"太阳和月亮的情爱"：

> 从前太阳和月亮极亲爱，/ 他俩赤条条地一块儿游嬉。/ 人们用恶意的眼劣视他俩，/ 谩骂他俩怎样淫秽。/ 月亮非常娇羞，/ 伊娇嫩的心受不起这般侮辱，/ 伊忍心和伊至爱的情郎分别了。/ 太阳失了

---

① 朱自清：《现代诗歌导论》，蔡元培、胡适、郑振铎等：《中国新文学大系导论集》，长沙：岳麓书社，2011年，第311页。

② 朱自清：《〈惠的风〉序》，朱乔森编：《朱自清全集》第4卷，南京：江苏教育出版社，1990年，第52页。

伊就发狂了：/他恨极了，愤怒地射着，/想把人们的眼睛射瞎，/——无奈办不到呵。/于今他俩想相会，/只顾他俩相会，/他追赶伊，/伊追赶他，/终究不能相遇。/他烦恼着焦躁着。/伊虽然镇定着伊悠闲的神态，/但悲哀的忧郁总是雾气似的弥漫了天宇。/他俩的伤心，无限的伤心呵！①

这首诗与海涅《落日》的抒情方式是相似的：

从前，在天上，/月神卢娜和日神索尔/结成了辉煌的伉俪，/他们身边簇拥着无数星斗，/簇拥着天真可爱的小儿女。

然而一条条可恶的舌头/叽叽喳喳地播下不和，/离间了这对高贵、光辉的夫妻……/可怜的日神和月神，/在天空拖着发光的枷锁，/无所慰藉，痛不欲生，/但不会死亡，只好永远走着/无休无止的苦难历程。②

而在《能变成什么》一诗中，可以发现其与裴多菲《我

---

① 汪静之：《太阳和月亮的情爱》，飞白、方素平编：《汪静之文集》（诗歌卷·上），杭州：西泠印社，2006年，第57—58页。
② ［德］海因里希·海涅：《落日》，《海涅诗选》，杨武能译，成都：四川文艺出版社，2017年，第139—141页。

愿意是树，假如……》的艺术形式与手法的相近。

　　倘若你是皎洁的月亮，/ 住在蔚蓝的天空很伶
仃，/ 我就变许多小星围着你，/ 歌舞着使你高兴。①

　　我愿意是树，假如你是树上的花朵。/ 我愿意
是花，假如你是清晨的露珠。/ 我愿意是露珠，假
如你是阳光融融……/ 只有这样，我们才能汇融。
　　姑娘啊，假如你是天堂，/ 我愿意变成天上的
一颗星。/ 姑娘啊，假如你是地狱，/ 我愿意落入地
狱与你同行。②

　　汪静之的情诗意象优美，多写自然景物；抒情方式直接
率真，抒发对爱情的歌咏。在这些情诗中，融入西方浪漫主
义诗歌中的神话传说，通过对月神、日神恋情的描绘，巧妙
地借用了西方浪漫主义诗歌的形式，大胆地抒发对美满爱情
的渴望以及对阻碍恋爱势力的痛恨。在汪静之的诗里，月亮
在格调、意境、音节、思想和情感表达方式等方面，都具有
与古典"咏月"诗明显不同的艺术特征。
　　郭沫若的诗歌创作受到海涅、泰戈尔、惠特曼、歌德的

---

① 飞白、方素平编：《汪静之文集》（诗歌卷·上），杭州：西泠印社，2006年，
　　第216页。
② ［匈］裴多菲（Petofi Sandro）著，张清福、袁芳远、张玉平等译：《裴多菲诗选》，
　　石家庄：花山文艺出版社，1995年，第31页。

影响①。他的情诗中浪漫主义风格的形成，受益于这些诗人。在翻译歌德《少年维特之烦恼》序引中，郭沫若提出了他对西方浪漫主义的认识："第一，是他的主情主义……他对宇宙万汇，不是用理智去分析，去宰割，他是用他的心情去综合，去创造。他的心情在他之周围，随处可以创造一个乐园……没有爱情的世界便是没有光亮的神灯。""第二，便是他的泛神论思想：泛神便是无神。一切的自然只是神的表现，我即是神，一切自然都是我的表现。人到无我的时候，与神合体，超绝时空，而等齐生死。……第三，是他对于自然的赞美：他认识自然是为一神之所表现……他肯定自然，他以自然为慈母，以自然为朋友，以自然为爱人，以自然为师傅。""第四，是他对于原始生活的景仰：原始人的生活，最单纯，最朴质，最与自然亲眷。""第五，是他对于小儿的尊崇。"②除此之外，郭沫若还翻译了雪莱的诗歌，认为"他

---

① 郭沫若回忆自己写诗的经历："歌德的影响对于我始终不是什么好的影响。我在未译《浮士德》之前，在民国八九年之间是我的诗兴喷涌的时代，《女神》中的诗除掉《归国吟》（民国十年作）以外，大多是作于这个时期。第三辑中的短诗一多半是前期的作品，那时受了海涅与泰戈尔的影响写出的。第二辑的比较粗暴的长诗是后期的作品，那是受了惠迭曼（Whitman）的影响写出的。"见郭沫若：《写在〈三个叛逆的女性〉后面》，《郭沫若全集》文学编第6卷，北京：人民文学出版社，1986年，第143—144页。

② 郭沫若：《〈少年维特之烦恼〉序引》，《郭沫若全集》文学编第15卷，北京：人民文学出版社，1990年，第310—315页。序末附有歌德的一首诗《绿蒂与维特》："青年男子谁个不善钟情？妙龄女人谁个不善怀春？这是我们人性中之至圣至神；啊，怎么从此中有惨痛飞迸？"

是自然的笼子，泛神论的信者，革命思想的健儿。他的生命便是一首绝妙的好诗"。"雪莱的诗心如象一架钢琴，大扣之则大鸣，小扣之则小鸣。他有时雄浑倜傥，突兀排空；他有时幽抑清冲，如泣如诉。他不是只能吹出一种单调的稻草。"① 浪漫主义情感的粗暴与宁静在郭沫若的新诗中都有体现，诗中既有强烈的感情抒发，也有恬淡幽静的情语。

1928年创造社出版的歌德《少年维特之烦恼》，郭沫若翻译。

郭沫若在《新月与白云》诗中，以月为抒情对象表达了与自然的亲密关系："月儿啊！你好像把镀金的镰刀。／你把这海上的松树斫倒了，／啊，我也被你斫倒了！ 白云啊！

---

① 郭沫若：《〈雪莱诗选〉小序》，转引自彭放编：《郭沫若谈创作》，哈尔滨：黑龙江人民出版社，1982年，第14页。

你是不是解渴的凌冰？／我怎得把你吞下喉去，／解解我火一样的焦心？"① 在《别离中》，诗人运用瑰奇的想象力刻画出与恋人的别离场面，传达了依依不舍之情："一弯残月儿／还高挂在天上。／一轮红日儿／早已出东方。／我送了她回来，／走到这旭川桥上；／应着桥下流水的哀音，／我的灵魂儿／向我这般歌唱： 月儿啊！／你同那黄金梳儿一样。／我想要爬上天去，／把你取来；／用着我的手，／插在她的头上。／咳！／ 天这样高，／我怎能爬得上？／天这样的高，／我纵能爬得上，／我的爱呀！／你今儿到了哪方？"② 诗中个性鲜明的诗人主体的凸显，一改古典文学中吟风弄月的浅俗情调与狭小境界。在泛神论的影响下，郭沫若的新诗形成了激昂凌厉的风格，体现了"五四"时期人的解放的时代心理与文化氛围。郭沫若的情诗吸收了泛神论思想以及德国狂飙突进精神，在他的诗中诗人主体的激情冲破了古典诗歌的结构框架，大胆表达了对个体自由、理想爱情的追求与向往。

徐志摩被认为是"新诗中最擅长于情诗的人"。③ 他的情诗中的浪漫主义风格主要受到济慈、华兹华斯、布雷克、拜

---

① 郭沫若：《郭沫若全集》文学编第 1 卷，北京：人民文学出版社，1982 年，第 136 页。

② 郭沫若：《郭沫若全集》文学编第 1 卷，北京：人民文学出版社，1982 年，第 131—133 页。

③ 朱湘：《评徐君〈志摩的诗〉》，《小说月报》1926 年第 17 卷第 1 号。

伦、雪莱等诗人诗歌的影响。徐志摩欣赏济慈诗的"近人情，爱自然"，敬佩他"想象力最纯粹的境界"。他憧憬济慈诗中"秋田里的晚霞，沙浮女诗人的香腮，睡孩的呼吸，光阴渐缓的流沙，山林里的小溪，诗人的死"的"充满着静的，也许香艳的，美丽的静的意境"。①徐志摩十分欣赏济慈的《夜莺颂》一诗。济慈在诗中抒发了对爱的渴望："去啊！去啊！我要飞往你处，／不乘酒神和他群豹所驾的仙车，／却靠诗人无形的翼翅，／虽然迟钝的头脑混乱而呆滞；／呀，早已和你在一起！夜无限温柔，／月后或已登上她的宝座，／周围聚着她星星的妖精；／但次地并无光芒，／除了微风从苍穹吹来的弱光，／穿过青翠的黄昏和苔藓的曲径。"②诗中的"我"要靠着诗人的翼翅飞向天空追寻月后，充满了神话般的色彩，有着与屈原《离骚》中相似的浪漫主义情调，想象奇特、意境优美、感情真挚。

从济慈、雪莱、白朗宁夫人的情诗中，徐志摩认识到西方文学中几种文化要素，其中包括"一，女子的地位和恋爱的观念。二，社会上的道德观念和标准。三，中古时代的制度。以及因此发生的风俗和习惯。四，希腊和拉丁神话的故实。

---

① 徐志摩：《济慈的夜莺歌》，韩石山编：《徐志摩全集》第1卷，天津：天津人民出版社，2005年，第487页。

② ［英］济慈著，朱维基译：《济慈诗选》，上海：上海译文出版社，1983年，第288页。

五，宗教"。① 徐志摩的情诗往往以女性为抒情对象，具有女性崇拜的倾向。徐志摩热情赞美白朗宁夫人，称其四十四首情诗是她的天才"凝成了最透明的纯晶。这在文学史上是第一次一个女子澈透的供承她对一个男子的爱情，她的情绪是热烈而抟聚的，她的声音是在感激与快乐中颤震着，她的精神是一团无私的光明。我们读她的情诗，正如我们读她的情书，我们不觉得是窥探一种不应得探窥的秘密，在这里正如在别的地方，真诚是解释一切、辩护一切、洁化一切的。她的是一种纯粹的热情，它的来源是一切人道与美德的来源，她的是不灭的神圣的火焰……这样伟大的内心的表现是稀有的"。②

关于西方的情诗，徐志摩认为："妇女在西方有宗教的背景，因为圣母是女子，所以很尊崇女性。倘若西洋文学里抽出女性，他们的文学作品便要破产了。翻开他们的诗一看，差不多十首总有九首是抒情诗……恋爱的意义很多，从'性'一直到'精神的恋爱'。Ward把恋爱分为自然的、浪漫的、夫妇的、亲属的等等。不管它有多少种类，主要的原则，只是两性相吸罢了。西人诗或小说里大多引用神话。例如：Cupid是罗马神话里的爱神，后来人便用以寓

---

① 徐志摩：《近代英文文学》，韩石山编：《徐志摩全集》第1卷，天津：天津人民出版社，2005年，第317页。

② 徐志摩：《白朗宁夫人的情诗》，韩石山编：《徐志摩全集》第3卷，天津：天津人民出版社，2005年，第232—233页。

'爱'。"①诗人徐志摩在《月夜听琴》一诗中大胆地宣称恋爱的神圣，通过"月亮"意象的渲染，营造出了唯美幽婉的画面："那边光明的秋月，/已经脱卸了云衣，/仿佛喜声地笑道：/'恋爱是人类的生机！'我多情的伴侣哟！/我羡你蜜甜的爱唇，/却不道黄昏和琴音/聊就了你我的神交？"②在《我有一个恋爱》一诗中，徐志摩以明星象征女性，抒发对恋人无限的崇拜与依恋之情："我有一个恋爱，/我爱天上的明星，/我爱他们的晶莹：——/人间没有这异样的神明！""我袒露我的坦白的胸襟，/献爱与一天的明星；/任凭人生是幻是真，/地球存在或是消泯：——/太空中永远有不昧的明星！"③在徐志摩看来，"雪莱的诗里无处不是动，生命的振动，剧烈的，有色彩的，嘹亮的"。济慈与雪莱相比，"一是动，舞，生命，精华的，光亮的，搏动的生；一是静，幽，甜熟的，渐缓的，'奢侈'的死，比生命更深奥更博大的死，那就是永生"。徐志摩本人的诗歌受到雪莱、济慈诗歌的影响，既有雪莱诗中的幽静甜美，也有济慈诗中的不安冲动。他对"爱，自由，美"有着真挚强烈的追求，既有理想主义似的单纯、明朗，也有浪漫主义似

---

① 徐志摩《近代英文文学》，韩石山编：《徐志摩全集》第1卷，天津：天津人民出版社，2005年，第318页。

② 韩石山编：《徐志摩全集》第4卷，天津：天津人民出版社，2005年，第44页。

③ 韩石山编：《徐志摩全集》第4卷，天津：天津人民出版社，2005年，第242—243页。

的追忆和感伤。他崇拜自然，所以对月亮尤为喜爱；他大力歌颂月亮，认为"吾国诗人莫不咏月，然皆止于写态绘形而无深切之同情……盖月之秘，月之美，月之人道，正在其慨锡慈辉，慰旅人之倦，慰夜莺之寂，慰倚阑啜泣之少女，慰石间独秀之野花，时或轻披帘幕，俯吻眠熟之婴孩，河边沉思之诗人，时或仰天默祷明辉照泪，粲若露珠。天真纯洁之孩童，见天上疾驶之圆艇而啼求焉。而展腴白之小手，以擒清光于怀以示爱焉"。①

徐志摩等新月派诗人主张"理智节制感情"，往往借助众多的诗歌意象来抒发情感，这些审美特征在他"五四"时期的诗集《猛虎集》《志摩的诗》中，有着很具体的表现。比如在《月下雷峰影片》中，徐志摩就运用黑云、白云、明月、月影等意象，营造出一个宁谧甜美的梦境："我送你一个雷峰塔影，/满天稠密的黑云与白云；/我送你一个雷峰塔顶，/明月泻影在眠熟的波心。/深深的黑夜，依依的塔影，/团团的月彩，纤纤的波鳞——/假如你我荡一支无遮的小艇，/假如你我创一个完全的梦境！"②在《小诗》中，一面描绘美丽的梦境，另一面则是为情所困的感伤与忧郁："月，我含羞地说，/请你登记我冷热交感的情泪，/在你专登泪债的哀情录里；/月，我哽

① 徐志摩：《鬼话》，韩石山：《徐志摩全集》第 1 卷，天津：天津人民出版社，2005 年，第 340 页。
② 韩石山编：《徐志摩全集》第 4 卷，天津：天津人民出版社，2005 年，第 120 页。

咽着说，/请你查一查我年来的滴滴清泪/是放新账还是清旧欠呢？"①诗人徐志摩在诗中还表达了对阻碍恋爱与美的诅咒，例如《这是一个懦怯的世界》："这是一个懦怯的世界，/容不得恋爱，容不得恋爱！/披散你的满头发，/赤露你的一双脚；/跟着我来，我的恋爱，/抛弃这个世界/殉我们的恋爱！"他甚至宣称："无边的自由，我与你与恋爱！"继而表达了对现实世界的厌恶，对理想世界的向往："那是一座岛，岛上有青草，鲜花，美丽的走兽与飞鸟；/快上这轻快的小艇，/去到那理想的天庭——/恋爱，欢欣，自由——辞别了人间，永远！"②不难发现，诗中明显表现出那种诗人雪莱般"动的精神"。

以"月"喻人以表达真挚的爱意，有对古典诗歌中比兴传统的借鉴，但更多的还是对西方浪漫主义诗歌艺术的吸收，对诗歌意象宗教性与自然性的发现，以及对女性崇拜的自觉，凡此种种都赋予了月亮这一意象全新的文化意蕴，丰富了新诗的抒情功能，而这也暗含着西方文化中月亮独特的文化含义，可以说一种异域的文明大大拓展了中国诗歌的世界，为中国诗歌打开了一扇自我更新的窗口。

---

① 韩石山编：《徐志摩全集》第4卷，天津：天津人民出版社，2005年，第27页。
② 韩石山编：《徐志摩全集》第4卷，天津：天津人民出版社，2005年，第212—213页。

三、从私情到恋爱：情诗中的男女社交

"月亮"意象在新诗中的流行，也源于"五四"时期"恋爱"观念的广泛传播。20世纪初西方"恋爱"这一新名词传入中国，[①] 从代表"男女之私"的"情"到具有个人主义意味的"恋爱"的这一现代转变背后是中国知识界对男女关系的新的认知，即男女的"恋爱"不再意味着是以家庭（家族）为指归，而是个人主义式的交往；恋爱的"新道德"即灵肉二重而偏重灵的男女关系，取代了一味只是"男女之私"的传统道德。由于"五四"时期"自由恋爱"的流行，情诗则成为男女社交必不可少的一部分。"五四"时期围绕"恋爱"发生了数起争论，而这也是随着男女社交、自由恋爱所出现的文化现象。情诗的兴起，不仅反映了对女性以及两性关系的全新的认知，也包含了对两性关系新的体验，而月亮所带来的"美与爱"的想象，很大程度上切合了诗人对恋爱的想象与感受。在西方浪漫主义思潮中，太阳与月亮两种意象各有所指，"太阳是男性的，月亮是女性的"，[②] 诗人往往以此表达男女之间的爱恋。在刘大白《太阳姑娘和月亮嫂子》一文中，就将"太阳""月亮"作为两种性格女性的拟人化的表达：

---

① "恋爱"这一新名词进入近代中国的历史进程参见杨联芬：《"恋爱"之发生与现代文学观念变迁》，《中国社会科学》2014年第1期。

② 化鲁（胡愈之）：《月之文学》，《东方杂志》1922年19卷第7期，第71页。

从前有两个女子：——一个是姑娘，一个是嫂子，——都是很美丽的。可是她们俩底性情，却不很相同。姑娘底性情，是娇羞而刚烈的；而嫂子底性情，却是大方而柔和的……性情和主张，虽然各不相同，但是她们俩却非常地互相亲爱的。[①]

太阳的刚烈与月亮的阴柔，通常在情诗中被表述为"太阳与月亮的情爱"，而这种浪漫化的表述也展现了恋人间的私人关系和个体情感世界，以及其中主体的情绪波动、思想痕迹、心理变动。"五四"时期，随着自由恋爱的流行，出现了众多书写恋爱的诗人，这种浪漫主义化的意象表述也被应用到情诗中。其中高长虹的"月亮"诗比较具有代表性：

给——二十八

我在天涯行走，月儿向我点首，我是白日的儿子，月儿呵，请你住口。

我在天涯行走，夜做了我的门徒，月儿我交给他了，我交给夜去消受。

夜是阴冷黑暗，月儿逃出在白天，只剩着今日的形骸。失却了当年的风光。

我在天涯行走，太阳是我的朋友，月儿我交给他了，带她向夜归去。

---

① 刘大白：《太阳姑娘和月亮嫂子》，《文学周报》1925年第200期，第23页。

夜是阴冷黑暗，他嫉妒那太阳，太阳丢开他走了，从此再未相见。

我在天涯行走，月儿又向着我点首，我是白日的儿子，月儿啊，请你住口。[1]

在高长虹的"月亮"诗中，出现了一系列具有寓意的意象，如"月亮""太阳""夜"。其本来用意已经不可考，但是在高长虹与鲁迅两人间的冲突中，"月亮"被时人理所当然地当作许广平，而"太阳"则是诗人高长虹自己，"夜"是指鲁迅。"夜"带走了"月亮"，而"太阳"只能无奈把月亮"交给夜去消受"。在这段"三角恋""单相思"中，这首"月亮"诗也被当事人理解为是对这段恋情的指涉，柔弱的"月亮"、消沉的"太阳"、阴冷的"夜"分别映现出三种鲜明的形象以及三人之间微妙的现实境遇。经过这段围绕鲁迅、许广平、高长虹恋爱纠纷的公案，鲁迅也不无自嘲地以月亮来形容恋人许广平。[2]而鲁迅、许广平的恋爱经历，也因为高长虹的这首"月亮"诗而名声大噪。

汪静之是湖畔诗人中大量写作情诗的诗人，他的情诗有

---

① 山西省盂县《高长虹全集》编辑委员会编：《高长虹全集》第1卷，北京：中央编译出版社，2010年，第310—311页。

② 鲁迅在《唐宋传奇集》序例中结尾留有"中华民国十有六年九月十日，鲁迅校毕题记。时大夜弥天，璧月澄照，饕蚊遥叹，余在广州"。见鲁迅：《〈唐宋传奇集〉序例》，《鲁迅全集》第10卷，北京：人民文学出版社，2005年，第90页。

着亲身的爱情经历，在汪静之大量标明"赠菉漪"之言的情诗中，记录了其与恋人之间的感情、交往经历。在恋爱中诗人感受到外界强大的阻碍："我是天空的晚霞，马上便要殡殓；那狞恶的庞大的黑夜，他要把我吞咽。"[①]他在恋人照片背后题诗，用月亮来赞美恋人："全个人儿都素雅，宛如淡月化成。脸儿微微低着——一朵含羞的白芙蓉。"[②]在描述见到恋人时的感情时，他复用"太阳"的热来展现恋爱时的火热激情："伊的眼是温暖的太阳；不然，何以伊一望着我，我受冻的心就热了呢？"[③]在刚开始与恋人相处时，其内心对爱情有着强烈的渴望："我是死寂的海水，你是温吞的春风，只要你来吹我吻我，我就破了悲愁狂笑；但你却不肯亲近我。 我是死寂的海水，你是婉妙的白云，我为你日夜涌跃不息，仰头伸手要抱你；但你只是不理睬我。我是死寂的海水，你是翠绿的小岛，为了你我已经发癫发疯，我用力地抱你，热烈地吻你；但你冰冷得一动也不动。"[④]诗人用白云与月亮来形容恋人间的依恋，表达了对恋人间亲密

---

① 汪静之：《我是天空的晚霞》，飞白、方素平编：《汪静之文集》（诗歌卷·上），杭州：西泠印社，2006 年，第 264—265 页。

② 汪静之：《赠芷丽》，飞白、方素平编：《汪静之文集》（诗歌卷·上），杭州：西泠印社，2006 年，第 191—192 页。

③ 汪静之：《伊的眼》，飞白、方素平编：《汪静之文集》（诗歌卷·上），杭州：西泠印社，2006 年，第 56 页。

④ 汪静之：《我是死寂的海水》，《汪静之文集》（诗歌卷·上），杭州：西泠印社，2006 年，第 287 页。

关系的渴慕："我是那流浪的白云，伊是那流离的月亮；我们久经失望的心儿，无限的寂寞悲哀。我们撒着不幸的泪儿，洒得满天都是星星；夜夜流不尽的泪珠，是酸苦又是凄凉。 浩浩的寒碧的天空，如此冷淡，如此渺茫！我们漂泊在泪星的天中，永久空虚而苍凉。"[1]诗人还用浪漫的语调回忆与恋人在孤山赏梅的情景，展现了亲密的恋爱画面："去年雪报梅花的冬天，月亮吻西湖的夜里，我们游孤山的时候，伊为我吹了一回笛。吹得白云微笑地轻舞，吹得小星切切地低啼，月儿站着忘记了赶路程，湖水要拜笛儿做老师。"[2]除了恋爱中的欢欣，诗人在诗中还展现了恋爱过程中的失败与无奈："倘若你是皎洁的月亮，住在蔚蓝的天空很伶仃，我就能变许多小星围着你，歌舞着使你高兴"，"但是，倘若你将来离开了我，去做你丈夫的妻，我的爱呀！我的爱呀！我还能变什么呢？"[3]这些情诗记录了诗人与曹佩声的恋情，表达了诗人对恋人的爱意，以及对恋人离开自己时极力挽留却失败的无奈。

徐志摩自述："我这一生的周折，大都寻得出感情的线

① 汪静之：《我是那流浪的白云》，飞白、方素平编：《汪静之文集》（诗歌卷·上），杭州：西泠印社，2006年，第203—204页。

② 汪静之：《寻笛声》，飞白、方素平编：《汪静之文集》（诗歌卷·上），杭州：西泠印社，2006年，第205页。

③ 汪静之：《能变化什么呢》，飞白、方素平编：《汪静之文集》（诗歌卷·上），杭州：西泠印社，2006年，第216页。

索。"① 他与林徽因、凌淑华、陆小曼等人也产生了剪不断理还乱的感情纠葛，在他的情诗中自然也留下了大量感情的片段。徐志摩《两个月亮》就透露出恋爱中诗人某种飘忽朦胧的思绪，诗中的"月亮"意象当然是有所指的：

> 我望见有两个月亮：
> 一般的样，不同的相。
>
> 一个这时正在天上
> 披敞着雀毛的衣裳；
> 也不吝惜她的恩情，
> 满地全是她的金银。
> 她不忘故宫的琉璃，
> 三海间有她的清丽。
> 她跳出云头，跳上树，
> 又躲进新绿的藤萝。
> 她那样玲珑，那样美，
> 水底的鱼儿也得醉！
> 但她有一点子不好，
> 她老爱向瘦小里耗，
> 有时满天只见星点，

---

① 徐志摩：《我所知道的康桥》，韩石山编：《徐志摩全集》第 2 卷，天津：天津人民出版社，2005 年，第 334 页。

没了那迷人的圆脸，

虽则到时候照样回来，

但这份相思有些难挨！

还有那个你看不见，

虽则不提有多么艳！

她也有她醉涡的笑，

还有转动时的灵妙；

说慷慨她也从不让人，

可惜你望不到我的园林！

可贵是她无边的法力，

常把我灵波向高里提：

我最爱那银涛的汹涌，

浪花里有音乐的银钟；

就那些马尾似的白沫，

也比得珠宝经过雕琢。

一轮完美的明月，

又说是永不残缺！

只要我闭上这一双眼，

她就婷婷的升上了天！ [①]

诗人对月亮圣洁的礼赞以及月亮阴晴不定、难以寻觅的

---

① 徐志摩：《两个月亮》，《诗刊》1931 年第 2 期。

苦恼，可见其浓浓的爱意以及对恋人感情的游移、难以把握的担忧。以月喻人，言及恋爱中的甜蜜与忧愁，诗中"月亮"的具体所指则颇耐人寻味。①

徐志摩的诗中也记录了其与陆小曼之间的感情经历，如《望月》："月：我隔着窗纱，在黑暗中，／望她从巉岩的山肩挣起——／一轮惺忪的不整的光华：／像一个处女，怀抱着贞洁，／惊惶的，挣出强暴的爪牙；／这使我想起你，我爱，当初／也曾在恶运的利齿间挨！／但如今，正如蓝天里明月：／你已升起在幸福的前峰，／洒光辉照亮地面的坎坷！"②诗人望月而联想到两人恋情曾经遇到的挫折，月亮既是恋人的象征，也指代着美满的爱情。在《两地相思》一诗中，诗人睹物思人，借月表达对恋人的思念："今晚的月亮像她的眉毛，／这弯弯的够多俏！／今晚的天空像她的爱情，／这蓝蓝的够多深！""今晚月儿弓样，到月圆时／我，我如何能躲避！／我怕，我爱，这来我真是难，／恨不能往地

① 徐志摩《两个月亮》与林徽因《那一晚》在《诗刊》同一期刊载，"那一晚"有研究者认为是指徐、林在伦敦初遇时的往事，这首诗是林的追忆之作，带着她自己复杂而又隐晦的心绪。"密密的星""星夜""太阳"等一系列意象，既有对之前"分定了方向"的惆怅，也有对当下"仍然在海面飘""常在风涛里摇"的忧郁，对"层层的阴影"的恐惧，进而是对"太阳"的渴求，对过往经历的留恋与对现今的不满，对太阳的爱恋转化为对分别的那一晚的深情回忆，这些意象充满了浪漫主义的色彩。参见韩石山：《徐志摩传》，北京：十月文艺出版社，2004年，第324页。

② 韩石山编：《徐志摩全集》第4卷，天津：天津人民出版社，2005年，第301页。

底钻；/可是你，爱，永远有我的心，听凭我是浮是沉。"①
月亮往往也象征着光明与希望，如《半夜深巷琵琶》中诗人
以月抒发失望之情："和着这深夜，荒街，/柳梢头有残月挂，/
阿，半轮的残月，像是破碎的希望。"②《残破》一诗中以
月亮的光华与黑暗、虚无相对："深深的在深夜里坐着，当
窗有一团不圆的光亮"，"深深的在深夜里坐着，闭上眼回
望到过去的云烟：/阿，她还是一支冷艳的白莲，/斜靠着
晓风，万种的玲珑；/但我不是阳光，也不是露水，/我有
的只是些残破的呼吸，/如同封锁在壁橼间的群鼠，/追逐
着，追求着黑暗与虚无！"③

　　郭沫若的《瓶》组诗记录了诗人一段缥缈的感情经历，描
述了一段似真似幻的恋情。④《瓶》生动、细腻地刻画了诗
人恋爱中的心理活动，如第八首中他大胆地向恋人表达爱
意："你默默地坐在我的身旁，/我顾虑着他们不好盼望。/

---

① 韩石山编：《徐志摩全集》第4卷，天津：天津人民出版社，2005年，第
314—316页。

② 韩石山编：《徐志摩全集》第4卷，天津：天津人民出版社，2005年，第307页。

③ 韩石山编：《徐志摩全集》第4卷，天津：天津人民出版社，2005年，第
399—400页。

④ 《瓶》中的恋爱经历可能是郭沫若的想象，其故事源自《孤山的梅花》。文中
讲述了一位自称诗人知己的名叫余漪筠的小姐给诗人写信，邀请他月圆时分到
西湖孤山相见赏梅花。诗人颇为踌躇，之后决定去杭州会面，但到了杭州后却
不见对方赴约。散文中"我"的心理、感情的丰富程度与《瓶》中的恋爱心理
波动相吻合，具体情节对应《瓶·献诗》："月影儿快要圆时，/春风吹来了
一番花信。/我便踱往那西子湖边，/汲取了清水一瓶。"郭沫若：《郭沫若全
集》文学编第1卷，北京：人民文学出版社，1982年，第259—260页。

你目不旁瞬地埋着头儿，／你是不是也有几分顾虑？／我的手虽藏在衣袖之中，／我的神魂已经把你拥抱。／我相信这不是甚么犯罪，／白云抱着月华何曾受毁？"又如诗人恋爱中面对恋人的沉默而产生的忧郁、感伤："月轮对着梅花有如渊的怀抱。／欲诉，又碍着星星作扰。／如今是花信已遥，月也瘦了。"（第十七首）诗人热恋中的狂热与女方的冷静形成鲜明的对比："我已成疯狂的海洋，／她却是冷静的月光！／她明明在我的心中，／却高高挂在天上，／我不息地伸手抓拿，／却只生出些悲哀的空响。"（第三十一首）或者表达对爱情矢志不渝的追求："我在和夸父一样追逐太阳，我在和李白一样捞取月光。"①（第三十首）郭沫若在《瓶》这组诗中刻画了诗人与恋人之间的情感经历，由此也可知诗人在恋爱中的感情变化与心理波动。在这段男女交往中，通过情诗（书）联络感情、互诉衷肠，诗人选取了自然景物来作诗，将恋人比作月亮，而那种夸父逐日、李白捞月似的恋爱至上观念，也正是"五四"时期"人的发现"思潮中的应有之义，带着明显的受西方浪漫主义影响的痕迹。除了对恋爱心理的把握，诗人还刻画出恋爱中男女的形象，诗中的女性热爱生活、热衷社会事业，大胆追求爱情；而男性则崇拜女性，追求爱情至上且多愁善感。正如有的学者所言，郭沫若

---

① 郭沫若：《郭沫若全集》文学编第 1 卷，北京：人民文学出版社，1982 年，第 261—303 页。

在情诗中的"创造人格"，展现了"五四"时期新人的形象。[①]
这一时期新诗中情诗的流行推动了自由恋爱风气在社会的风
行，而其实这也是以男女公开社交为前提的。这一特殊时期
出现的情诗，反映出一种新的社会现象，折射出一种新的道
德观。在这些情诗中，隐隐折射出恋人间私人关系与个体情
感世界的面貌，诗歌表述的隐晦恰恰与恋情的模糊、含蓄相
吻合，而情诗中也或多或少保留了诗人们内心中"情感的真
实"，为这个时代社会思潮的变迁做了一个恰如其分的注脚。

四、结语

鲁迅用"一个右执'新月'，一个左执'太阳'"来描
述 20 世纪 30 年代的中国文坛。[②]其实"月亮""太阳"代
表着不同的审美追求与政治道路，在 20 世纪 30 年代阶级话
语日渐流行的语境下，"五四"时期的乐观、单纯式的抒情
日益显得不合时宜。太阳社、新月社分别代表着 20 世纪 30
年代知识界的不同走向，"诗人的社会化"成为一个普遍现
象，20 世纪 20 年代热情讴歌爱情、追求自由恋爱的诗人也
告别了"五四"时期的超然的乐观，而陷入时代的苦闷，从
追寻"美与爱"转化成讴歌"血与泪"。

---

① 陈鉴昌：《郭沫若诗歌研究》，成都：巴蜀书社，2010 年，第 96—108 页。
② 参见鲁迅：《'硬译'与'文学'的阶级性》一文。鲁迅：《鲁迅全集》第 4 卷，
北京：人民文学出版社，2005 年，第 212 页。

1928年，郭沫若在《对月》一诗中表达了告别"月亮"的心绪：

月亮，你照在我的窗前，
我是好久没有和你见面。
你那苍白的圆圆的面孔，
和我相别好象有好几十年。

我的眼中已经没有自然，
我老早就感觉着我的变迁；
但你那银灰色的情感，
还留恋着我，不想离缘。

我没有你那超然的情绪，
我没有你那幽静的心弦。
我所希望的是狂暴的新月，
犹如镗鞳的鼛鼓声浪喧天。

或者如那浩茫的大海，
轰隆隆地鼓浪而前。
打在那万仞的岩头，
撼地的声音随水花飞溅。

太阳社主办的《太阳月刊》封面三种

啊，我的心中是这样的淡漠，

任有怎样的境地也难使我欢呼。

你除非照着几百万的农人，

在凯旋的歌吹中跳舞！①

　　"月亮"在"五四"时期一度成为恋爱的象征、自由的代名词。但是在郭沫若看来，"个人主义的文艺老早过去了"，②对爱情的浪漫主义遐想可谓是文艺脱离时代的体现："你们要睡在新月里面做梦吗？这是很甜蜜的。但请先造出一个可以睡觉的月亮来。"③郭沫若认为在阶级社会

---

① 郭沫若：《郭沫若全集》文学编第 1 卷，北京：人民文学出版社，1982 年，第 376—377 页。

② 《英雄树》，郭沫若：《郭沫若全集》文学编第 16 卷，北京：人民文学出版社，1989 年，第 45 页。

③ 《英雄树》，郭沫若：《郭沫若全集》文学编第 16 卷，北京：人民文学出版社，1989 年，第 49 页。

里，关于月亮的梦是虚幻且不合时宜的。在阶级话语占据时代主流的20世纪30年代，这些"象牙塔里的梦者"——曾经反抗礼教、追求自由恋爱的诗人，必须去寻求恋爱与时代话语的契合点，20世纪30年代"革命+恋爱"小说的流行正是个人话语与时代话语相融合的体现。蒋光慈在小说《冲出云围的月亮》中，描绘了一幅革命胜利的画面，这极具代表性："这时在天空里被灰白色的云块所掩蔽住了的月亮，渐渐地突出云块的包围，露出自己的皎洁的玉面来。云块如战败了也似的，很无力地四下消散了，将偌大的蔚蓝的天空，完全交与月亮，让它向着大地展开着胜利的、光明的微笑。"[①]在小说中，月亮具有多重含义，不仅是女性、恋人的象征，而且是对革命胜利的隐喻。恰如郭沫若所言，"革命事业的勃发，也贵在有这一点热情。这一种热情的培养，要赖柔美圣洁的女性的爱"。[②]个人的爱情必须附属于社会、阶级的解放，否则个人的浪漫主义爱情就会妨碍革命，正因此，诗人们由礼赞月亮（爱情）变为歌颂太阳（光明），而"月和太阳最重要的分别，乃是太阳是叙事诗的（Epic）而月亮是抒情诗的（Lyric）"，[③]太阳意味

---

① 蒋光慈：《冲出云围的月亮》，《蒋光慈全集》第3卷，合肥：合肥工业大学出版社，2017年，第238页。

② 郭沫若：《瓶·附记》，《郭沫若全集》文学编第1卷，北京：人民文学出版社，1982年，第304页。

③ 化鲁（胡愈之）：《月之文学》，《东方杂志》1922年19卷第7期。

着革命的集体化的史诗时代，而月亮则是个人、抒情时代的代名词，伴随着"五四"的落潮和革命的兴起，"五四"新诗中的缠绵悱恻的抒情声音也逐渐隐没于史诗时代喧哗躁动的大合唱中。提倡"健康与尊严"①的新月社诗人，告别了"五四"时期浪漫主义的感伤与对爱情大胆直白的礼赞，正如有学者所揭示的："新月诗派有一个从接收英美浪漫派诗歌的影响到转尊布莱克、哈代、波特莱尔、魏尔伦、艾略特、马拉美等为代表的现代派诗艺的演进过程。"②诗人们从个人走向社会，其艺术追求也从浪漫主义的感叹，发展到对隐秘幽深的内心世界的探索。而告别了"为艺术而艺术"追求的创造社诸人，则放声歌颂"血与泪"，踏上了审美政治化的文艺之路。

20世纪20年代的中国浪漫派诗人被李欧梵称为"浪漫主义的一代"。③"五四"时期月亮意象在新诗中的广泛运用与备受推崇，有着知识者追求恋爱、反对礼教的时代背景。随着西方浪漫主义思潮传入中国知识界，湖畔诗人、拜伦、雪莱、济慈、歌德等浪漫主义诗人成为新诗诗人们崇拜的对象，亲近自然、歌唱理想和讴歌爱情遂成为时代的主旋律。在提倡自由恋爱的20世纪20年代，情诗风行一时。"月亮"意

---

① 徐志摩：《〈新月〉的态度》，韩石山编：《徐志摩全集》第3卷，天津：天津人民出版社，2005年，第195页。

② 龙泉明：《中国新诗流变论》，北京：人民文学出版社，1999年，第258页。

③ 李欧梵著，王宏志等译：《中国现代作家的浪漫一代》，北京：新星出版社，2010年，第305页。

象在汪静之、郭沫若、徐志摩等浪漫主义诗人的诗中，具有不同于古典诗歌的格调、意境、音节、思想和情感表述方式。同时月亮也见证了恋爱中男女私人关系的变化，成为男女公开社交中借以传情达意的重要工具。"五四"情诗中的"月亮"意象具有鲜明的时代特色，是浪漫主义时代自由恋爱的象征。而随着20世纪30年代阶级话语取代个人主义话语，"呼吁与诅咒"的战歌取代了"赞叹与咏歌"的恋歌，"月之文学"的时代也随之逝去了。

第六章

月亮与女性：现代小说中『月亮』的女性想象与叙写

——以张爱玲作品为中心

文学革命揭开了中国新文学发展的序幕。现代小说作为新文学的成果之一，在文言文与白话文、中国传统与西洋格调之争中呈现新特点。与此同时，近代中国的内忧外患和存亡危机催生了一批关注个体与现实社会的作家，他们关注的对象之一便是女性。活跃于 20 世纪 40 年代的现代女性作家张爱玲，在夏志清《中国现代小说史》中被认为是"今日中国最优秀最重要的作家"。[①]她笔下的女性细致、深刻，情感丰富、贴近日常，这与她独特的人生体验及现实感悟相联系："张爱玲一方面有乔叟式享受人生乐趣的襟怀，可是在观察人生处境这方面，她的态度又是老练的、带有悲剧感的。"[②]月亮是张爱玲小说中的重要意象之一。叙写月亮并关联女性，文学作品中早已有之，而张爱玲笔下的月亮，不仅在语言上体现着传统与现代、东方与西洋的结合，更在"女性想象"中暗汇了空间、心理上的对应和交融，值得予以关注。

然而，时人品评张爱玲小说多存贬义，或以其笔下女性

① 夏志清：《中国现代小说史》，上海：复旦大学出版社，2005 年，第 254 页。
② 夏志清：《中国现代小说史》，上海：复旦大学出版社，2005 年，第 257 页。

之细腻、七情六欲为"腐败的个人主义",故不乏批判之声。小说作为历史载体的一种,具有"现场"与"非现场"之别;围绕小说的叙写特点及价值意义,时人品评与后人反思也各有角度。就张爱玲小说而言,近年来关注其"月亮意象""女性主义"的研究成果丰富且深刻,学者多从月亮书写角度考察其人物(尤其是女性)塑造的特点。① 此外,不局限于月

①　如林幸谦考察了张爱玲小说"回归女性自身"的特点,并注意到其叙写"受到道德迫害的女性"时使用的"文化压抑符码"。书中谈及月亮意象,主要集中于两方面:一为"'阴性荒凉'的隐喻",如《秧歌》中的"冷月"意象;二为以"月亮"象征女性的"内闱世界",如《金锁记》中的"白太阳"(见林幸谦:《荒野中的女体——张爱玲女性主义批评》,桂林:广西师范大学出版社,2003年,第18—20、162—163、229—230页)。再如毛建勇《论张爱玲小说的悲剧意识与月亮意象》(《中国文化研究》1998年第3期)一文认为,张爱玲小说中的女性意识与月亮意象联系密切,她笔下的悲剧女性,恰与传统认知下以圆缺变幻象征世事无常的月亮意象呼应,呈现出一种苍凉美;在东方文化中,月亮的"阴性美"本具有女性特质,故悲剧、女人、月亮三者结合,"衬着苍凉的底子,形成那么完美的一体"。王莹《月亮意象:从古典到现代的流变》(《河南师范大学学报(哲学社会科学版)》2003年第30卷第1期)一文指出,张氏小说中的"月亮意象"既"哀婉朦胧、惜别感伤",又具"凄凉、疯狂"的特征,体现了从传统到现代的流变。刘锋杰所撰《月光下的忧郁与癫狂——张爱玲作品中的月亮意象分析》(《中国文学研究》2006年第1期)一文则认为,西方文化中的月亮多是"神秘而可怕的存在",中国传统中的月亮多与美人联系,既有美好情感的寄托,又用于表现人的情欲,而张氏小说恰融合了中西文化中不同的月亮,不仅"癫狂、荒诞",而且保留了以月衬情、塑造人生荒凉的传统写法。再如陈若菲所撰《月下的语言时空——张爱玲的月亮书写与走向成熟的中国现代文学语言》(硕士学位论文,暨南大学,2014年6月)抓住"语言风格"与"时空观"两点,对现代小说中月亮意象的变化进行探讨,以月亮意象的书写为例,指出张爱玲文学语言融会中西的特点,堪称国语范本;该文还阐述了在西方时空观影响下,书写月亮从"月是人非"向"月人偕变"的转化特征等。

亮的其他意象分析同样成果丰硕，涉及文学、历史、哲学、艺术、科学、心理等方面，包括月亮、太阳、镜子、雨、鸟、胡琴、戏曲等，角度多样。

总体来看，一方面，着眼于月亮意象的现有研究虽突出小说联系"女性与现实"、暗示"情感变化"的表现特点，却较少强调小说中"月"与"人"在空间、心理上互映的微妙之处。另一方面，着眼于女性主义的研究虽结合作者人生经历、生活感悟展开分析，却大多局限于作者自身的主观体验，对现实氛围、时人评价等社会反响鲜作讨论。因此，本文尝试从历史和文学相结合的角度，立足于近代女性解放、文学革命之背景，围绕新旧、中西碰撞，关注现代小说中"物与人""事与人"的叙写；尤其以月亮意象为切入点，以张爱玲小说为中心，通过分析张爱玲小说月亮叙写逐渐与人（女性）和现实社会结合的变化，窥探剧变之下时人精神世界的矛盾以及现实社会与文学叙写的关系。

一、"女性解放"话语的登场与调整

清末民初，主张男女平等的呼声渐起，但呼吁主体起先大都是男性，其所主张的"与女性平等"，多基于国民性改造、民族革命的需要。如康有为所谓"保国、保种、保教"，[①]严复所言"母健而后儿肥"，皆非基于女性自身之疾呼，而是出于急抛"东亚病夫"印象的国民改造之话语。革命党影响下的"伸张女权""强调（女性）对国家的义务"之论，亦非基于女性本体发展之吁求。[②]特别是强调"（女子）与男子共尽国民义务的宗旨，又使得女权思想走入误区：把'女性的男性化'作为女性解放的标志与追求的目标。在革命中，她们抛去脂粉，从事铁血，从肉体到精神经受了磨炼，她们抛去了性别差异，作为国民的一分子而存在"。[③]

至 20 世纪 20 年代，关注女性在道德修养上逐渐又出现向传统复归倾向。如"崇祀孟母"主张的再现："吾中国数千年人道之模范，其尤彰明较著，足为天下万世师表者，男界则唯孔子，女界则唯孟母……孟母为中国开启亚圣之女圣人，三迁教子，七篇传家，允足为万世女范"，"女教所关

---

① 康有为在《请禁妇女缠足折》中提到："今之忧天下者，则有三大事，曰保国、保种、保教……妇女为保种之权舆也。必使其种进，而后能保也。"（中国史学会主编：《戊戌变法》〈二〉，《中国近代史资料丛刊》，上海：上海人民出版社，1957 年，第 243 页）

② 如《女报》所载："欧学东渐以来，国民渐知民族的国民主义，大声疾呼，以救危亡，然皆出于男子，而女界无与也……故新学之士，动谓我二万万同胞为无用，动谓女子为男子累。今则以巾帼而具须眉之精神，以弱质而办伟大之事业。"（《函牍汇志·敬告女界同胞：为浙江明道女学堂女教员秋瑾被杀事》，《女报》1909 年第 1 卷第 5 期，第 67 页）

③ 孙正娟：《近代女性自我解放思想的历史轨迹》，苏州大学硕士学位论文，2001 年。

尤为重要，必有贤母而后有贤子，有贤子而后有贤国民"。[①]
此类论调，同样出现在时人对比中西方女性后的结论中，如
《申报》上刊登《妇女节制协会致女界同胞书》："欧美国
家的文明进步、民富国强，那一国不是因为他们的女权伸
张，尤其是他们的妇女都能尽那种天职呢。这天职是什么呢？
这就是我们许多自号文明的女子所厌弃的'贤妻良母'呀……
妹喜、妲己既能影响桀纣而亡天下，孟母既能教他的儿子成
为东亚的大圣，我们也是女子，为何不能将我们的好影响来
提高我们那二万万男同胞的人格，使他们都作中华民国的良
好公民呢？"[②]

　　直到 1935 年，《申报》上有关主妇会的讨论，仍不脱
要求妇女守好"老老实实、规规矩矩"，"烧小菜、煎烙饼"，"生
育、繁殖、传种"的"本分"；[③]虽谈"伸张女权"，却仍是"相
夫教子"的论调，或是崇尚颇具阳刚血性的"女英雄""女
丈夫"。无论是"女伟人"调查结果中花木兰、秦良玉、秋

---

①　《郑士琦、熊炳琦为转请明令读经并崇祀孟母致大总统呈》，1924 年 3 月 29 日，
　　中国第二历史档案馆编：《中华民国史档案资料汇编》第 3 辑，《文化》，南京：
　　凤凰出版社，1991 年，第 30—31 页。

②　《妇女节制协会致女界同胞书》，《申报》1925 年 10 月 14 日，第 11 版。

③　《本埠增刊·谈言·主妇会》，《申报》1935 年 5 月 22 日，第 17 版。

《本埠增刊·谈言·主妇会》,《申报》1935年5月22日,第17版。

瑾、武则天的高票,还是向推崇孟母、岳母的复归,① 均可看出不仅社会对"国民义务"下的"女性责任"抱有期待,女

---

① 如几次社会调查结果所示:"女声社为庆祝一周年纪念,鼓励女青年为国家努力,及测验我国民众之心理,曾于去岁十月间,发起女伟人竞选……(其结果)历史上女伟人五名,为花木兰(七百四十一票)、秋瑾(五百五十六票)、武则天(二百四十一票)、秦梁(良)玉(二百二十八票)、累(嫘)祖(二百十六票),余上二百及一百者为孟母、李清照,及西太后等……"(《女伟人竞选结果》,《申报》1934年1月1日,第31版)。再如中国华美烟公司主办的"选举中国历史上标准伟人奖学金",结果揭晓后,前二百名伟人名单中,包括的女性有吴铁城夫人、孟母、岳母、秋瑾等。(参见《分类广告·得奖人揭晓》,《申报》1935年2月28日,第10版)

性自身也对趋向男性的阳刚化表现出一定的心理默认。① 对男性立场下女性"不得不承担'教子''提升国民素质'等责任"的反复强调，有些也是以女性自我反省的形式出现。

　　基于这一社会背景的现代小说创作，自然关联女性形象的"典型性创造"。比如为人们所熟知的祥林嫂："五年前的花白的头发，即今已经全白，全不像四十上下的人；脸上瘦削不堪，黄中带黑，而且消尽了先前悲哀的神色，仿佛是木刻似的；只有那眼珠间或一轮，还可以表示她是一个活物"；② "模样还周正，手脚都壮大，又只是顺着眼，不开一句口，很像一个安分耐劳的人"；③ 做工时，"整天的做，似乎闲着就无聊，又有力，简直抵得过一个男子……人们都说鲁四老爷家里雇着了女工，实在比勤快的男人还勤快。"④ 巴金笔下的杨嫂也是如此，"高大的身躯""粗糙的手掌"，⑤ 吃过东西后"撩起衣襟揩嘴唇"；⑥ 尤其是病入膏肓后，原本的朴实形象俨然已狰狞化、妖魔化："我看见了一张妖精

① 参考李世鹏：《社会期待与女性自觉——20世纪二三十年代民意调查中的典范女性形象》，《妇女研究论丛》2019年第5期。

② 鲁迅：《祝福》，《鲁迅选集》（第一卷），北京：人民文学出版社，1983年，第133页。

③ 鲁迅：《祝福》，《鲁迅选集》（第一卷），北京：人民文学出版社，1983年，第137页。

④ 鲁迅：《祝福》，《鲁迅选集》（第一卷），北京：人民文学出版社，1983年，第138页。

⑤ 巴金：《杨嫂》，《巴金小说名篇》，长春：时代文艺出版社，2010年，第25页。

⑥ 巴金：《杨嫂》，《巴金小说名篇》，长春：时代文艺出版社，2010年，第28页。

的脸，散乱的长头发，苍白的瘦脸，高的颧骨，血红的大眼"，我们那个爱清洁的"杨嫂在吃虱子、嚼裹脚布"。① 苦难折磨下，从丧失女性柔美的健壮、阳刚，再到"狰狞""恐怖"的反常形象，作者完成了对女性生理和心理特征的文学剥离。

与此同时，钱锺书则在小说中委婉讽刺了女性的"阳化"现象："只听沈太太朗朗说道：'我这次出席世界妇女大会，观察出来一种普遍动态：全世界的女性现在都趋向男性方面……从前男性所做的职业，像国会议员、律师、报馆记者、飞机师等等，女性都会做，而且做得跟男性一样好……女性解放还是新近的事实，可是已有这样显著的成绩。我敢说，在不久的将来，男女两性的分别要成为历史上的名词。"② 此外，依托唐晓芙这一形象，小说对当时主妇会倡导的"女性反省"进行了文学印证："女人有女人特别的聪明，轻盈活泼得跟她的举动一样。比了这种聪明，才学不过是沉淀的渣滓。说女人有才学，就仿佛赞美一朵花，说它在天平上称起来有白菜番薯的斤两。真聪明的女人决不用功要做成才女，她只巧妙的偷懒。"③ 当听到方鸿渐称赞表姐苏文纨的才学时，唐晓芙用这番"女子无才便是德"的言论进行了自我说服。

① 巴金：《杨嫂》，《巴金小说名篇》，长春：时代文艺出版社，2010 年，第 31—33 页。

② 钱锺书：《围城》，《钱锺书文集》，南宁：广西人民出版社，1999 年，第 61 页。

③ 钱锺书：《围城》，《钱锺书文集》，南宁：广西人民出版社，1999 年，第 77—78 页。

男性作家塑造女性形象大都具有较深的时代印记。与其说他们关注女性，毋宁说是对人与社会的关怀。周作人在《人的文学》中指出："欧洲关于这'人'的真理的发现，第一次是在十五世纪，于是出了宗教改革与文艺复兴两个结果……女人与小儿的发现，却迟至十九世纪，才有萌芽……中国讲到这类问题，却须从头做起，人的问题，从来未经解决，女人小儿更不必说了……我们希望从文学上起首，提倡一点人道主义①思想，便是这个意思。"即说，比起"女性、小儿"，首先要完成对"人"的发现。体现在文学作品中，作为与社会底层和灰暗面相联系的群体之一，女性虽然在现实主义小说中逐渐凸显文学意义，但更多地被置于人与社会的大视野下，并非"忠于（女性）自己的性别／经验而写作"②，许多形象塑造更加看重结果和警示意义，对女性自身的关怀不是最主要的。

然而，随着部分女性作家的活跃，现代小说逐渐出现了从关注女性向真实再现女性本身的过渡。她们笔下的女性形象，不但富有女性主体意识，更呈现出女性原本的生理和心

① "我所说的人道主义，并非世间所谓'悲天悯人'或'博施济众'的慈善主义，乃是一种个人主义的人间本位主义……是从个人做起。要讲人道，爱人类，便须先使自己有人的资格，占得人的位置。"（原文载《新青年》1918 年 12 月；鲍风、林青选编：《周作人作品精选》，武汉：长江文艺出版社，2003 年，第6 页）

② 林幸谦：《荒野中的女体——张爱玲女性主义批评Ⅰ》，桂林：广西师范大学出版社，2003 年，第 53 页。

理活动，语言描述也更加细腻委婉，可以说呈现了"真正的女性"，而并非社会期待的"女汉子""女丈夫""女英雄"。小说关注的重点，也在人与社会的关系之外突出了对作为"女性"的人的思考。

二、月亮意象的继承与改造

古代文学作品早已有对"月"的描述。《诗经》中的咏月章句，如《陈风·月出》（三章）、《邶风·日月》（四章）、《齐风·东方之日》几篇。概言之，传统诗歌中叙写月亮多为塑造氛围、抒发情感，所抒之情主要是家人分离、男女相思的"孤苦"和"愁绪"。如苏轼《中秋月寄子由》中以"悠哉四子心，共此千里明"表达对兄弟的思念，曹植《七哀诗》中的"明月照高楼，流光正徘徊。上有愁思妇，悲叹有余哀"，张九龄《赋得自君之出矣》所咏"思君如满月，夜夜减清辉"皆是将男女相思之情寓于写月之中。再如张子容《璧池望秋月》中的"凉夜窥清沼，池空水月秋。满轮沉玉镜，半魄落银钩"，沈一贯《对月忆家园》所咏"月如银镜好当台，酒与金波一色开"，主旨都在思乡，以清冷如银的"水月"意象为铺垫。另外，文人眼中之"月"和笔下的"月之境"多具有清寒、萧瑟的意境，如韦应物《拟古诗十二首·其六》云"月满秋夜长，惊乌号北林"，欧阳修《月》咏"天高月影浸长江，江阔风微水面凉"，王安石《月夜》中所写"山泉堕清陂，陂月临静路"等，皆以月衬静，烘染清冷之感。

一方面，现代小说继承了古代文学作品中月的清冷美和愁怅美。如巴金在《复仇》中描述道："圆月挂在蓝天里，它底清冷的光芒从开着的窗户射进来，但是在屋内的电灯光下消失了。"[①] 他在《月夜》中同样写道："水缓缓地流着，月光在水面上流动……月光是柔软的，透不过网眼"，"静静地这个乡村躺在月光下面，静静地这条小河躺在月光下面。在这悲哀的气氛中，仿佛整个乡村都哭起来了……这晚是一个很美丽的月亮"。[②] 郁达夫《银灰色的死》将"哀月"发挥到极致："他立住了足，靠着了大学的铁栏杆，仰起头来就看见了那十三夜的明月，同银盆似的浮在淡青色的空中。他再定睛向四面一看，才知道清净的电车线路上，电柱上，电线上，歪歪斜斜的人家的屋顶上，都洒满了同霜也似的月光。他觉得自家一个人孤冷得很……背靠着了铁栏杆，他尽在那里看月亮。看了一会，他那一双衰弱的老犬似的眼睛里，忽然滚下了两颗眼泪来。"[③] 月之哀伤与人之悲抑相辅相成，古典月的清冷、孤寂得以进一步凸显，以衬托哀情甚至铺垫死亡。可见现代小说不但延续了柔美、冰洁的"古典月"意象，还融入了更为浓烈的情感表达。

---

① 巴金：《巴金小说名篇》，长春：时代文艺出版社，2010 年，第 4 页。
② 巴金：《巴金小说名篇》，长春：时代文艺出版社，2010 年，第 35—43 页。
③ 郁达夫：《郁达夫小说全编》，杭州：浙江文艺出版社，1989 年，第 3 页。

另一方面，在新文学的倡导下，现代小说于"古典月"的抽象和神秘之外，还创造了直观形象的白话文叙写。如鲁迅在《奔月》中写道："大家都看见月亮只抖一抖，以为要掉下来了"，"看了片刻，然而月亮不理他。他前进三步，月亮便退了三步；他退三步，月亮却又照数前进了"。①钱锺书《围城》中的"形象月"，相比之下更增添了几分美感："少顷，这月亮圆滑得什么都粘不上，轻盈得什么都压不住，从蓬松如絮的云堆下无牵挂地浮出来，原来还有一边没满，像被打耳光的脸肿着一边……大家沿公路走，满地枯草，不见树木，成片像样的黑影子也没有，夜的文饰遮掩全给月亮剥光了，不留体面。"②如此叙写赋予了月亮拟人化的动作和姿态，就表现效果而言，虽然更加形象，却稍失几分灵动之美；相较于传统的委婉渲染，显然更加直接、露骨，尤其那"像被打耳光的脸肿着一边"，"抖一抖"的月亮，皆具幽默和夸张的效果，颇有西方文学作品中诙谐幽默的文风。

除了直观形象的表现，夸张恐怖的氛围渲染同样用于现代小说叙写月亮。如《狂人日记》以"黑漆漆的，不知是日是夜"③来衬托、正视周遭那个"吃人的社会"。郁达夫《银灰色的死》更是将月亮直接与死亡和毁灭关联："月光从窗

---

① 鲁迅：《鲁迅选集》（第一卷），北京：人民文学出版社，1983年，第273页。
② 钱锺书：《钱锺书文集》，南宁：广西人民出版社，1999年，第177页。
③ 鲁迅：《鲁迅选集》（第一卷），北京：人民文学出版社，1983年，第14页。

里射了进来。在藤椅上坐定之后，他看见月光射在他夫人的脸上。定睛一看，他觉得她的脸色，同大理石的雕刻没有半点分别……"① 大理石般的月光效果正暗示了"夫人"的死亡，也解释了小说中赋予死亡以"银灰色"的用意，这种恐怖感同样与西方文化中的月亮认知有关："20世纪后半叶许多美国科学家、医学家仍然不断用数据和临床病例来证明这一传统观点。他们发现月亮，特别是望月与谋杀、自杀、癫痫症、变狼狂想症、谈情说爱等有着十分密切的关系"。②

但要注意的是，疯狂、狰狞的月亮叙写，不应只归结于对西方文学语言风格的借鉴。近代中国底层社会中颓丧、压抑、崩溃的现实特征也助长了疯狂、狰狞的月亮意象的形成。或者说，现代小说为满足"描述近代社会之'负面性'"的需求，促成了对西方文学中疯狂、夸张、讽刺等语言风格的吸收。从古今对比来看，虽然现代小说中仍有借月抒情、以月塑景的表现手法，但所抒之情、所塑之景与传统不同，作品依托的社会基础也发生了很大变化。古代诗歌之"月"多表达个人私情，如乡愁、离思、孤寂，而现代小说叙写月亮更多基于社会环境，以个体来窥视社会、反映现实。如《狂人日记》字面上形容月夜之黑，实则暗示吃人的社会。因此，正是近代内忧外患下底层民众生活苦难的加深，为月亮意象中

---

① 郁达夫：《郁达夫小说全编》，杭州：浙江文艺出版社，1989年，第4页。

② 胡泽刚：《中西方文学中月亮意象的相似性》，《湖北师范学院学报（哲学社会科学版）》第25卷第2期。

的悲凉、死寂和恐怖做了现实注脚。

就月亮意象的具体所指来看，则多见于女性。《诗经》中已有借月之"皎"来表现女性之"窈"的诗句："月出皎兮，佼人僚兮。舒窈纠兮，劳心悄兮。"南朝鲍照《代朗月行》亦云："朗月出东山，照我绮窗前。窗中多佳人，被服妖且妍。"同样以"月照窗前"为"窗中佳人"塑造氛围。张渐《朗月行》写道："朗月照帘幌，清夜有余姿。洞房怨孤枕，挟琴爱前墀。"此处的"姿"不仅指"月照帘幌"，也是"新妇挟琴缓行"的身姿，两者相互映衬。现代小说中，月亮意象同样适用于女性叙写。如钱锺书《围城》中写到方鸿渐和苏文纨夜间散步，便有"月光美人"的描述："那天是旧历四月十五，暮春早夏的月亮原是情人的月亮，不比秋冬是诗人的月色，何况月亮团圆，鸿渐恨不能去看唐小姐……两人同到园里去看月……鸿渐偷看苏小姐的脸，光洁得像月光泼上去就会滑下来，眼睛里也闪活着月亮，嘴唇上月华洗不淡的红色变为滋润的深暗。"[1] 郁达夫《秋河》同样以月光、月色衬托女性："她一边像在半睡状态里似的听着他的柔和的密语，一边她好像赤了身体，在月下的庭园里游步……月光洒满了这园庭，远处的树林，顶上载着银色的光华，林里烘出浓厚的黑影，寂静严肃的压在那里。喷水池的喷水，池里的微波，都反射着皎洁的月色，在那里荡漾，她脚下的绿茵和近旁的花草也披

---

① 钱锺书:《围城》,《钱锺书文集》, 南宁: 广西人民出版社, 1999 年, 第 96 页。

了月光。"①月光之下，园庭、喷泉、树林共同构成了秋夜的清寂，在一连串的意象中，"她"才是主角，所有的氛围塑造都被置于月光的笼罩之下。

而相对于"月光美人"，以月亮塑造女性还有一种叙写效果。如前述鲁迅《奔月》：后羿得知嫦娥飞上月亮后，一怒之下决心"射月"。然而，当他射去三支箭后，"大家都看见月亮只抖一抖，以为要掉下来了，但却还是安然地悬着，发出和悦的更大的光辉，似乎毫无伤损"。②后羿仰天大喝，"看了片刻，然而月亮不理他。他前进三步，月亮便退了三步；他退三步，月亮却又照数前进了"。③在这段拟人化的描述中，月亮—嫦娥（象征女性）具有鲜明的特立独行和反抗性格，使得后羿—射日英雄（象征男性）也无可奈何。后羿—嫦娥、太阳—月亮，这两组对比虽是传统的意象认知，却增添了新的表现效果，月亮具有的坚韧生命力和战斗力，将鲁迅笔下女性的刚强一面具象化。

总体而言，无论古代文学还是现代小说，叙写月亮多为营造氛围或衬托女性形象。尤其在现代小说中，叙写月亮在关联女性的同时还加以拟人化表现，不断深化"现实与人"的主题表现。

---

① 郁达夫：《郁达夫小说全编》，杭州：浙江文艺出版社，1989年，第299页。
② 鲁迅：《鲁迅选集》（第一卷），北京：人民文学出版社，1983年，第273页。
③ 鲁迅：《鲁迅选集》（第一卷），北京：人民文学出版社，1983年，第273页。

三、张爱玲笔下的"月"与"人"

思考如何兼收并蓄新旧文学和中西语言的不同特点，一度成为新文学实践的趋势。胡适在《建设的文学革命论》一文中提出，建设新文学的"唯一宗旨只有十个大字：国语的文学，文学的国语"。[①]1923 年，他在《国学季刊·发刊宣言》中主张既"不抗拒西洋学术"，又"不唯孔教是尊"的态度，[②]强调要"'整理国故'，对过去的文化遗产进行认真的清理，吸收精华，弃其糟粕"，并自觉将此作为新文学建设的一部分。[③]张爱玲小说的语言风格一般被认为具有中西调和的特征，实现了中国传统文学作品古典美与近代西方文学语言风格和理论的融合。考察此种风格的形成，多联系她幼时的学习与生活经历。一方面，张爱玲出身名门，自小接受传统中式教育，四岁时便在私塾先生教授下认字、背书，读"四书五经"，说些《西游记》《三国演义》《七侠五义》之类的故事；[④]另一方面，她又在母亲影响下接触西洋事物，母亲带给她的西式教育，让她连带着也喜欢英国。[⑤]可以说张爱玲小说中兼容中西的风格，正是她个人成长经历在语言文本上一定程度

---

① 胡适：《建设的文学革命论》，《新青年》1918 年第 4 卷第 4 期，第 291 页。

② 胡适：《发刊宣言》，《国学季刊》1923 年第 1 卷第 1 期，第 1 页。

③ 参见钱理群、温儒敏、吴福辉：《中国现代文学三十年》，北京：北京大学出版社，1998 年，第 16 页。

④ 张惠苑编：《张爱玲年谱》，天津：天津人民出版社，2014 年，第 8—9 页。

⑤ 张惠苑编：《张爱玲年谱》，天津：天津人民出版社，2014 年，第 15 页。

《张爱玲自画像》

的反映。如时人所评："张爱玲的最大长处，我以为是她所用的文字语言……在上海现有那么多作家之中，她所写的是最纯正的中国文和最流利的中国语……张爱玲的文字中我们看见，不但有那么多自国的语汇，并且将外来的也消化得很顺溜……此外，她自己还创造了无数的警句，俏皮话，巧妙的比喻。"①

着眼张爱玲小说中的月亮叙写来看，一方面，小说中保留了传统诗歌孤寂清寒的空间感，如《十八春》通过月光塑造荒寒之境："这两天月亮升得很晚，到了后半夜，月光蒙蒙地照着瓦上霜，一片寒光，把天都照亮了。就有喔喔的鸡啼声，鸡还当是天亮了。许多人家都养着一只鸡预备过年，鸡声四起，简直不像一个大都市里，而像一个村落。睡在床上听着，有一种荒寒之感。"②另一方面，小说借用了西化的月亮的形象，如《金锁记》中"狰狞"的月亮："起坐间的

---

① 沈凤威：《张爱玲的〈传奇〉小评》，《翰林》1944 年第 1 期，第 43 页。
② 张爱玲：《张爱玲经典作品集》，太原：北岳文艺出版社，2000 年，第 461 页。

帘子撤下送去洗濯了。隔着玻璃窗望出去，影影绰绰乌云里有个月亮，一搭黑，一搭白，像个戏剧化的狰狞的脸谱。一点，一点，月亮缓缓的从云里出来了，黑云底下透出一线炯炯的光，是面具底下的眼睛。天是无底洞的深青色。"[①] 如此描写与西方文学"疯狂化的月亮"在风格上十分相似。

然而，值得细品的是，张爱玲在观察反思女性本体命运的过程中赋予月亮新的喻指，关联近代女性所受压迫和悲惨命运。与其他作家一样，张爱玲同样关注"人"，特别是平凡人、底层人，这与周作人提出的"平民文学"主旨贴合："平民文学应以普通的文体，写普遍的思想与事实。我们不必记英雄豪杰的事业，才子佳人的幸福，只应记载世间普通男女的悲欢成败……普通的男女是大多数，我们也便是其中的一人，所以其事更为普遍，也更为切己。"[②] 依此来看，张爱玲小说着重叙写的"情"尤其是男女之情也体现着平民关怀，她所捕捉的平民群体之一，便是女性。

在叙写"人"的思路下，张爱玲小说丰富了以月塑景衬人的作用，呈现出"月即是人"的特点，月亮的女性想象淡化了别为二物的隔阂。她笔下的月亮，既清冷孤寒又狰狞变异，女性刻画呈现从窈窕淑女、闺中思妇到凄惨、麻木、疯

---

① 张爱玲：《张爱玲经典作品集》，太原：北岳文艺出版社，2000年，第164页。

② 原文载《每周评论》1919年1月19日；鲍风、林青选编：《周作人作品精选》，武汉：长江文艺出版社，2003年，第12页。

狂的女性形象的转变。如《金锁记》中的袁芝寿："芝寿猛然坐起身来，哗啦揭开了帐子，这是个疯狂的世界。丈夫不像个丈夫，婆婆也不像个婆婆。不是他们疯了，就是她疯了。今天晚上的月亮比哪一天都好，高高的一轮满月，万里无云，像是漆黑的天上一个白太阳。遍地的蓝影子，帐顶上也是蓝影子，她的一双脚也在那死寂的蓝影子里。"[①] 从空间对应来看，芝寿嫁入的曹家，无论是丈夫还是婆婆，都是她的心理阴影和恐惧源头，作为一个娇弱的女性，她只能任凭自己被来自曹家的冷漠和黑暗吞噬。张爱玲巧妙地用"漆黑的天上一个白太阳"叙写这样的现实环境，"白太阳"即芝寿，"漆黑的天上"指芝寿不得不屈身于其中的"黑暗环境"，正是这无法逃避的"黑暗"，逼着她逐渐走向死亡。就像"漆黑的天上一个白太阳"，仍有光热，却照不亮四周，终究消逝："窗外还是那使人汗毛凛凛的反常的明月——漆黑的天上一个灼灼的小而白的太阳……偌大一间房里充塞着箱笼，被褥，铺陈，不见得她就找不出一条汗巾子来上吊。她（芝寿）又倒到床上去。月光里，她的脚没有一点血色——青、绿、紫，冷去的尸身的颜色。她想死，她想死。她怕这月亮光，又不敢开灯。"[②]

似此窈窕美人与悲女形象的结合，《第一炉香》中的葛

---

① 张爱玲：《张爱玲经典作品集》，太原：北岳文艺出版社，2000年，第165页。
② 张爱玲：《张爱玲经典作品集》，太原：北岳文艺出版社，2000年，第165页。

薇龙同样可视作典型，梁太太邀请她住在自己家中后，她怀揣不安急于回家请求父母意见："薇龙向东走，越走，那月亮越白，越晶亮，仿佛是一头肥胸脯的白凤凰，栖在路的转弯处，在树桠叉里做了窠。越走越觉得月亮就在前头树深处，走到了，月亮便没有了。薇龙站住了歇了一会儿脚，倒有点惘然。再回头看姑妈的家，依稀还见那黄地红边的窗棂，绿玻璃窗里映着海色。那巍巍的白房子，盖着绿色的琉璃瓦，很有点像古代的皇陵。"[①] 薇龙向往的富贵，正如那"一头肥胸脯的白凤凰"似的月亮。她对住进姑妈家皇陵般的大房子抱有无尽期待，急切地想取得父母的同意。然而，虽然她觉得"月亮（象征薇龙心中的美好幻想）就在前头树深处"，但"走到了，月亮便没有了"。这也暗示了故事的结尾，薇龙住进了姑妈家的大房子，却并未得到"美好"，她心中的"白凤凰"仍是虚渺的存在。

回归到月人交融的表现方式来看，张爱玲小说更多观照女性心理的微妙变化。仍以葛薇龙为例："在楼头的另一角，薇龙侧身躺在床上，黑漆漆的，并没有点灯……这样躺着也不知过了多少时辰，忽然坐起身来，趿上了拖鞋，披上了晨衣，走到小阳台上来。虽然月亮已经落下去了，她的人已经在月光里浸了个透，淹得遍体通明……她诧异她的心地

---

① 张爱玲：《张爱玲经典作品集》，太原：北岳文艺出版社，2000 年，第 10 页。

这般的明晰，她从来就没有这么的清醒过。"①沉浸在月光里的薇龙通明清亮，她纠结的内心也仿佛拨去了云雾，皎洁明晰，此时的月光正是薇龙的心灵映照。再如《第二炉香》中写道："愫细坐在藤椅上，身上兜了一条毛巾被，只露出一张苍白的脸，人一动也不动，眼睛却始终静静地睁着。摩兴德拉的窗子外面，斜切过山麓的黑影子，山后头的天是冻结了的湖的冰蓝色，大半个月亮，不规则的圆形，如同冰破处的银灿灿的一汪水。"②此处愫细露出的"苍白的脸"与冰蓝色天上如同冰破处的一汪水的"大半个月亮"恰好对应。再如《倾城之恋》中叙写柳原和白流苏的故事，同样以"月色"指代"流苏"："在船上，他们接近的机会很多，可是柳原既能抗拒浅水湾的月色，就能抗拒甲板上的月色……"③同样，《红玫瑰与白玫瑰》开篇也写道："也许每一个男子全都有过这样的两个女人，至少两个。娶了红玫瑰，久而久之，红的变成了墙上的一抹蚊子血，白的还是'床前明月光'；娶了白玫瑰，白的便是衣服上沾的一粒饭粘子，红的却是心口上一颗朱砂痣。"④文中便用"玫瑰""明月光"指代女性。

此外，张爱玲小说同样保留了文学作品中常见的"月下幽会"桥段，《第一炉香》叙述葛薇龙和乔琪在山顶野

① 张爱玲：《张爱玲经典作品集》，太原：北岳文艺出版社，2000年，第33页。
② 张爱玲：《张爱玲经典作品集》，太原：北岳文艺出版社，2000年，第58页。
③ 张爱玲：《张爱玲经典作品集》，太原：北岳文艺出版社，2000年，第128页。
④ 张爱玲：《张爱玲经典作品集》，太原：北岳文艺出版社，2000年，第203页。

宴时："他（乔琪）把手臂紧紧地兜住了她（薇龙），重重地吻她的嘴。这时候，太阳忽然出来了，火烫地晒在他们的脸上。乔琪移开了他的嘴唇，从裤袋里掏出他的黑眼镜戴上了，向她一笑道：'你看，天晴了！今天晚上会有月亮的。'"①小说以日下相会为前奏，将"太阳"设定为阻碍因素，即如外界目光般的拟人存在；"火烫地晒在他们的脸上"，影射世俗礼教与二人内心的对立以及由此产生的慌乱。而到了晚上，"乔琪趁着月光来，也趁着月光走。月亮还在中天，他就从薇龙的阳台上，攀着树桠枝，爬到对过的山崖上……乔琪一步一步试探着走……一声凄长的呼叫……乔琪明明知道是猫头鹰，仍旧毛骨悚然"。②此处的月亮便融入了二人的心理状态，掺杂了他们对逾越道德礼教，将本真置于世俗眼光之下的畏惧不安。

同大多数作家一样，张爱玲也强烈关注现实社会与人的关系，但不同的是，她并非侧重通过叙写人或意象来反映消极与负面的现实（一个宏观的主题），并非直接以女性命运之悲惨来揭露现实社会对女性的压迫，而是将现实社会作为生存环境，"着意描写了人间情爱的残缺与破灭……她着力描写的其实是各种各样的畸形的、盲目的情欲"，③她更关

---

① 张爱玲：《张爱玲经典作品集》，太原：北岳文艺出版社，2000年，第30页。

② 张爱玲：《张爱玲经典作品集》，太原：北岳文艺出版社，2000年，第31页。

③ 刘志荣：《张爱玲·鲁迅·沈从文：中国现代三作家论集》，上海：复旦大学出版社，2013年，第57页。

注人（女性）的本身。世俗社会正是人物活动的舞台，现实的残酷、个人的自私、主角的悲苦，皆在她笔下娓娓道来。因此，多数作品中用以塑造环境的月亮意象，在张爱玲笔下则更深刻地融入到人（女性）本身的叙写中，暗汇"月"与"人（女性）"的空间和心灵互映。

四、现实与人性的细节补充

从张爱玲小说的整体风格来看，她习惯于叙写"破灭、变态、疯狂与畸形的情感"，表现出对"人世中真正的情的绝望"。[1]对情的幻灭，实际上体现了张爱玲对人性的看法："一方面，人是一种渺小的动物，它缺乏抗拒外在世界的黑暗的精神力量；另一方面，人性本身也经常是自私与软弱的，它经常就是构成冷酷世情的一部分。"[2]这种人生观的形成，与张爱玲自身的成长经历有关。她虽为名门后代，却不幸福。四岁时，"由于父亲嫖妓、养姨太太、赌钱、吸大烟的堕落生活，母亲与姑姑一起出国留学"；"母亲和姑姑走后，父亲让养在外面的姨太太住进家来"。[3]她十岁的时候，父母

---

① 刘志荣：《张爱玲·鲁迅·沈从文：中国现代三作家论集》，上海：复旦大学出版社，2013年，第59页。

② 刘志荣：《张爱玲·鲁迅·沈从文：中国现代三作家论集》，上海：复旦大学出版社，2013年，第66页。

③ 张惠苑编：《张爱玲年谱》，天津：天津人民出版社，2014年，第8页。

离婚；^①甚至在十七岁的时候，因为和继母之间的矛盾，遭到父亲的拳打脚踢并被软禁起来。^②家庭生活不幸和缺少父母关爱对张爱玲性格有很大影响，体现在她笔下便夹杂着"对人生的悲慨"，"对荒凉世间的绝望"。^③对此，时人品评与后人反思却有较大区别。张爱玲小说一经出版，读者的反馈与评价不一，有高中女生认为她的小说虽受同学欢迎，却未看到国家危亡、民间疾苦；大谈性知识，丧失伦理道德，引导青年男女自甘堕落、自暴自弃。^④也有人称："（我）喜欢看张爱玲的作品，但是我不知道她为什么这样的成名，是否是技巧上的特出，抑是思想上的有功于我们女性。我真不懂，我觉得这社会太不公平，把一个封建思想落伍的女性，成为艺术之向导者，这似乎太可惜了。我恨，恨这没有理智的作家，没有灵魂的导师，大众生活的蛀虫；剥削我们的

---

① 张惠苑编：《张爱玲年谱》，天津：天津人民出版社，2014 年，第 16 页。

② "八一三"淞沪抗战爆发后，"因为父亲家邻近苏州河，夜间听见炮声不能入睡，所以张爱玲到母亲所住的淮海中路的伟达饭店，住了两个礼拜……8 月底，张爱玲回到父亲家中。继母因为她去母亲那没有跟自己说一声，所以就问她。张爱玲说她已经跟父亲说过了，继母就打了她一巴掌，张爱玲本能地要还手，被两个老妈子赶过来拉住了。继母跑上楼去对父亲说张爱玲要打她。父亲穿着拖鞋，冲下楼，揪住张爱玲，对她拳打脚踢，把她打得倒地不起，仍不罢手……张爱玲被父亲软禁在一间空房间里……"（参见张惠苑编：《张爱玲年谱》，第 27—28 页）

③ 刘志荣：《张爱玲·鲁迅·沈从文：中国现代三作家论集》，上海：复旦大学出版社，2013 年，第 67 页。

④ 《读者之声·关于张爱玲等》，《现代周报》1945 年第 3 卷第 8 期，第 36 页。

青春，掠夺我们奋斗的雄心，这似乎太可怜了。"① 类似这样的批评，矛头大多集中于张爱玲小说的创作主旨或社会影响："（她的文章）全是有着浮华的态度，用色情的作品来勾引读者的心"；"反使读者们中了毒，对于社会疏忽起来，让女青年们自甘堕落"；"仅迎合了读者的需要，而忽略了思想发展的必要"；"太注重了个人的乐趣"等。② 此外，还有一些针对她个人能力的质疑："情绪是炽烈的，而对于生活的体会还太缺欠，她没有领导女性的资格"；"只有闭门造车的能力，而没有踏上社会的能力"等。③

然而，也有读者对张爱玲作品持中肯评价，认为"张爱玲的文笔虽然是那样美丽……但她笔下所写的这个世界简直是鬼的世界……这些鬼域，或是张女士个人的经验，是她亲身经历过的，抑或是客观的见闻，我不知道，但无论如何她对这一个世界是十分熟知的。"④ 以剧作《太太万岁》为例，有读者认为，"《太太万岁》顾名思义，就知道是一部同情太太的戏，内容叙述一个怕老婆的男人……想这位女作家，实在太大胆了？……是以'性'来掳掠色迷的朋友，《太太万岁》内容并无一点所谓'艺术'"；⑤ 但也有人感叹："在

---

① 《读者之声·说张爱玲》，《现代周报》1945年第3卷第10期，第35页。

② 《读者之声·说张爱玲》，《现代周报》1945年第3卷第10期，第35页。

③ 《读者之声·说张爱玲》，《现代周报》1945年第3卷第10期，第35页。

④ 沈凤威：《张爱玲的〈传奇〉小评》，《翰林》1944年第1期，第41页。

⑤ 《张爱玲依然大胆写太太万岁，以性来掳色迷的朋友》，《戏世界》1947年第318期，第10页。

这'浮世的悲欢'里，陈思珍（太太团）究竟有过无过，抑是制度的错失，一切她是无力去追究的。陈思珍'哀乐中年'，这点哀乐，是不是就是人生的真谛，她也不能提出答案。你不听她说吗？将人性加以肯定——一种简单的人性，只求安静地完成它的生命与恋爱与死亡的循环。《太太万岁》的题材也属于这一类。"① 此外，张爱玲也曾发声说明，剧作中的"陈思珍"就是许多生活中默默付出的太太的原型，"中国观众最难应付的一点……是他们太习惯于传奇。不幸《太太万岁》里的太太没有一个曲折离奇可歌可泣的身世，她的事迹平淡得像木头的心里涟漪的花纹。无论怎样想方法给添出戏来，恐怕也仍旧难弥补这缺陷，在观众的眼光中。"②可见张爱玲并非不谙世事，她着眼最普遍的人性、人欲，叙写最简单的生活，刻画最本真的人物性格。

站在历史的结论角度来评价张爱玲小说，自可肯定其对促进女性文学发展、女性意识觉醒的作用。然而，考察历史并非要制造神话，也无须塑造完美的过去。从读者评论和社会评价的主流来看，时人对张爱玲的女性书写及情欲侧重并不认同，以为她是"无思想""无关怀"且"不食人间烟火"的"贵

---

① 《所谓浮世的悲欢：〈太太万岁〉观后》，《大公报（上海版）》1947 年 12 月 14 日，第 10 版。

② 张爱玲：《〈太太万岁〉题记》，《大公晚报·影剧界·小公园》1948 年 5 月 8 日，第 2 版。

族血液女作家"。① 而这或许恰是张爱玲的刻意偏执之处，她笔下的月亮融合了中西碰撞过程中既古典又癫狂的一面，女性从憧憬爱情的美好走向自我毁灭。时人一面对她作品中的女性与自由又爱又恨、困惑不解，一面却对其作品不愿释手。多元易变的近代社会，在张爱玲笔下被微缩为一个又一个家庭、一对又一对情侣，凝聚着压抑反抗和爱恨纠葛。张爱玲小说并非无关怀和缺少对自由的向往，只因她走了一条与时人约定俗成的道德规范背道而驰的"反路"。动荡不安的革命与战争年代，在宏大叙事以及"那些直接突破牢笼的'自由'，早已如'冲出云围的月亮'② 般，被扼杀在保守的'政治机器'下了"③ 的现实主流外，张爱玲小说一定程度上可以说对时代作了细节补充。

　　实际上，面对近代剧变，自由善变者或可敏锐地觉察张

① "张爱玲（是）敌伪时期红极一时之'新感觉派'女作家也。为前清巨宦某者之后裔，故尝自称为'贵族血液女作家'……"（《长篇连载：海派名人列传》，《东南风》1946 年第 17 期，第 6 页）

② 意指长篇小说《冲出云围的月亮》，属近代革命文学，1929 年 10 月 12 日由蒋光慈写成于日本东京，书中将"四一二"政变后革命低潮间革命队伍里形形色色的人物都一一纳入了自己的画幅之中，塑造了王曼英这个在大革命失败后落荒而逃的女性小资产阶级知识分子，表现了她在革命退潮时期的苦闷和幻灭，以及在幻灭中又振作开始新的追求，冲出"乌云包围"的历程。

③ "沪市党部于上月十九日（1934 年 2 月 19 日）奉中央党部电令，派员挨户至各新书店，查禁书籍至百四十九种之多、牵涉书店二十五家……被禁书目、分录如次……"此被禁书目中即包括蒋光慈《冲出云围的月亮》。（参见《中央党部令沪市党部查禁大批新文艺作品》，《大公报（天津版）》1934 年 3 月 11 日，第 4 版）

爱玲对人之本性、女性声音、自由平等的暗示，而应对不敏、措手不及者，或易诋毁、反对她，斥其为腐败和物欲的代言人。张爱玲叙写的虽然大多是历经生活磨难的女性，她笔下的月亮也因女性而悲而狂，但她所期待的却是女性如"月之阴晴圆缺"般向"美"的复归，正如时人的误解和困惑也会随时间流逝而逐渐淡去一般。

五、结语

围绕女性问题的各类发声最初多以男性为主导，体现在社会心理与文学作品上，"女英雄、女丈夫"等脱离女性本体的形象一度居于主流，而张爱玲等女性作家逐渐将思考女性问题的重点放在女性本身。月亮作为中国古代文学作品中常见意象之一，多用于塑造氛围、抒发情感，关联女性的衬托和叙写。这种表现手法在现代小说中得以继承，并在语言风格上进行了一定程度的改造。张爱玲出身名门，她的成长经历体现着融合传统与现代的特殊性，体现在小说语言上则既存有古典美，又保有西方文学风格的痕迹，具体到月亮意象及女性关怀上更为突出。张爱玲笔下的月亮叙写与女性想象暗汇空间与心理的互映，小说将对现实社会的关注置于最细致入微、平常不过的生活琐事和个人情感中，一度被时人斥为充满着腐败堕落的个人主义色彩。然而，随着历史的沉淀，静下心来反思再品，便可感知张爱玲将现实与人（女性）的关怀附于生活最细枝末节处的独特用意，无论是月亮的美与狂，还是女性的爱与恨，皆是近代社会中人性的多面表达。

第七章

月亮神话的戏剧化：民国时期『嫦娥奔月』故事的演绎

"嫦娥奔月"的故事源远流长。（但奇怪的是，自宋至清，在繁荣的戏曲文化之下，竟似没有产生一部描写嫦娥与羿的戏剧剧目。）[①]进入民国以后，以"嫦娥奔月"为题材的小说作品依然层出不穷。[②]同时，伴随着改良旧戏曲的运动与新式话剧的兴起，"嫦娥奔月"也成了舞台的宠儿，被许多艺术家先后演绎。故事中的人物形象，则被赋予了时代的理想。可以说，"嫦娥奔月"故事的演绎，见证了近代中国戏剧发展的历程，更反映了社会的变迁。

[①]　参见赵红：《论明清小说中"嫦娥奔月"神话重构的文化意蕴》，《宁夏大学学报（人文社会科学版）》2012年第2期。

[②]　吴新平在博士论文中介绍了几种典型的民国时期嫦娥奔月故事文本，包括筑夫的童话《嫦娥奔月》（1925年）、鲁迅《故事新编·奔月》（1927年）、邓充间的小说《奔月》（1946年）、南容的小说《嫦娥奔月》（1943年）、谭正璧的小说《奔月之后》（1943年）、郭沫若的诗剧《广寒宫》（1922年）、吴祖光的话剧《嫦娥奔月》（1946年）、顾仲彝的话剧《嫦娥》（1946年）等。参见吴新平：《中国现代神话题材文学研究》，吉林大学博士学位论文，2013年。另有张岩《中国现代作家的神话意识研究》（沈阳：辽宁人民出版社，2016年）一书，附录罗列了近代以来各类神话文学作品，搜集了较为全面的嫦娥奔月题材作品。

一、"嫦娥奔月"故事要素渊源概述

根据学界现有研究,目前已知最早的"嫦娥奔月"文本,是王家台秦简所载《归藏》中《归妹》一卦:"昔者恒我(嫦娥)窃毋死之……(奔)月,而支(枚)占……"[1] 东汉时期张衡所作《灵宪》中写道:"羿请不(无)死之药于西王母,姮娥窃之以奔月……姮娥遂托身于月,是为蟾蜍。"[2] 一些学者判断这是《归藏》的一部分。

传世文献中记"嫦娥奔月",始见于西汉时期的《淮南子·览冥训》:"譬若羿请不死之药于西王母,姮娥窃以奔月,怅然有丧,无以续之。何则?不知不死之药所由生也。"[3]

无论是《归藏》还是《淮南子》,都没有明确指出羿与嫦娥是夫妻关系。而东汉时高诱为《淮南子》作注,则称"姮娥,羿妻",[4] 至此,羿与嫦娥已经被"撮合"为夫妻。嫦娥背弃丈夫、偷食仙药、独自奔月的情节,成为此后所有嫦娥奔月故事的核心。但关于嫦娥偷药的原因,这些文本均语焉不详。

---

① 参见戴霖、蔡运章:《秦简〈归妹〉卦辞与"嫦娥奔月"神话》,《史学月刊》2005 年第 9 期。

② 参见戴霖、蔡运章:《秦简〈归妹〉卦辞与"嫦娥奔月"神话》,《史学月刊》2005 年第 9 期。

③ 参见(汉)刘安编,何宁撰:《淮南子集释》,北京:中华书局,1998 年,第 501—502 页。

④ 参见(汉)刘安编,何宁撰:《淮南子集释》,北京:中华书局,1998 年,第 501—502 页。

有关羿的文本记载，历代学者多倾向于将神话中的射日英雄羿与历史上的有穷后羿区分开。神话中的羿可见于《山海经》及《淮南子》。《山海经·海内经》中称"帝俊赐羿彤弓素矰，以扶下国"，[①] 羿承帝俊之名，可视为天帝化身。《淮南子·本经训》中写到，尧时十日并出，尧使羿射九日、除凶兽，[②] 是正面的英雄形象。历史上的后羿则是夏朝有穷氏的首领，据《左传》记载，后羿篡位代夏，造成了"太康失国"，晚年不修政事，被亲信寒浞所杀。[③]

有学者认为，耽于游猎而失国的昏君后羿，是后人贬讽的对象，而《淮南子》中"嫦娥奔月"的情节讲述了求药不如造药的道理，正是对只知求药而不知制药、被妻子背弃的羿的讽刺与嘲弄。[④] 这一看法，确从一定意义上可以解释嫦娥与羿被"撮合"为夫妻的缘由。

但不管怎样，嫦娥还是背负上了背夫偷药的千古罪名。因而古书中称其变为蟾蜍，常被人视作一种惩罚。事实上，抛去对美丑的评判，蟾蜍本身却是长生不老的象征。元明以后，月宫也得了"蟾宫"雅号，暗含荣华富贵的寓意。[⑤]

---

① 参见（晋）郭璞传：《山海经》，北京：中华书局，1985 年，第 140 页。

② 参见（汉）刘安编，何宁撰：《淮南子集释》，北京：中华书局，1998 年，第574—578 页。

③ 参见杨伯峻编著：《春秋左传注》，北京：中华书局，1990 年，第 936—937 页。

④ 参见孙文起、陈洪：《嫦娥奔月故事探源》，《徐州师范大学学报（哲学社会科学版）》2009 年第 6 期。

⑤ 参见刘术人：《论嫦娥奔月神话的文本流变》，东北师范大学硕士学位论文，2008 年。

月兔形象也很早便进入了"嫦娥奔月"的故事中。屈原《天问》中有"顾菟在腹"一词，即被一些学者解释为兔，或蟾蜍与兔。更为明确的兔形象出现在西汉的文本里，刘向《五经通义》中有"月中有蟾蜍与玉兔何？"一语。以后的文本中，月兔逐渐成为月宫里主要的一员，职司捣药，甚至往往替代了蟾蜍的形象。

"月中有桂树"的文本最早也出现在《淮南子》中，不过吴刚的形象却较晚出现，目前可知的最早载有"吴刚"形象的文本为唐朝《酉阳杂俎·天咫》，说其"学仙有过，谪令伐树"。[①]

逢蒙的形象在古代文本中始终没有与"嫦娥奔月"的故事直接相关联，只是作为羿神话的附庸。关于逢蒙的文本记载主要有二：一是《荀子·正论》将羿与逢蒙并称为"天下之善射者"，[②] 二是《孟子·离娄下》中提到"逢蒙学射于羿"，认为天下只有羿比自己强，于是杀羿，[③] 由此确立了其忘恩负义的形象。

早期"嫦娥奔月"故事的流传，与汉晋时期求仙之风的盛行密不可分，经由道家著作的书写，成为道士、术士说法的掌故。唐宋以后，故事中的元素则大量地走入文艺作品

---

① （唐）段成式撰：《酉阳杂俎》，北京：中华书局，1981 年，第 9 页。

② （战国）荀况著，（唐）杨倞注：《荀子》，上海：上海古籍出版社，1989 年，第 106 页。

③ （战国）孟轲著，金良年撰：《孟子译注》，上海：上海古籍出版社，1999 年，第 180 页。

中，特别是咏月主题的诗词歌赋与月宫意象的青铜镜的流行，使得这一故事别具审美意味。明清小说则开始对故事情节展开大刀阔斧的改编，有的说是羿鼓励嫦娥服不死药，并与嫦娥一起飞向月宫；有的说羿猥琐而太康卑鄙，嫦娥勇敢反抗，有的给了嫦娥回到人间与羿团聚的机会。[①]总的来看，早期文本的留白为后来者留下了充分的解释空间，历代文人中虽不乏嫦娥的批判者，但越来越多的人都愿意帮嫦娥写出一个吃下仙药的理由，揣测嫦娥的心情，或给予理解和同情，或为其鸣不平，也愿意把月宫的生活描绘得尽善尽美。可以说，在故事文本的流传过程中，嫦娥的形象是逐渐被美化的。

民国时期产生的诸多"嫦娥奔月"故事文本，其情节设计也多可以从古代流传的版本中找到渊源，而语言的形式和情感的表达，却时时处处体现着时代的剧变，从而塑造了一批具有近代精神气质的神话人物形象。借由舞台上的表演，这些形象又以新的形式被传播到全国各地，无论在艺术方面还是政治方面，都是时代的标杆。

二、梅兰芳的古装新戏《嫦娥奔月》

说起民国初年的戏剧舞台，梅兰芳是绕不开的人物。作为一代京剧名伶，梅兰芳对戏曲艺术的发展方向有着自己的

---

① 刘术人：《论嫦娥奔月神话的文本流变》，东北师范大学硕士学位论文，2008年。

理解。他很早便意识到革新戏曲表演的意义："我们唱的老戏，都是取材于古代的史实，虽然有些戏的内容是有教育意义的，观众看了，也能多少起一点作用。可是，如果直接采取现代的时事，编成新剧，看的人岂不更亲切有味？收效或许比老戏更大。"① 这时是 1913 年，梅兰芳不过 19 岁。半年后，他便根据北京时事新闻，编排出了他的第一出时装新戏《孽海波澜》，不仅题材求新，还对服装、妆容和头饰进行了改革。1914 年，他"更深切地了解了戏剧前途的趋势是跟着观众的需要和时代而变化的"，故而下决心放手尝试新的道路，由此进入了他"在业务上一个最紧张的时期"，在十八个月中集中创排了七种形式各异的新戏，同时演出了若干出昆曲戏。所排新戏有三类，一是"穿老戏服装的新戏，如《牢狱鸳鸯》"，二是"穿时装的新戏，如《宦海潮》《邓霞姑》《一缕麻》"，三是"古装新戏，如《嫦娥奔月》《黛玉葬花》《千金一笑》"。所谓新戏，主要新在"服装、砌末、布景、灯光这几方面换新花样"，以改善舞台效果。此外，他还尝试把昆曲中复杂而美观的身段尽量用在京戏中，以发扬传统艺术的精华。②

《嫦娥奔月》的编排，是由梅兰芳的几位爱好戏曲的友

---

① 梅兰芳述，许姬传、朱家溍记：《舞台生活四十年——梅兰芳回忆录》（上），长沙：湖南美术出版社，2022 年，第 277 页。

② 梅兰芳述，许姬传、朱家溍记：《舞台生活四十年——梅兰芳回忆录》（上），长沙：湖南美术出版社，2022 年，第 329 页。

人合作完成的。1915年七夕，梅兰芳唱完《天河配》，友人聚餐时"即景生情地就谈到了'应节戏'"。李释戡提议，"我们有一个现成而又理想的嫦娥在此，大可以拿她来编一出中秋佳节的应节新戏"，获得大家一致赞同。对于故事情节，李释戡认为："书上的嫦娥故事，最早只有《淮南子》和《搜神记》里有'羿请不死之药于西王母，嫦娥窃之以奔月'这样两句神话的记载。我们不妨让嫦娥当做后羿的妻子，偷吃了她丈夫的灵药，等后羿向她索讨葫芦里的仙丹，她拿不出来，后羿发怒要打她，她就逃入月宫。重在后面嫦娥要有两个歌舞的场子，再加些兔儿爷、兔儿奶奶的科诨的穿插，我想这出戏是可能把它搞得相当生动有趣的。"①

李释戡并没有对"嫦娥奔月"故事演变的来龙去脉详加考证，而是径取了其中年代较早、流传最为广泛的《淮南子》版本，也没有刻意为嫦娥寻找吃灵药的理由，只是单纯定义为"偷"。剧本初成，稍显简单，便由齐如山设计，以古美人画中仕女装束为蓝本，将衣服、扮相都改成古装，且每句唱词都安上身段，使之成为一出歌舞剧，以新观众之耳目。②

1925年出版的《戏考》收录了较早版本的《嫦娥奔月》戏本。从戏本来看，戏中的后羿采用的是上古神话中的射日英雄羿的形象，因射日之功而被封为大罗金仙，得西池金母邀

---

① 梅兰芳述，许姬传、朱家溍记：《舞台生活四十年——梅兰芳回忆录》（上），长沙：湖南美术出版社，2022年，第358—359页。

② 参见齐如山：《齐如山回忆录》，沈阳：辽宁教育出版社，2005年，第116—117页。

请赴蟠桃大会，获赐仙丹灵药。而嫦娥的形象并不光彩，醉中偷吃了丹药，不愿承认，妄图以言语蒙混后羿，惹得后羿大怒、追打，被迫出逃，无奈之下逃入月宫。后羿取弓前来射月，被兔儿爷和吴刚拦下，不得已向西王母告状，却被告知是"天数"，只得离去。故事结尾，嫦娥虽然成了受人尊敬的宫主，却正像李商隐诗中描绘的那样，"嫦娥应悔偷灵药，碧海青天夜夜心"，忍受着广寒宫的清冷孤寂，为"偷药"付出了代价。①

为了增强语言的趣味性，戏本中特别编了一段兔儿爷与兔儿奶奶的插科打诨，随意轻松，还提及了些时兴的概念。如兔儿奶奶欲向兔儿爷求长生不老药：

（兔白）"呀，长生不老……我这药不治短命人。"

（兔奶白）"治什么？"

（兔白）"我这药，跟六〇六一样的效力。"

（兔奶白）"你这药，治什么病？"

（兔白）"专治杨梅大疮吓！"②

"六〇六"即砷凡纳明，亦称"洒尔佛散"，是世界上

---

① 中华图书馆编辑部编：《戏考》第三十七册，上海：中华图书馆，1924年。

② 中华图书馆编辑部编：《戏考》第三十七册，上海：中华图书馆，1924年。《嫦娥奔月》篇第6页。

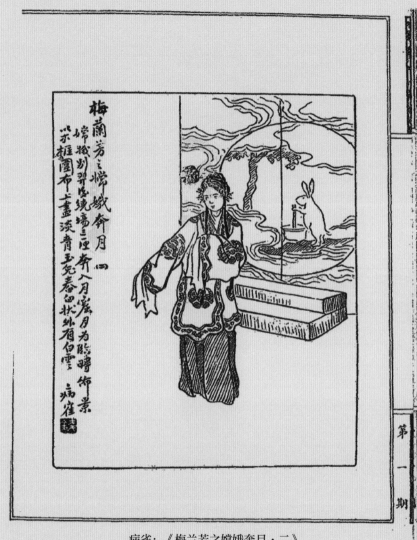

病雀：《梅兰芳之嫦娥奔月·二》

《小说画报》1917 年第一期

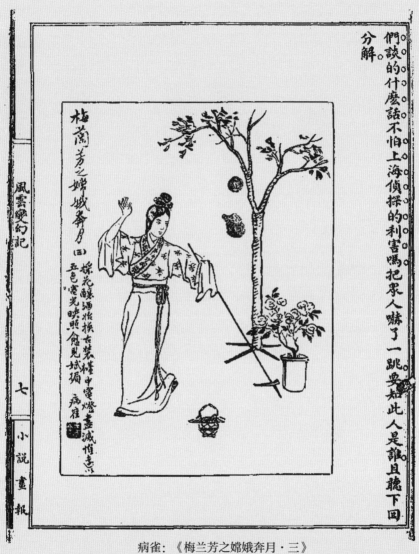

門談的什麼話不怕上海偵探的利害嗎把衆人嚇了一跳要知此人是誰且聽下回分解。

梅蘭芳之嫦娥奔月
(三)
採花釀酒換粧扮古裝蓋中電燈盡滅惟毫光五色寶光映照儼見姮娟
病雀

病雀：《梅兰芳之嫦娥奔月·三》

《小说画报》1917年第一期

第一种抗梅毒的有机物，1906年被发现，1910年上市，在抗生素发明以前是治疗梅毒仅有的药物。这番对话自然是兔儿爷与兔儿奶奶的玩笑话，却体现了台词编排的与时俱进。

之后出版的《戏典》中，收录了更新的《嫦娥奔月》戏本，这一版兔儿爷与兔儿奶奶的对白，又新增了一些流行词语：

　　（兔儿爷）"耳朵长，这个年头时兴。"

　　（兔奶奶）"怎么会时兴？有什么用处？"

　　（兔儿爷）"耳朵长，听的远，好当报馆的访事员。"

　　（兔奶奶）"你倒说得不错。你那三片嘴呢？"

　　（兔儿爷）"三片嘴更好呢，当议员、当律师都合式。两片嘴说不过人家的时候，就用三片嘴，怎么说，怎么有理。"[1]

报馆访事员、议员、律师，都是当时新兴的职业。戏本中这样的对白，颇接地气，容易理解又引人发笑，也从侧面反映了社会的风貌。

新时期的舞台表演，自然要用上新科技。梅兰芳在《嫦娥奔月》里首次使用了"追光"："把电光搬上京戏舞台，这又是我第一次的尝试。那时灯光的设备，自然是非常幼稚的。仅用一道白光，照在我的身上，要让现在的观众看了，有什

---

[1]　南腔北调人编纂：《戏典》第七集，上海：上海中央书店，1948年，第485—486页。

么稀奇呢。可是卅五年前的观众，就把它看做一桩新鲜的玩意儿了。"①

大体来讲，戏曲《嫦娥奔月》的情节是经不起推敲的。《戏考》中，时人也评论该剧情节"不入情理"："嫦娥因偷吃灵丹，故能飞升入月，羿既凡骨，深以未曾吃得灵药为恨，则何能追至月宫门外？既到月宫门外亦何差此一门之限。总之全剧事实，本属神话时代之神怪情节，原不能以常理论，付之一笑可也。"②

但无论如何，这出改革了传统旦角扮相，又增设了古装舞蹈、舞台布置新颖的新戏，在上演之初确实对观众极具冲击力，"大家都叹为得未曾有，连演了四天，天天满座"。③

时人认为梅剧中《嫦娥奔月》《黛玉葬花》《千金一笑》最有名，而"此种剧梅郎极为珍秘，每年仅演数次而已，而每有堂会则必指定此前两出，非此不可，若堂会无梅兰芳、不肯演此剧，则主人为无体面矣"，"吉祥园、文明园一贴此报，则汽车、马车塞满两条大街"，这是老一辈名伶盖叫天登台都没有的盛况。④李释戡在梅兰芳传记中称，包括《嫦娥奔月》在内的自制剧，则"皆极幽美之胜，为文学、音乐、美术界，

① 梅兰芳述，许姬传、朱家溍记：《舞台生活四十年——梅兰芳回忆录》（上），长沙：湖南美术出版社，2022年，第367页。

② 中华图书馆编辑部编：《戏考》第三十七册，上海：中华图书馆，1924年，《嫦娥奔月》篇第1页。

③ 齐如山：《齐如山回忆录》，沈阳：辽宁教育出版社，2005年，第118页。

④ 《梅兰芳小史（续）》，《大公报（天津版）》1916年11月11日。

放一异彩，欧、美、日本人来游者，睹其歌舞，亦为之叹赏不置"，"前途未可量也"。①1920年梅兰芳在上海演出《嫦娥奔月》期间，《申报》"梅讯"专栏载有人专门作《浣溪沙》一首："咫尺天涯望玉宫，五云佳气压仙蓬，松亭神箭太匆匆。酿酒情怀人独惓，折花心绪意偏慵，青天碧海露华浓。"又描述自《嫦娥奔月》演出后，"海上男女剧场莫不效颦矣"。②1922年又有署名为"珍重阁"者评论《嫦娥奔月》等戏"不特都人士已习见之，即海上梨园，亦无不竞引以为荣"。③

"春醪"与"珍重阁"当为同一人，是著名报人赵尊岳，字

---

① 老鹤：《梅兰芳略传》，《大公报（天津版）》1935年2月12日。"老鹤"系李释戡别署，此文系作于民国七年（1918）。

② 春醪：《剧谈·梅讯》，《申报》1920年4月20日。

③ 珍重阁：《剧谈·梅讯》，《申报》1922年6月3日。

叔雍，系赵凤昌之子，也是"兰芳后援会"的成员。① 除了"梅党健将"，也有些专业剧评家注意到了《嫦娥奔月》带来的反响。1917年，有署名为"马二先生"者在《大公报》发表了《梅兰芳有总统资格》② 一文，其中写道：

> 谭鑫培死矣，此后伶界有名遍全国誉为一人而南北无异词者，其唯梅兰芳乎。昨于报端睹通州张啬老寄畹华诗有曰"老夫青眼横天壤，可忆佳人只姓梅"，言外之意把国内当代南北诸大人物看得一钱不值，皆不如梅郎之足受人欢迎也。畹华何修而能得此荣誉？

> 梅郎前次之来沪也，演《嫦娥奔月》，台下有张口注目之一叟，友人示余，谓是通州张啬老。而张勋之谋复辟也，发表之夕，在江西会馆中，亦必坐待梅郎《奔月》一戏演毕而后返宅会议，是足见梅郎魔力之大矣。

"通州张啬老"即南通人张謇，时人知其为文人、政治家、实业家，却不知他是否为戏迷，但即便是戏迷，也并未听说其称道其他名伶，殊为可怪。袁世凯当国时几度征请张

---

① 龚和德：《梅兰芳的古典精神与京剧的现代建设》，收入秦华生、刘祯主编：《梅兰芳表演体系研究——梅兰芳诞辰120周年国际学术研讨会文集》，北京：知识产权出版社，2016年，第10页。

② 马二先生：《梅兰芳有总统资格》，《大公报（天津版）》1917年8月19日。

睿进京而没有成功，但张睿为赏梅兰芳《奔月》一戏却专赴上海，"是其视梅郎重于袁世凯也"。而张勋复辟前夜却"置各地反对者于不顾"，独为赏《奔月》一戏，"复辟之举竟为之少延时刻"，"是其视梅郎重于各省之督军政客，而《奔月》一戏乃重于复辟之事也"。这些都可称是当时之怪事。故而作者进一步指出：

> 忆当民国二年国会选举正式总统时，有一票所举为梅兰芳者，报纸喧传以为异事，且以为是滑稽之投票，及今思之，盖不然也。此投票者，殆深知梅郎之魔力足以统一中国者，又深知梅郎苟作总统，则各派人物必不至有所反对者……是故余于梅兰芳艺术而外，则深佩其魔力，是不可及者也，苟入政界，必足以调和南北之意见而统一之。自今以往，当馨香顶祝，愿中国政界中多出几个梅兰芳。

南北不和、政局混乱，是时人的心病。但梅兰芳的戏剧却可打破政见隔阂，为各方所欣赏。《嫦娥奔月》一戏虽受欢迎却并不可能"重于复辟之事"，梅兰芳也并不见得"重于袁世凯""重于各省之督军政客"，更未必真适合当总统"统一中国"，但若中国政界多几位可调和各方意见者，则政局便不至于那么混乱。马二先生此言，固然凸显了梅兰芳的艺术魅力，言下之意却在叹息政治环境，更带有些许针砭时弊的讽刺意味。

马二先生并不是唯一借《嫦娥奔月》一戏议论时政的作家。民国初年的《小时报》，常有《国内无线电》《特约马路电》等栏目，登载社会新闻。1923年9月25日《小时报·中秋特刊》特辟《月球无线电》一栏，以戏谑的语言讽刺时事："月球大剧场拟礼聘地球上名伶梅兰芳登台演《嫦娥奔月》，唯要求删节兔儿爷等节目。"1924年9月13日《小时报·中秋特刊》亦有"月宫无线电"栏目，其中写道："嫦娥以《嫦娥奔月》一剧近来人世俗伶演者甚多，往往以丑恶不堪之面目代表嫦娥，娥以有妨名誉，将援禁演骂曹剧例，照会民国政府禁止。"1923年曹锟贿选事件后，舆论哗然，次年1月，京剧界有传闻"日前奉警察厅布告无论男坤女伶一概禁止演唱《三国志》中《击鼓骂曹》一剧之说，各戏团无不遵办"，[①]在1924年9月的《向导》报中更是直言"禁止北京戏馆唱演《捉放曹》《打鼓骂曹》《徐母骂曹》等戏"是"曹锟贿选成功将近一年以来的成绩"中的一项。《小时报》上这些戏语，即暗指曹锟因有所忌讳而做出的荒唐决定，充满讽刺意味。

还有些公司选择以《嫦娥奔月》故事中的一些元素为产品命名。如上海永和实业公司早在民国八年（1919）注册发行"月里嫦娥牌牙粉"，几年后天津华兴公司也推出"嫦娥

① 《北京禁演击鼓骂曹之笑谈》，《申报》1924年1月29日。

奔月牌牙粉"，还抄袭了前者的粉袋式样和说明书。[①] 永和实业公司在广告方面也借用了梅兰芳的戏剧："用物如看戏，不看戏的人们，和他讲戏，不知什么兴趣。看过梅兰芳演唱《嫦娥奔月》底，没有一个不说表情真好，嗓子真好，两位看戏朋友相遇，讲起来，总是津津有味。用物亦如是，如永和实业公司的月里嫦娥牌花露水、灭蚊香、牙粉、爽身粉等著名出品，两个老主顾相遇，说起嫦娥牌各项用品的优点，亦是津津有味，十分赞叹不置。"[②]

不过，也有些人并不觉得《嫦娥奔月》完美，甚至很不提倡。如1922年的一则中秋应景戏剧评论中，虽把梅兰芳的《贵妃醉酒》《嫦娥奔月》视为"文雅""具有美术观念者演之"，特别是《嫦娥奔月》一出"措词之雅驯""穿插之新颖""美观""雅静"，可"颠倒众生"，但还是认为这出戏之文字"在戏剧中，殊欠斟酌，盖犹不出神怪二字范围"，应"视为一种歌舞剧"，"以事实简单，不得不借词藻为之润色"。[③] 避居上海的谭延闿也在1922年4月时前往上海滩闻名的共舞台"听《十八扯》《嫦娥奔月》"，但他看完后即认为"此等非新非旧之剧极可厌，情节既不动人，歌

---

① 《月里嫦娥牌牙粉查获假冒声明》，《申报》1922年6月28日。

② 《梅兰芳演〈嫦娥奔月〉》，《新闻报》1928年8月13日。

③ 凌氛：《中秋节应景戏：贵妃醉酒与嫦娥奔月》，《大公报（天津版）》1922年10月5日中秋特刊。

舞亦皆剽窃，毫无足取，世人骛于虚声，故纷纷耳"。[①] 他们不满的都是该剧的情节过于简单，徒以歌舞博人眼球，并不可取。

在新文化运动背景下，一些知识分子也对传统戏剧提出了改良的要求。1918年，胡适、钱玄同、刘半农、陈独秀在《新青年》上谈及中国戏剧的概念，态度激烈，批评旧戏"理想既无，文章又极恶劣不通"，"戏子打脸"等，或主张"全废唱本而归于说白"，以适应"白话文运动""文学革命"的潮流。前文中提及的"马二先生"实为晚清民初的剧评家冯远翔，字叔鸾，则以内行身份撰文指出四人对中国剧绝少研究，既不深悉，却悍然诋謷，言多失当，由此引发一轮笔战。其实，马二亦提倡戏剧改良，并非守旧派。但他却认识到传统戏剧具有启蒙作用，可以改良风俗，感化社会，实属文学范围、美术之上乘。[②] 可见这时旧改良派与新改良派对中国传统戏剧的理解有所冲突。

此后，《嫦娥奔月》也成了戏剧改良话题的焦点。1924年，一名为"济川"的作者发表了《排演戏剧之研究》一文，强调戏剧的教育意义，与此同时，他认为"排演之戏极

---

① 刘建强编著：《谭延闿年谱长编》（下），上海：上海交通大学出版社，2018年，第749页。

② 袁一丹：《"另起"的"新文化运动"》，《中国现代文学研究丛刊》2009年第3期；周月峰：《从批评者到"同路人"：五四前〈学灯〉对〈新青年〉态度的转变》，《社会科学研究》2015年第6期。冯叔鸾早期关于戏剧改良的认识，集中收于其《啸虹轩剧谈》，上海：中华书局，1914年。

宜忌除者，则为神话之戏剧"，因其"情节皆入于玄妙，毫无教育之观念，使稍有知识之人观之，更干燥无味"。他特别提到："近年各梨园，皆尚新奇，好排演新剧。其实新出之戏，如《嫦娥奔月》……等剧，专重美术，稍足赏心悦目，博众人欢，实俱无价值，皆可禁止而改良之也。"可见此时，梅兰芳为改良戏曲而创制的新戏《嫦娥奔月》也成为需要被进一步改良的对象。济川更提出："我中国既现知尊重戏剧，即可设专司研究戏剧之机关。新剧皆由该处编纂，如有编出之新剧，亦须由该处审定，认其为有益社会风俗文人心者，方准其演唱，不然，即立行禁止之也。"[1]

也有人是从生活的角度不提倡看《嫦娥奔月》这类戏剧表演。特别是女权观念兴起后，社会中日渐强调女子的社会责任，过去女子闲时的爱好，似也应有所改观："我们感觉到许多未嫁的女子，心里只是抱了个做'太太'的观念，别的一概不管，我们又感觉得许多已嫁的女子，只要生活充裕，便只是将《嫦娥奔月》《狸猫换太子》《黑海盗》、'三元四喜''富而好施'放在心里，所有家务的处理、子女的养育，倒像是无足轻重似的，这实在是个中国家庭的大缺点……"[2]《黑海盗》是1926年美国上映的海盗故事无声影片，"三元四喜"指麻将，"富而好施"是当时一种流行香

---

① 济川：《排演戏剧之研究》，《大公报（天津版）》1924年11月7日，原文首发于《大北新报》1924年10月30日。
② 《我们的旨趣》，《大公报》1927年2月11日。

烟的品牌。^① 将戏剧《嫦娥奔月》与电影、麻将、香烟并列，一方面从侧面反映出此剧的流行，影响力不输后者，另一方面也把观此类剧的行为视为一种不利于社会教育的风气。

虽然社会上对梅戏《嫦娥奔月》的评价褒贬不一，但该戏却在戏曲界受到了追捧，京沪剧院争相排演，一些后辈艺术家纷纷模仿梅之戏路，学习此戏。譬如上海丹桂第一台的高秋鬟（亦名粉菊花），学梅唱《嫦娥奔月》，"看得台底下欢迎之至"，"活脱是兰芳的模样"。^② 又如上海大世界的花旦潘雪艳，演出《嫦娥奔月》，"出场时风度潇洒，大有飘然欲仙之慨"，"后至奔月一场，妙舞翩翩，载唱载行，环台数匝，织莲生尘，而珠喉清越"，"负锄担筐，细步入月宫，纤腰欹斜，摇曳生姿，作采花势，娇妍有致，醉后思凡，媚态惺忪"，评论称其演技"实高人一等"。^③ 此外，赵君玉、黄玉麟、蓉丽娟等，也均先后在《嫦娥奔月》中出演过嫦娥。^④

值得一提的是，1948 年 6 月，上海震旦女子文理学院附中的师生排演了古装歌舞剧《嫦娥奔月》，该剧并非梅戏，但

---

① 华商烟公司封底广告："看梅兰芳戏，吸富而好施（Full house）香烟，心旷神怡，不亦乐乎！"《戏剧月刊》中也有此广告。参见郑培凯：《梅兰芳做广告》，收入《东方早报·上海书评》丛书第三辑《哲学迷宫的深处》，上海：上海书店出版社，2009 年，第 239 页；刘彦君：《梅兰芳传》，北京：中国戏剧出版社，2014 年，第 197 页。

② 《申报》1920 年 12 月 12 日。

③ 天乐天：《潘雪艳之五出戏》，《申报》1925 年 1 月 29 日。

④ 郑逸梅：《前尘旧梦》，哈尔滨：北方文艺出版社，2016 年，第 19—20、347 页。

也未必不曾受到梅戏《嫦娥奔月》的影响。剧本由教员陈娟创作，演员虽无昆曲基础，但也力图模仿昆曲中的身段，被称为是"新昆剧的尝试"。① 陈娟认为，昆曲衰落的原因主要包括唱词深奥古僻、舞台抽象不美观、剧本陈腐恶劣、对白刺耳，她想要"把现代话剧中合理的演出方式，同昆剧中优美的歌舞拉拢在一起，再把闹人的锣鼓，改为动听的音乐"。② 剧中昆曲与话剧的结合非常成功，仙女及嫦娥合唱的一段昆曲《皂罗袍》，用的是《牡丹亭》中《咏花堆花》的身段。嫦娥唱《风吹荷叶煞》和《滚绣球》，是《思凡》与《刺虎》中的动作，剧末是以新词套入《游园》旧谱，而嫦娥的服装，则是女中学生梅葆玥向父亲梅兰芳借的《洛神》剧中的仙女古装。③ 在校园话剧风行的当时，女中师生如此努力尝试昆曲的表演，并结合话剧的形式大胆改良，实属不易。而梅兰芳对此事的大力支持，也在一定程度上暗示着戏剧改良的方向。

20世纪初的戏剧舞台，因梅派戏曲《嫦娥奔月》而丰富，舞台上的《嫦娥奔月》故事，也在很长一段时间内都被古装新戏版的《嫦娥奔月》占据，很少见有其他类型的版本。

---

① 鸡晨：《嫦娥奔月：是新昆剧的尝试》，《新闻报》1948 年 6 月 9 日。

② 陈娟：《嫦娥奔月》，《文潮月刊》1948 年第 6 卷第 1 期。

③ 横云：《〈嫦娥奔月〉古装歌剧》，《铁报》1948 年 6 月 9 日。

三、新中国成立前夜的"嫦娥奔月"题材话剧

除改良传统戏曲外,近代中国戏剧发展的另一条脉络,便是话剧的传入与推广。20世纪初,一些教会学校中已经有西洋戏剧的演出形式,也有爱好艺术的青年成立了剧社。李叔同在日本组织的"春柳社",于1907年演出了《茶花女》《黑奴吁天录》,标志着中国话剧史的开端,[1] 早期的新剧与文明戏进而兴起了。这一时期,"嫦娥奔月"的题材并未获得年轻剧作者们的关注。

"五四"新旧剧之争时,新文化运动先导者极力倡导戏剧的写实性,现实主义成为主导潮流,并日渐演变成戏剧为政治服务的观念。[2] 而不久以后,一些国外留学归来的人,有感于文明戏的衰落与"五四"问题剧的缺陷,意欲寻找中国现代戏剧的民族化道路,便掀起了一场"国剧运动"思想讨论。[3]

1922年,新文化运动尚未落潮,郭沫若以"嫦娥奔月"神话故事里的嫦娥为原型,创作了诗剧《广寒宫》。不过,这部剧中"嫦娥"是月里广寒宫中仙女的统称,而没有提及广

---

① 田本相、宋宝珍:《中国百年话剧史述》,沈阳:辽宁教育出版社,2013年,第20页。

② 田本相、宋宝珍:《中国百年话剧史述》,沈阳:辽宁教育出版社,2013年,第75页。

③ 田本相、宋宝珍:《中国百年话剧史述》,沈阳:辽宁教育出版社,2013年,第89页。

寒宫中还有吴刚、月兔等角色，故事也与羿的传说毫无关系。广寒宫中的权威人物是张果老，总要叫仙女们"读那不可了解的怪书"，不让人欢乐。月宫学堂前长有桂树，是因鸦鹊为织女和牵牛衔枝搭桥时掉落一枝香木，被张果老种下，从此枝繁叶茂。仙女们偶然间发现无法用刀在桂树上刻出印迹，联想到张果老曾说树荫遮暗了学堂，便设计让张果老砍倒桂树后再来读书。桂树自然是永远无法受伤被砍倒，张果老也被拘束，仙女们获得了自由，愉快地歌舞。[①] 这部诗剧未必曾在舞台上演出过，但剧本词句优美，可供诵读，在白话台词中间，还穿插若干小诗，极富韵味，颇具文学意义。最令人印象深刻的，便是贯穿全剧的年轻仙女们反抗束缚、追求自由快乐的呼声，而迂腐、严肃、束缚仙女自由的张果老，则免不了被讨厌、嘲笑、戏弄。在新旧势力的交锋中，旧势力不得不败下阵去。

然而，《广寒宫》剧本中虽有嫦娥、月宫、桂树等元素，却毕竟不是真正意义上讲述"嫦娥奔月"故事的作品。

需要说明的是，20世纪20年代虽然还没有"嫦娥奔月"题材的话剧在舞台上展演，但已经有了"嫦娥奔月"题材的现代小说，如筑夫1925年在《儿童》杂志上连载的"神异故事"中《嫦娥奔月》一篇，又如鲁迅1927年发表的《奔月》。

---

① 徐沉泗、叶忘忧编选：《郭沫若选集》第二辑，上海：万象书屋，1940年，第162—177页。

前者基本采用了古代"嫦娥奔月"故事的叙述框架，后者则发挥了极大的想象力，故事中，射日英雄后羿沦为为生计奔波，只能猎得乌鸦的平凡人，功绩被世人遗忘，最终被徒弟逢蒙暗杀，而嫦娥则忍受不了每天吃"乌鸦杂酱面"的清贫生活，偷食后羿的仙药，弃夫奔月。[①] 英雄被背弃，或许恰与此时鲁迅无助的心境暗合。但这篇小说却给了后来的创作者很大的启发。此后"嫦娥奔月"题材的作品，情节设置上越来越大胆，逐渐表达出越来越丰富的主题。

20 世纪 30 年代，中国话剧逐步成熟，中国的导演、表演的艺术水准均可比肩西方，话剧更加专业化、职业化。左翼戏剧逐渐兴起，使话剧从学校走向了民间。[②] 抗战开始后，中国话剧队伍空前壮大。1938 年，在周恩来的领导下，汇聚武汉的戏剧团体均被收编，组成了十个抗敌演剧队、四个抗敌宣传队、四个电影放映队、一个孩子剧团，成为抗日戏剧的中坚力量。武汉失守后，许多演剧团体以及国立剧专陆续迁到重庆，使重庆成为话剧中心。[③] 这时的话剧舞台上，现实主义深化，历史剧兴盛，[④] 但"嫦娥奔月"的题材仍然未

---

① 吴新平：《中国现代神话题材文学研究》，吉林大学博士学位论文，2013 年。

② 田本相、宋宝珍：《中国百年话剧史述》，沈阳：辽宁教育出版社，2013 年，第 175 页。

③ 田本相、宋宝珍：《中国百年话剧史述》，沈阳：辽宁教育出版社，2013 年，第 295 页。

④ 田本相、宋宝珍：《中国百年话剧史述》，沈阳：辽宁教育出版社，2013 年，第 291 页。

曾出现。

剧作家吴祖光自海外学成归来后，也曾在国立剧专工作。他在抗战初期先后创作了《凤凰城》《正气歌》《风雪夜归人》等剧。其中，创作于 1942 年的《风雪夜归人》被国民党当局禁止演出，这促使了他向共产党靠拢。抗战胜利后，他愈加痛恨国民党的统治，愤而创作了《捉鬼传》《嫦娥奔月》两部话剧，矛头直指国民党当局。"嫦娥奔月"的故事终于正式被搬上了话剧舞台。①

1946 年，吴祖光以"后羿射日""嫦娥奔月"的故事为基础，创作了话剧《嫦娥奔月》。②剧本共三幕。第一幕，后羿射落九日，被拥为王，月下老人赠送可以让人白日飞升的灵芝草。第二幕，后羿沦为暴君，不分忠奸，逢蒙出走。吴刚为后羿在民间选妃，强行带走嫦娥四姐妹，致使青娥自杀，后羿强娶嫦娥，素娥与云娥也被迫留在宫中，后与嫦娥反目。后羿在十年内过度打猎，使得猎物稀缺，加上天灾人祸、民不聊生，其与嫦娥二人渐渐只能吃得上乌鸦炸酱面。后羿好不容易射到一只鸡，鸡的主人却是嫦娥的父母，于是残杀老翁老妇，夺鸡归来。就在后羿欲邀功之际，嫦娥为获自由而偷吃灵芝草，飞升入月宫。后羿愤而射月，月下老人不得不再次现身劝勉，但后羿毫不悔悟，最终死于起义军首

---

① 田本相、宋宝珍：《中国百年话剧史述》，沈阳：辽宁教育出版社，2013 年，第 314—316 页。

② 最初是以《奔月》为题，发表于《清明》1946 年第 4 号。

领逢蒙之箭。第三幕，嫦娥幽居月宫，思念人间，吴刚闯进月宫报仇，被月下老人罚砍桂树。[①]

在这部剧中，后羿的形象结合了神话中的射日英雄羿与历史上的有穷氏首领后羿，前期作为英雄受百姓拥戴为王，后期疏于政务、残暴无度。嫦娥则生于北方荒谷的贫寒之家，有青娥、素娥、云娥三位姐妹，被后羿强占，从此被困在宫中，失去亲情和自由，背夫奔月实属情有可原。吴刚和逢蒙都是后羿的徒弟，但后羿成为皇帝后，吴刚滥杀无辜，助纣为虐，逢蒙则失望离去，最终带百姓起义推翻了后羿的统治。此外，剧本还增加了月下老人等角色。这些人物的事迹大多有文献可本，但吴祖光在文献基础上进行了大幅度的创作，把西王母赐仙药改编为月下老人赠灵芝草，又补充了嫦娥的身世、后羿从英雄到暴君的心路历程、逢蒙刺杀后羿的缘由等，特别是把鲁迅《奔月》中后羿为生活奔忙、二人每日只能吃"乌鸦炸酱面"的情节加入其中，更进一步强化了戏剧冲突。整个故事曲折而完整，每一个人物形象都很丰满。

吴祖光创作这部神话戏，实际是为了表达现实的主题。他认为，中国的民间神话尽管"被讲述于农民村妇之口，表演在乡间的草台班里，庸俗而肤浅"，但其中是有真理和深度的。在"奔月"的故事里，"'射日'是抗暴的象征，而'奔月'是争自由的象征，这其中的经过，又是多么适当地足以

---

① 吴祖光：《嫦娥奔月》，上海：开明书店，1947 年。

代表进步与反动的斗争，一部世界历史没有超逾这个范围"。对角色性格的设计，也是基于这样的主题。写后羿，就是"写由人民英雄转变为大独裁者以至于灭亡"，写嫦娥，就是"写自由之被侮辱与损害"，写吴刚与逢蒙，就是写"反动与进步的力量"，而剧本中加入嫦娥的父母姊妹、受灾饥饿的人们等角色，则代表"善良的、无辜的、能忍耐亦终于能反抗的广大的人民"。①

吴氏《嫦娥奔月》话剧初创于抗战时期，原为设计在胜利后用以纪念这场全世界反法西斯的战争，"但是不争气的现实挽留住了时代，法西斯的元凶尸骨未寒，他们的徒子徒孙却早又披着'民主的外衣'东山再起了"。显然，吴氏对抗战胜利后国民党强暴的统治十分不满，但他坚信这不得人心的政权必会覆灭，因为人民有力量、会反抗，"'射日'与'奔月'的传说并不是无稽的神话，而是几千年来从正义的人民的生活经验里留下来的历史上真实的教训"。②

剧本中有很多处关于"反抗"的激情表达。第二幕第二场中，青娥为反抗强娶而自刎，临终前说道："大王的威风不能折服我们的家规，我们是从不在强暴之下低头的。"③第四场中，后羿路遇饥民，得知许多饥民走上了造反之路，质问为何造反，饥民喊出了"为了吃饭"的心声。这些无疑也

---

① 吴祖光：《嫦娥奔月》，上海：开明书店，1947年，第43页。
② 吴祖光：《嫦娥奔月》，上海：开明书店，1947年，第43页。
③ 吴祖光：《嫦娥奔月》，上海：开明书店，1947年，第43页。

都是 20 世纪 40 年代广大中国人民的心声。第三幕中，嫦娥从月宫看向人间，感慨道："它经过千百万次的灾难，旱灾、水灾、人灾、刀兵火光之灾，它曾经血流成渠，尸横遍野，可是它到底排除万难，自力更生，它到底是和平的、团圆的、幸福的、快

《嫦娥奔月》剧本书影

活的了。"[1] 这样对未来的美好展望，同样是当时普通中国人民的最大心愿。

正因为吴氏的《嫦娥奔月》说出了人民想说的话，此剧甫一登上舞台，便受到了热烈的欢迎。该剧首演于 1947 年 5 月 20 日夜场，由上海实验剧社在上海兰心剧院演出，导演为袁俊，票价有三千、五千、七千、一万 4 档。从演出前至演出期间，《申报》上连续数日刊登该剧的宣传广告，一直演到 6 月 10 日，最后几天日夜两场，依然场场满座。针对该剧的宣传语包括"三幕六景七场神话剧""耗资万万""费时经年""戏剧革新运动""舞台光怪陆离"等关键词与流

<hr />

[1] 吴祖光：《嫦娥奔月》，上海：开明书店，1947 年，第 118 页。

行概念，也有情节亮点介绍："后羿射日天地崩裂，嫦娥奔月空中飞人，灯光布景千变万化，上古服装气象玄丽。"①

由于吴氏剧本中转变成大独裁者的英雄后羿有影射战后国民党政府之嫌，该剧公演后不久就激怒了上海当局。据吴氏回忆："上海警官学校学生剧团的一位负责者（他本人是剧中演员）告诉我：'这是千真万确的消息，你一定赶快离开上海！'"②此后，吴氏受到了国民党上海市社会局的传讯，还被特务跟踪监视，被迫于1947年9月离开上海前往香港。③半个月后他便听说，"上海公安局就逮捕了《嫦娥奔月》的演出者张姓小开，而且几次到兰心戏院旁边的一家咖啡店查找我，并且说我在沪西的住所房门紧锁不见人了"。④

吴祖光赴港后，大陆地区便很少再有其《嫦娥奔月》一剧的演出。1948年3月，贵州省艺术界名流，突然"发起公演四幕十场古装神话悲剧《嫦娥奔月》"，这其实是吴祖光编剧版，目的是为响应"贵阳市监所修建运动"，筹集建监费用。"建监运动"由时任贵州省主席的杨森提出，因"改

① 《申报》1947年5月17日。

② 吴祖光：《我在香港做电影导演》，收入陈威主编：《青史流芳话港归》，北京：中国文史出版社，1997年，第181页。

③ 中共上海市委党史资料征集委员会编：《上海革命文化大事记1937.7—1949.5》，上海翻译出版公司，1991年，第232页。

④ 吴祖光：《我在香港做电影导演》，收入陈威主编：《青史流芳话港归》，北京：中国文史出版社，1997年，第182页。

良监狱为法治之首要工作"。

不过，虽然吴氏《嫦娥奔月》"曾在沪上公演，轰动一时"，但毕竟曾激怒了国民政府，如何又能赴黔省演出呢？在公演首日的《贵州日报·嫦娥奔月公演增刊》中，主办方也提到："本剧，除在上海万岁剧团连演六十天外，全国各大都市，均仅筹备而未能演出。"[①]《贵州日报》中的宣传文字，或可提供一种解释。首先，原本的三幕七场剧，此次被改成了四幕十场，再通过与《申报》中早前公演信息对比，可发现演职员发生了重要变化，特别是导演更换成了罗军，演员无一原班人马。导演在寄语中则说明："上演此剧，决不应该视为神话，因为它是现实的写照，是几千年间正义的人民生活经验所留下的历史教训，也正如吴祖光先生所说'多行不义，天夺其魂'，'什么是天？就是人民的力量'，因为有史以来，人民从不在强暴之下低头的，故愿观众看完此剧后能更加发挥力量策成政府戡建大业之完成，为本剧演出之第一原因……"[②]上海的中国万岁剧团是国民党官办剧团，主管单位为国民政府军事委员会政治部中国电影制片厂。吴祖光离沪后，上海实验剧社很可能失去了演出此戏的资格。国民党官办剧团接手后，很可能略加改编，重新推出。而贵州省则是看中了此剧的吸引力，相比于对蒋政府的批判性，贵州省更关注此剧的上演能带来多少票房收

① 《嫦娥奔月观剧须知》，《贵州日报·嫦娥奔月公演增刊》1948 年 3 月 20 日。
② 《导演的话》，《贵州日报·嫦娥奔月公演增刊》1948 年 3 月 20 日。

入，是否能支持大规模的建监运动。

导演罗军本是演员，曾兼任万岁剧团团长。他导演和组织《嫦娥奔月》的演出，是以陆军贵阳联勤部供应局的名义。演出中，他请王良华演奏钢琴、刘晓明演奏小提琴以增强气氛，牵上水牛登台以表现猛兽为害的场景，此外还仿效电影手法，在布景、灯光方面多有新意，如用钢丝绳牵引嫦娥奔向月球，充分表现了神话中月宫的意境。[1]演出不负众望，颇获好评。[2]自 3 月 20 日起，连演十日，场场客满。到 3 月 30 日时，主办方决定续演十天，公教人员及学生，还可获得票价六折优待。[3]这剧也由此成为贵阳自 1944 年熊佛西组织演出巴金《家》后的又一次轰动演出。[4]

虽然这场《嫦娥奔月》话剧演出并不由吴祖光主导，但依然可称得上当时贵州省内的一场盛事。无论如何，吴氏《嫦娥奔月》，都是新中国成立前夜话剧舞台上最著名的嫦娥故事。

许是受吴祖光影响，前文所述陈娟创作的剧本中，同样安排了嫦娥与姐妹玉娥同时被掳入宫中，嫦娥意志薄弱而玉

---

[1]　政协贵阳市委员会文史资料委员会编：《贵阳文史资料选辑》第 32 辑，1991 年，第 95—97 页；贵阳市政协文史与学习委员会编：《筑人行迹：贵阳历史文化人物传略》，贵阳：贵州人民出版社，2011 年，第 214 页。

[2]　《嫦娥奔月开演，颇获观众好评》，《贵州日报》1948 年 3 月 21 日。

[3]　《筹募建监费用，开始评剧义演，嫦娥奔月续演十天，公教人员六折优待》，《贵州日报》1948 年 3 月 30 日。

[4]　贵阳市政协文史与学习委员会编：《筑人行迹：贵阳历史文化人物传略》，贵阳：贵州人民出版社，2011 年，第 214 页。

娥个性坚强，剧本也将不死药改为灵芝草。后羿荒淫暴虐，嫦娥醉生梦死，也不无辜，在逢蒙叛变、百姓反抗的当口，嫦娥率先吃下灵芝草溜之大吉，后羿追上月宫，最后二人都受到了西王母的处分。[①] 剧中虽然也提及后羿治下民不聊生的社会状况，称后羿能射掉九个太阳却射不退广大而不怕死的群众，但影射现实的分量并不重，嫦娥奔月也并非为了自由，只是情急之下自私的逃亡。该剧的重点还是在于演出形式的创新。

与吴祖光几乎同时，时任新办上海市立实验戏剧学校校长的顾仲彝，也创作了一部五幕话剧《嫦娥》。[②] 这部剧的想象力更加丰富，不仅增加了前所未有的王后、丞相、将军等角色，更把后羿射日改编为后羿射杀九条入侵人间的妖龙。剧中的王后霸道无理，为了权势频频与后羿展开内战，后羿则是软弱的君主，身边的丞相、将军也都是没有原则和气节的阿谀奉承之徒。嫦娥是百姓为报答后羿射妖龙之功而奉上的礼物，开始不愿为妃，但在与后羿的接触中逐渐同情并爱上了他，却被王后判处死刑。后羿愿与嫦娥同生共死，为保全后羿性命，嫦娥不得不吞下仙丹独赴月宫。后羿也吞下仙丹追到月宫，却被月宫之主太阴星君万般刁难，不得与嫦娥团聚，幸得吴刚、玉兔及月宫众仙女的帮助，二人得以艰辛

---

① 陈娟：《嫦娥奔月》，《文潮月刊》1948 年第 6 卷第 1 期。
② 顾仲彝：《嫦娥》，上海：永祥印书馆，1946 年。

而快乐地服苦役五千年，最终成为月宫之主。

全剧最令人感动的是后羿与嫦娥间矢志不渝的爱情，对爱情主题的表达在此前的"嫦娥奔月"故事版本中极为少见，可见剧作者的浪漫主义情怀。而妖龙入侵、帝后内战的情节，则又是对抗日战争、国共战争的隐喻，都给人间带来了巨大的伤痛，这是作者所强烈反对的。第五幕中，后羿为不做国王、不必为内忧外患而担忧、不再受王后的逼迫而感到由衷的快活，更对未来满怀希望，愿砍断婆娑树后与嫦娥携手奔赴另一星球，"拿爱来创造一个新的天堂，愿天下有情人都到我们这儿来"，[①]

《嫦娥》剧本书影

---

① 顾仲彝：《嫦娥》，上海：永祥印书馆，1946年，第113页。

这正表达了此时人们对创造美好新世界的真诚愿望。剧本最后，太阴星君因犯错而被免职，后羿与嫦娥都不计前嫌为她求情，令她感激而惭愧，愿意与众人一起实现美满理想，则展现了宽容的力量，月宫从此便"真的翻过来了"。①

此剧虽情节丰富而感人，但相关的演出信息并不多，②影响力远逊于吴祖光所作《嫦娥奔月》。1947 年春，正值白色恐怖时期，顾仲彝积极与国民党当局斗争，后在中共上海地方组织指示下，赴香港暂避迫害，与吴祖光一样，任永华影片公司编剧。在港期间，曾有传言其《嫦娥》一剧将改编为电影脚本，拍摄电影，但终无声息。③

在北平，"嫦娥奔月"的故事也在 1948 年被搬上了话剧舞台。《大公报》当年报道："平市祖国剧团公演《虎符》后，近日正积极排练四幕神话剧《嫦娥》。该剧为前剧专教授张真近作，描述后羿射日嫦娥奔月之故事，由石岚导演。将于三月十日起在建国东堂演出。"④与过去的嫦娥故事演出不同，祖国剧团的公演实则具有重要的政治意义。

祖国剧团由北平地下党筹建。1945 年底，由郑天健、苏

---

① 顾仲彝：《嫦娥》，上海：永祥印书馆，1946 年，第 128—129 页。

② 也有研究者称，在沦陷区，以顾仲彝版《嫦娥》为代表的神仙剧上演率较高，参见赵建新：《中国现代非主流戏剧研究》，北京：中国戏剧出版社，2012 年，第 178 页。

③ 《〈嫦娥〉将拍成电影，〈时与文〉版式变更》，《大公报（上海版）》1948 年 3 月 8 日。

④ 《〈嫦娥〉将在平演出》，《大公报（天津版）》1948 年 2 月 29 日。

民、蓝天野、纪纲等北平进步学生组成的沙龙剧团，因活跃的活动，已经引起了北平地下党的注意，并成为地下党的外围剧团。次年，地下党人便组织成立了戏剧团体联合会，此后，这些进步学生便以祖国剧团为阵地开展工作。① 祖国剧团的任务是通过半职业性的剧团，团结广大话剧工作者和爱好戏剧的青年学生，以领导北平进步的戏剧运动，来配合革命学生运动。剧团党支部的领导人包括石岚、郑天健、王凤耀、陈奇、石梅等。

与此同时，直属国民党政府国防部的军中演剧队第二队也在北平，这便是抗战之初周恩来在武汉担任军事委员会政治部副主任期间，指示时任政治部第三厅厅长的郭沫若组织的十个抗敌演剧队之一，实质上，从建立之日起，便在中共领导下。抗日战争中，演剧二队在华北、西北战场上持续进行抗日宣传，后在山西受到阎锡山迫害，脱险后到北平，受命留在国统区继续战斗。二队演出的进步戏剧得到了祖国剧团的关注，经过双方领导的多次试探接触和党中央的确认，终于确定了同志身份，此后便紧密配合，掌握戏剧运动。二队打着国民党招牌占领剧坛，祖国剧团则以群众剧团身份活跃在学生戏剧运动阵地，两个剧团轮流在建国东堂演出，控制剧场，宣传思想，争取观众，赢得了北平各阶层进步人士的

---

① 赵波主编：《北京红色地图》，北京：北京出版社，2012年，第291—292页。

共鸣。①

张真编写的历史剧《嫦娥》，正是在这样的背景下登上了建国东堂的舞台。剧中，后羿射日后篡位为王，强掳嫦娥做娘娘，又掳走嫦娥的父亲和好朋友逢蒙为自己造升天的天台。奴隶们被凶狠暴虐的后羿刺瞎眼睛，或用皮鞭打死，嫦娥父亲因逃亡被后羿射杀。于是嫦娥与逢蒙计划联合众人逃命，由嫦娥负责挫断后羿的弓弦，逢蒙则带领奴隶掘塌天台后逃走。嫦娥决定服下西王母送后羿的毒药自杀，不想此药却是不死药，只得设计将守门的熊髡推下山后逃跑，后羿追到悬崖边，嫦娥本欲跳山，谁知一阵风起，让她直升到了月亮上。这时逢蒙带人从四面八方爬上山，把

张真版《嫦娥》剧照。（嫦娥对后羿说："你能射掉九个太阳，你不能让地面没有光。"）

① 石梅：《演剧二队和祖国剧团》，收入中国人民政治协商会议北京市委员会文史资料委员会编：《文史资料选编》第五辑"北平地下党斗争史料专辑"（上），北京：北京出版社，1979年，第182—197页。

后羿逼到无路可退，大仇得报。①

与吴祖光编排的剧本相似，此处的后羿形象同样结合了神话中的英雄羿与历史上的暴君后羿，除了逢蒙、西王母外，加入了嫦娥父亲、有黄氏、熊髡、素娥、青女等角色，丰富了剧情。嫦娥因求死而误食不死药，被逼至绝境后意外飞升奔月，这自然是非常合理的。最终逢蒙带领奴隶们向暴君复仇，极具革命性，也同样影射了国民党政府独裁内战的暴行。张真本人原为国立戏剧专科学校讲师，在创作《嫦娥》后不久便加入中国共产党，1948 年 8 月随祖国剧团和演剧二队一同撤回解放区，在华北大学文工团创作组工作，新中国成立后调入中央戏剧学院研究部，成为新中国初期著名的戏剧评论家。② 如果说吴祖光、顾仲彝的作品的演出只是进步人士自发的思想宣讲，那么张真这部剧作登上舞台则是真正的共产党人以此为媒介在国统区进行顽强战斗，是国统区戏剧运动与戏剧界统战活动的重要组成部分。

与各类刊物上发表的"嫦娥奔月"题材的小说相比，剧本的编排更需要严密的逻辑、紧凑的情节，人物的语言也必须简单明了而有张力。剧本通过舞台上的演绎，也无疑会更具有视觉和听觉的冲击力，在文化水平普遍不高的人民群众

① 《嫦娥的故事》，《寰球》1948 年第 31 期，第 27 页。

② 北京语言学院《中国艺术家辞典》编委会编：《中国艺术家辞典·现代》第一分册，长沙：湖南人民出版社，1981 年，第 44—45 页；《中国文学家辞典》编委会编：《中国文学家辞典·现代》第二分册，文化资料供应社，1980 年，第 453—454 页。

中，才可以达到更好的宣传效果。从这一角度讲，上述剧目的诞生，与创作者传播进步思想的现实需求密不可分。

　　无论是吴祖光、顾仲彝还是张真，他们创作的"嫦娥奔月"故事情节或许各有千秋，但最终表达出的主题，无不是对独裁政治的控诉、批判与反抗，以及对新世界的展望。嫦娥是否背弃了后羿并不是故事中最重要的，重要的是她通过"奔月"来追求自由，即便追求的过程是痛苦的、在月宫的生活是寂寞的，但面对崭新的人间，这一切依然都是值得的。

四、结语

　　对"嫦娥奔月"故事的演绎当然没有就此结束。新中国成立前夕，有些进步人士指出该故事内容为"后羿之妻嫦娥，因偷吃仙丹升入月宫，王母娘娘封为月宫之主"，主张其是"迷信"，为了剔除有害思想，提高政治觉悟，"不可演"。[①]但事实上，新中国成立初期，很多地方的舞台上依然存在戏曲《嫦娥奔月》的演出。不可否认的是，这是一个老百姓喜闻乐见的剧目。

　　但新中国成立初期，有关鬼戏、新神话剧能不能演，该如何编剧，怎样展开新时期戏剧改良等问题，确实掀起了广

---

① 李纶：《应禁演的和可上演的旧剧剧目及说明》（续六），《戏曲新报》1949年5月10日。

泛的讨论，①构成了中国现代戏剧发展史的重要阶段。"嫦娥奔月"的故事演绎，也是这些讨论中最重要的实践对象之一。人民公社时期，在政治氛围的影响下，梅兰芳新编了《嫦娥赞公社》，嫦娥来到人间，看到了东方红公社的农忙盛景，感叹"当初若有此美景，又何必偷药上九天，我这里驾云端，把衣装改换，愿争取同劳动欢乐万年"，②极具时代特色。1977年，中国京剧团依据毛泽东的《蝶恋花·答李淑一》创作演出现代京剧《蝶恋花》，戏剧最后，像词中所写那样，"在悲壮的国际歌声中，杨开慧烈士巍然挺立，冉冉上升，与正在月宫里迎接她的嫦娥和吴刚会面了。吴刚热情地捧出了桂花酒，嫦娥为她翩翩起舞，万里长空，顿时变得热气腾腾"。③嫦娥为忠魂起舞，吴刚向忠魂献酒，充满革命浪漫主义色彩。这些作品代表着中国戏剧工作者在新时期的新尝试，更丰富了人们对"嫦娥奔月"这则传统故事的理解。嫦娥的形象从此不再停留在神话中，而与现实产生了连接。后羿变成了这个故事中可有可无的角色，其他的故事人物也不必再登场。而月亮已经不再承载人们对新世界的高度期望，它只是舞台上美丽的背景，因为舞台下已经是一个美满的新世界了。

---

① 华迦、关德富：《关于几个戏曲理论问题的论争》，北京：文化艺术出版社，1986年；蒋孔阳主编：《社会科学争鸣大系（1949—1989）》（文学·艺术·语言卷），上海：上海人民出版社，1993年。

② 京剧曲谱《嫦娥赞公社》，上海：上海文艺出版社，1959年。

③ 冯其庸：《一曲无产阶级的国际悲歌——谈京剧〈蝶恋花〉》，收入冯其庸：《春草集》，青岛：青岛出版社，2014年，第329—330页。

当我们回顾起近代舞台上不断演绎的"嫦娥奔月"故事，我们会发现，它不只是一个简单的神话，而承载着太多的理想：有20世纪初梅兰芳创作新戏、展现传统戏曲表演的新式审美的理想，有20世纪20年代知识分子凝聚社会共识、反对混乱政治和推进新文化运动的理想，有20世纪30、40年代普通中国人民反抗侵略、内战和种种压迫的理想，还有建设新中国的理想。"月亮"的意象就代表着千千万万人心目中那个理想，理想是光明的、有爱的，而"嫦娥"是"美"的化身，她飞升的无畏姿态，正是那追逐理想的身影，这身姿是自由的。

而之所以能演绎出如此丰富的故事版本，或许是因为这则故事强大的包容性，有太多的神话人物和传说都与这则故事相关，让戏剧创作者可以有更多机会安排人物间的冲突情节，为每个人物设计故事线。根据所要表达的不同主题，嫦娥、后羿、吴刚、逢蒙、玉兔等都可以在不同的故事中拥有不同的性格。剧中人物，或苦苦挣扎，或笑对生活，或成为英雄，或沦为暴徒，让戏剧舞台也成为近代社会的缩影。

今天，探测、巡视月球的航天器，多以"嫦娥""玉兔"命名，足见"嫦娥奔月"故事对现代中国人的重要意义。在人类"奔月"梦想正一步步变为现实的当下，虽然我们尚不能预知"嫦娥奔月"的故事将会如何获得新的演绎，但回顾百年戏剧史，依然能感动于这则美丽故事给世人带来的灵感和启发，更能感受到根植其中的中国传统文化的力量。

第八章

近代中国『外国月亮比中国圆』话语考释

在近代中国，有一种"外国月亮比中国圆"或"中国月亮不如外国圆"的说法广为传播，并逐渐成为讽刺崇洋媚外者至今不衰的权威话语。该话语的具体表达方式有时略有差异，或谓"外国月亮比中国亮""外国月亮比中国大""外国月亮比中国好"之类，但内涵却基本相同，主要用于批评国人盲目崇信外国的一切、极端缺乏民族自信和文化自信的那种典型的非理性社会文化心态。但这一话语究竟起源于和流行于何时，何以能在近代中国传播开来，国人对其又有着怎样的具体使用，诸如此类的问题目前都还未见有人真正用心加以讨论。① 本文拟就此问题，做一点粗略的考证和历史的分析。

---

① 关于该话语未曾有人做过专题研究，但见到有学者偶尔谈到其起源问题。如有人曾提及该说法可能由一则相似的清朝故事衍生而来，还有人认为它起源于"全盘西化派"代表胡适等。前者可参见张翔鹰、张翔麟编著的《增广开心辞典》，呼伦贝尔：内蒙古文化出版社，2002 年，第 935 页；后者可参见马少华：《百年口号 1910—2011》，武汉：华中科技大学出版社，2012 年，第 59 页。但这些说法均未给出确切的史料根据，尚缺乏实证。

一、"外国月亮比中国圆"话语由来考

"外国月亮比中国圆"的明确说法,最早可能来源于清末民初一则讽刺归国留学生的经典故事。据笔者阅读所见和初步查考,该故事的成型形态,至少可以追溯到笔名为"耐久"者所撰述、1913 年 12 月 8 日、10 日连载在天津《大公报》上的《忘本之渐》一文。该文写道:

> 我有一个朋友,到过外国游学多年,后来回国。一到家,就说中国房屋空气少,有碍卫生,不如外国洋楼高大,赶紧快拆改房子。到吃饭,又说中国饭菜如何不洁净,不如外国大菜有益卫生。到了点灯,又说煤油气味有毒质,闻长了有害,不如外国电灯光明。一举动,一言语,总说中国不好外国好。他父亲听着很有气,有心驳他几句,又没到过外国,不知外国究竟的好坏。等到这天夜里出了月亮,他又说中国月儿不如外国光亮。他父亲一听,气的赶过去就给他一个耳刮子,说"好浑蛋,外国别的我不知道,你可以信嘴骗我,难道地球上还有两个月儿吗?"他被打疼了,一边哭着,一边嘴里说着家庭之亲、父子之情就是这样专制。照这样看来,父亲也是外国的好。诸位听听,可笑不可笑呀。[1]

---

[1] 耐久:《忘本之渐》(续前日),《大公报(天津版)》1913 年 12 月 10 日,第 6 版。

在这则故事中，主人公是一名留学生，其父乃一位传统中国的长者。父亲对外国的一切知之甚少，但有一种本能的自尊与自爱，或不免还有一点保守。其留学多年的儿子归国后，觉得中国处处落后于外国，尤其是物质文明最明显，比如煤油灯不如电灯明亮、房屋不如外国高大、饮食不如外国卫生等，甚至连父亲的家长式专制作风，也不如讲求平等自由的外国"亲情"来得文明。诸如此类认为中国总体落后的观点，在清末民初的留学生之中确乎广泛存在，留学生当时如此认为，似乎也不奇怪。但问题在于，由此而走到极端，认为外国一切都好、遂一味仰视，而中国则凡事都野蛮不堪，因此自卑、自轻乃至自贱，却不免荒唐和偏激。这种社会文化心态之所以不健全，还体现在有些留学生被外国的先进文明所震慑，竟然忘记了或漠视了人类文明其实还存在许多共性特征，比如共同拥有"一轮明月"及其各式各样的人文理解——诸如此类的文化相关部分，可能只是表现形式不同，本身并无所谓是非好坏、先进落后之可言，何况在学习外国长处的同时，作为文明古国还应努力保持自身的文化个性呢？

上述故事的讲述者署名"耐久"，用的显然是笔名，其真名一时难以考出。不过从 1908 年开始他陆续在《大公报》"白话"专栏的各期评论内容来看，当属一个能影响社会舆论的报界人物，绝非对外部世界一无所知的冬烘先生。他不仅赞成学习西方的宪政改革，而且欢迎辛亥革命，同时还忧国忧民，对中国的国民性格之弱点常有批评。①《忘本之渐》一文分两期登出、另加一篇《再说说渐字》，分别刊载于《大公报》1913 年 12 月 8 日、10 日和 15 日的《白话》专栏，前后形成一个相对完整的论述。

在上述文章中，作者先是批评国人"向来不知务本，专讲究在枝叶上粉饰"，认为作为四民之首的士林学界也不例外，其突出表现就是近代以来，学界的先生们虽不再像从前那般顽固自闭，已逐渐开通起来，但他们"维新维的似乎有些过火，竟有把我们古圣先贤所遗留的书本，皆看成可有可无的东西，不知琢磨、不知讲求，专专在欧美、日本的各种浮泛、不纯良、没精义的书上，用些门面皮毛的工夫。推究他那用意，决不是真心读书，不过标奇立异的骗人混饭而已。由这一般引导不要紧，那后进的也摹仿上许多恶劣的行为"。作者认定，"要不在中国旧书上有点心得，旧道德上有点把握，任凭你把欧美、日本书籍会读过来，无非落一个外国杂货铺，万不能与中国政教风俗有益就是了"。②若想切实学到西方等国的长处，真正做到"有舍短取长的把握"，在未

---

① 可参见 1908 年后"耐久"其人在《大公报》陆续发表的《有团体的国就可以不灭不亡》《国会浅说》《亡国奴得乐且乐》《说法律》《说独立》等文，尤其是《国民的趋向就定出国家的兴亡》（1908）、《细说看电影的益处》（1909）、《哀莫大于心死》（1911）、《救中国的一线生机》（1911）、《敬告民军主计者》（1912）、《说孝》（1912）、《东方病夫》（1913）等文，均可见其政治文化态度和思想见识水平。

② 耐久：《忘本之渐》，《大公报》1913 年 12 月 8 日，第 6 版。

曾学习西方政治法律之先，"总得要先明白我们自己政治、法律等等古今的沿革"。作者还认为，"凡是中国通经博古、道德深厚的先生们，不知维新的自然是固执迂拘；要一旦让他知道外国事事物物了，这个人要开通，总开通的有条理、有次序、有从违，说出话来，便先本着中国，再加上外国，增删损益，议论另有一番滋味，不奇不离，合乎中道，如这路人就不能治国安邦，也不致败坏伦常"。[①] 从思想倾向来看，作者大体上或可归于张之洞一类的"中体西用"论者，其对传统的伦常文化很有信心，认为不读中国书尤其是那类讲忠孝仁义、礼义廉耻的书就等于"忘本"，无益于中国的治国理政和国家发展。他还讨厌那种不准父母作主的"自由结婚"，并斥之为"忘却根本，败坏伦常"，[②] 由此可见其文化保守态度之一斑了。作者还明确表示：新少年不喜欢中国的著作，就喜欢看外国的小说，"鄙人并不敢仇恨人家爱读外国书，我的意思是盼望我们中国这些新少年，先把关系天心世道、礼义廉耻的中国书尽着力先读读，然后学有根柢，再读读外国那些书，作一个补助，那才好了。要是忘却根本，那还算得什么中国人呢！"[③]

尽管作者的文化态度显得保守，难免要影响到其立论的社会效果，但其所揭示的当时一些留学生崇洋过头、显现

① 耐久：《忘本之渐》，《大公报》1913 年 12 月 8 日，第 6 版。
② 耐久：《忘本之渐》（续前日），《大公报》1913 年 12 月 10 日，第 6 版。
③ 耐久：《忘本之渐》（续前日），《大公报》1913 年 12 月 10 日，第 6 版。

自卑的文化心理之两种具体表现，即作者所谓"最不懂的两件事"，还是很具典型性和代表性的：一是言必称外国或外国豪杰，这有点像后来人们所嘲弄的"言必称希腊、罗马"。其言曰："学界这些新少年，不拘作一篇论说，谈一段故事，或是在会场讲演，报纸上言论，从中必要加杂上什么拿破仑、华盛顿，什么西哲东哲赫胥黎、意士林等等的名词，就仿佛我们中国四五千年那些位圣贤豪杰嘉言懿行的事，不足一说，不足感动人心似的，就仿佛我们中国古今无一人一事可以师可以法似的。如果引外国故事名言用之得当，偶一为之，亦未为不可，要是满篇满嘴，净是这路话，亦未免讨厌罢！"[①] 二是认为"中国无书可读，外国无书可不读"。作者以小说为例，称"近来这些新少年，看小说也大变其格，《红楼梦》不能看，外国言情爱情小说不可不看；《三国》《列国》看着无味，外国历史小说不可不看；《聊斋志异》不可看，外国鬼怪神奇小说不可不看……似乎中国无书可读，外国无书可不读的"。[②]

作者耐久强调，这种崇洋风气潜滋暗长、日益加重，终有一天会在不知不觉中对中国的发展造成无法挽回、不可救药的巨大危害："在现时看着这类事，似乎无关轻重，要等习不为怪的那一天，再想挽救，真比登天还难了。"[③] 文中

---

① 耐久：《忘本之渐》，《大公报》1913 年 12 月 8 日，第 6 版。

② 耐久：《忘本之渐》（续前日），《大公报》1913 年 12 月 10 日，第 6 版。

③ 耐久：《忘本之渐》（续前日），《大公报》1913 年 12 月 10 日，第 6 版。

特别引用明代学者吕坤关于积"渐"难返为"天下之大可畏"的哲言提醒国人,"自古至今,大者亡国丧家,小者伤风败俗,全是被这一个不介意的'渐'字给断送的"。在近代中国,东西方列强之所以能夺走各种权益,除了使用战争手段之外,也是多靠此类"渐"侵手段才能得逞,许多都是"由'渐'字入手"的:"若不从此设法,把这个风气改改,将来绝没有好结果就是了。"他最后呼吁中国那些"热心爱国"的君子们,须赶紧设法将此种心态的"来源塞住",结成团体,尽力作为,"万不可诿之气数",否则将来"任凭你怎样整顿,终敌不住败坏的功力快速。就让你怎么守道高洁,你子子孙孙也逃不了有同流合污的那一天"。① 由此警语和呼吁观之,作者希图从源头上根除国人崇洋媚外心理的急切心情,可谓跃然纸上。

《忘本之渐》及文中这则首述"外国月亮比中国圆"的讽刺故事之发表,称得上是近代中国文化心态史上一个值得关注的事件。在此之前,似未曾见过有人如此细心地观察、如此生动地揭示国人崇洋媚外心理上的种种典型表现,更未见有人在如此高度,来强调国人这种文化心态的危害及对之加以防微杜渐的重要性和迫切性问题,尽管这种崇洋心理并不从清末民初始,更不从文中强调的"洋书"崇拜才发其端。说起来今人或许会感到吃惊,早在道光年间,南方沿海个别

---

① 耐久:《再说说渐字》,《大公报》1913 年 12 月 15 日,第 6 版。

地区的民间社会其实已兴起崇拜洋货之风，这与当时士人群体整体上的"蔑夷"态度形成鲜明反差。据采蘅子《虫鸣漫录》记载："道光年间，洋务未起，时桂子栏杆、桂子扣无地无之。凡物稍饰观，人稍轩昂，皆曰'洋气'。"[1] 清人黄钧宰在其著名笔记《金壶七墨》中也说："道光初，江湖贫民张画于市，幕以布而窥之，谓之西洋景。民间喜寿庆吊，陈设繁华，室宇器用侈靡，佥曰'洋气'。初不知洋人何状，英法国何方也。"[2] 许多带"洋"字的洋货名词，更是很早就在中国流行开来，亦均可为证。有趣的是，这种民间社会对洋货的崇拜心理，波及甚广，还在清末时，即曾被人与日常生活中的"月亮"感知联系起来，出现所谓"洋月亮"之说。如1897年，上海《游戏报》上就刊载过一则题为《西洋月亮》的文章，生动讲述了某江北人进上海洋场稀罕"洋月亮"的故事，借以讽刺那种盲目无知的崇洋心理。该文写道：

> 昨有某姓仆江北人，初到上海船泊铁大桥，至时已夜半，陡见电灯矗立，照耀如同白昼，仆大哗曰："快看西洋月亮！"主人及舟子均出视无所睹，急询仆，仆指电灯以对。于是众皆笑不可抑。夫中

---

[1] 采蘅子：《虫鸣漫录》卷2，载《笔记小说大观》，扬州：广陵古籍刻印社。感谢孙燕京老师惠寄材料。

[2] 黄钧宰：《金壶七墨·浪墨》卷4"鬼劫"，《鸦片战争》第二册，上海：神州国光社，1954年，第623—624页。

国自通商以来，如洋布、洋纱、洋火、洋酒、洋烛、洋伞等，亦既无物不以购自外洋者为得用，不料广寒仙子亦被以美名，果尔，则镜里嫦娥当必西服打扮也，是可怪已！①

如果说清末时，"外国月亮好"还只是偶尔被用来比喻那种崇拜西洋物质文明成果之浅层心理，崇拜者还只限于未曾见过世面的民间底层人士，那么民国初年，"外国月亮比中国圆"话语正式诞生之后，其中所代表的崇拜对象已然包括西洋制度文明和精神文明的成果，崇拜者则已然主要转变为士大夫和读书人，尤其是那些出洋游历过的人士。这一点，从《忘本之渐》所讽刺的对象可以得知。

民国初年，"外国月亮比中国圆"的话语在中国最初出现之时，就与归国留学生或出洋游历归国者联系在一起，这绝非偶然。一则这些人出过国，有资格做这种评判；二则他们曾生活在国外，受到过西方近代文明的多方濡染和全面冲击，更具有产生这种心态的可能。早在洋务运动初期，最早派驻外国的外交官或出洋到欧美留学的中国留学生中，就有人因赞扬外国的态度，或言行举止"洋化"而遭到抨击，如郭嵩焘就曾因《使西纪程》有推崇西方政教文明之语，而被时人骂为"汉奸"。但当时有机会出洋的人尚为数很少。清

---

① 《西洋月亮》，《游戏报》1897年9月26日，第2版。

末新政时，国家开始大量派遣留学生出国，与此同时，已有留学生开始陆续归国，并被视为社会变革的希冀力量，但这些归国留学生的言行却往往并不能完全符合社会之期待。特别是民国建立后，国家政治体制发生重大改变，而转型中社会政治现实的诸多不如意，不仅造成社会上保守势力对所谓"西化"的抵触，而且导致与"西化"仿佛直接关联的归国留学生们更容易受到迁怒，以致此时社会上关于留学生的负面评价渐有增多之势。如1917年，有一位极端人士声言："向者我国人之视留学生皆非常敬重。今则视之且不如常人者，无他，留学生实未尝有丝毫裨益于国家焉。"① 至于那些食洋不化、如同前述两则故事中所批评的"一举动，一言语，总说中国不好外国好"，或"一名一物、一举一动，无不扬西而抑中"的归国留学生，则正如有的学者所指出的，此时就更易遭到社会上一般人的反感。② "外国月亮比中国圆"的上述故事，就诞生于这种社会文化背景之下。

具体到"耐久"其人来说，还在辛亥革命之前，他就对归国留学生们多有不满。1911年4月，他在《大公报》上曾发文痛斥过归国留学生"卖国求财""祸害百姓"和"见利忘义"等种种劣行。③ 民国初年，他对留学生的不满，则进一步转移到厌恶其"食洋不化"、照搬外国、彻底鄙弃传

---

① 俞希稷：《敬告留学生》，《环球》1917第2卷第2期，第8页。

② 参见刘晓琴：《晚清民初留学生社会形象及其演变》，《史学月刊》2019年第4期。

③ 耐久：《哀莫大于心死》（续），《大公报（天津版）》1911年4月28日，第9版。

统政教文明上。① 这与此期袁世凯政府有意鼓荡强化"尊孔复古"的思想氛围不无关联。

1913 至 1915 年，在那些不满辛亥革命后"共和"国家现状的人们当中，已不乏对澎湃"西潮"加以反思、主张保存或发展中国自身的所谓"国性"者。像梁启超、严复和梁漱溟之父梁济等清末时热心"西学"、倡导变法的人士，此时转而强调保存"国性"，就是其中有影响的代表。他们的言论直接导向对那种食洋不化、崇洋媚外心态和行为的批评。以严复为例，1913 年 4 月，他发表《思古篇》一文，批评那些"醉心于他族者"，认为其十有八九都是因崇拜"物质文明"而起，"不知畛国种之阶级，要必以国性民质为先，而形而下者非所重也。中国之国性民质，根源盛大，岂可厚诬？"严复强调大凡国之与立，必以"国性"为基，而中国的"国性"恰与提倡"忠孝节义"的儒教长期濡染有密切关系，应该把这种"国性"奉为中国的立国精神加以发扬光大。由上可见严复思想的重心，此时已转而寻求中国立国的精神

---

① 如 1912 年《申报》载文："留学生出洋返国，归见桑梓，目空四海，见物论事，无不痛骂祖国，称颂外洋。察其形景，恨不能身变洋人。不知洋人游学我国返里后，亦如是否。"（竞白：《心直口快》，《申报》1912 年 6 月 9 日，第 9 版）；1913 年《教育周报》也有类似批评："东西文明谁资挹注，留学生之功不为少矣。但窃取皮相，罔悉精神，施施从外来，蔑视国粹，唾弃老成，所在皆有。上焉者自诩造诣已极高深，而不能如扁鹊之适秦适楚，医少医大，因地制宜。赵括读书不知应用，东施效颦何有实际！"（何绍韩：《时评三　留学生不无轩轾》，《教育周报（杭州）》第三期，1913 年 4 月 15 日，第 22 页）

基础问题。1914年10月，严复在参政院的提案《导扬中华民国立国精神议》，就专门阐发这种见解。不难发现，他此时的观点同前述《忘本之渐》作者耐久的看法，几乎如出一辙。

当然，这还只是当时不满民国初期国家现实状况的反思路径之一。另一种反思路径，则是人们所熟知的深度"反传统"的新文化运动。值得注意的是，在上述这两种截然对立的反思路径之间，其实也并非完全不存在彼此交叠的关怀，比如，对那种"食洋不化"、一味模仿照搬外国、完全不知保存自身特性的心态与行为充满忧虑与不满，在两者之间就不无共识和共鸣。如1917年3月29日，有新文化运动"护法"之称的蔡元培在清华大学发表演讲时，也曾对留学生"食洋不化"的毛病进行过坦率批评。他指出：

> 吾国学生游学他国者，不患其科学程度之不若人，患其模仿太过而消亡其特性。所谓特性，即地理、历史、家庭、社会所影响于人之性质者是也……能保我性，则所得于外国之思想、言论、学术，吸收而消化之，尽为"我"之一部，而不为其所同化。①

提倡新文化运动的蔡元培明确反对一切舍己从人、万事满足于学成与外国人一样的做法，认定"弃捐其'我'而同

---

① 蔡元培：《在清华学校高等科演说词》（1917年3月29日），见高平叔编：《蔡元培全集》第三卷，北京：中华书局，1984年，第28页。

化于外人"，是"志行稍薄弱者"所为，主张"后之留学者，必须以'我'食而化之，而毋为彼所同化"，这才是中国文化发展的正当道路。由此也可见《忘本之渐》一文，对留学生中那种彻底丧失民族文化自信心、完全置民族特色于不顾的"崇洋媚外"心态的辛辣讽刺，确有其现实针对性与批判合理性的一面，并非完全无的放矢。

不过，尽管《忘本之渐》故事中的父子形象，尤其是那个认定"外国月亮比中国亮"的留学生形象之塑造甚为生动，其所嘲讽之社会现象也的确存在，但作为一种文学形象，它还是"虚构"的——并无具体所本的现实人物为其原型。考证发现，该故事的主体部分，实由一则认定"北京的月亮比外地圆"的前清故事直接加工、改编而来，原本系清朝文人石成金所编著的《传家宝》一书中的一则笑话，题为《拳头好得狠　笑夸嘴的》。这则笑话原文如下：

> 有一人往北京回家，一言一动，无不夸说北京之好。一晚，偶于月下与父同行。路有一人曰："今夜好月。"夸嘴者说："这月有何好？不知北京的月，好得更狠。"其父怒骂曰："天下总是一个月，何以北京的月独好？"照脸一拳打去，其子被打，带哭声喊曰："希罕你这拳头，不知那北京的拳头

好得更狠。"（要带哭苦声说才发笑）①

　　石成金，字天基，号惺斋，清代扬州人。《传家宝》一书很为时人推崇，曾广为流传，笔名"耐久"者想必很熟悉此则故事，故略加改造发挥，运用到留学生身上。他将那从都城北京返乡的"夸嘴者"，转化成留洋外国的归国留学生，似乎并不困难。这从1914年另一则名为《巴掌还是外国好》的类似讽刺笑话差不多同时问世，可以得到印证。这则故事登在《文艺杂志》上，其所描述的正是一位"游历外洋数月而回家"的可笑的"欠揍者"：

　　　　一人游历外洋数月而回，家中起居饮食都不如意，惟津津道外国起居之如何舒适，饮食之如何美好。甚而至于一名一物、一举一动，无不扬西而抑中。其父怒之，谓件件都是外国好，难道天地日月也是外国格外好么？其人频点其首曰："何消说得，何消说得，吾在外国何尝见过如此腐败的天地，野蛮的日月？"父益怒其荒谬，举手猛掌其颊。其人作鄙夷不屑状曰："就这一掌也差得许多。"②

---

① 《拳头好得狠 笑夸嘴的》，见石天基：《传家宝二集》卷七，上海书局石印，光绪乙未（1895），第6页，中国国家图书馆藏；另见《拳头好得很》，石成金：《传家宝全集》第2册，上海：广益书局，1936年，第367页。两者内容基本相同，只是两处"好得更狠"被改为"更好得很"，标题里的"狠"字均被改为"很"。
② 《巴掌还是外国好》，《文艺杂志》1914年第1期，第48页。

由上述考证可知，"外国月亮比中国圆"话语大体酝酿于清末，在民国初年已正式形成了。其形成标志，就是上述关于留学生或游历外洋归国者这类崇洋媚外故事的诞生。

二、"九一八"事变后该话语的扩大传播与"全盘西化"论

"五四"新文化运动至"九一八"事变之前，"西化"或"欧化"思潮十分强劲，反思这一思潮的力量和自觉不足，带有反讽意味的"外国月亮比中国圆"话语之使用，总体说来仍不广泛。不过我们也能够看到，五卅运动之后，随着反帝呼声的高涨，国人的民族文化自觉也逐渐增强，该讽刺话语得到了一定的传播条件。如1925年6月和8月，《晶报》和《申报》上就刊载过两则类似的文章，均将"外国月亮"与"外国巴掌"相提并论，表达对"心醉欧化"之人一种双重的讥嘲。前者提到的是欧洲的月亮，后者谈及的是美国的月亮，但两者的来历相同，都只是对前述留学生崇洋故事的"再版"或"改版"。如前者写道：

> 一个留学生从欧洲留学回来，一言一动，都说是外国的好。吃东西，他说外国的食物怎么好；穿衣服，他又说外国的衣服怎么好；住房子，他又说外国的房屋怎么好。这可算是个心醉欧化的人了。

那天家里头中秋赏月，他又称赞外国的怎么好。他的妹妹，问外国的月亮怎样？他说外国的月亮就比中国好。他老子听了气急，说月亮总是一般，怎么也是外国好？奔上去就是一记耳光。他摸着脸儿，便道便是耳光也是外国人打得结实。①

后者系《申报》转述1925年中华教育改进社第四届年会期间，原国务总理熊希龄亲口讲述发生在他和两个女儿之间的故事，"讲完，众掌如雷"。

我有两个女儿，在美国留学，今年回国，一切举动都以美国胜于中国。有一天晚上大家赏"月"，她说"中国的月亮不如美国的好"。我实在气得很，提起手来，该了她一个巴掌。她说"父亲巴掌不如美国的好"。②

可见，熊希龄确曾对这一故事的底本进行过有效的改编传播。此后，类似该话语所依托的故事版本，其改编形态还会出现些许差异。如有的会将欧美月亮具体化为法国巴黎或意大利威尼斯的月亮，月亮之"好"也会改为或"大"、或"亮"、或"清朗"之类，正如抗战时期有人谈到这一话题

---

① 青旗：《外国巴掌和外国火腿》，《晶报》1925年6月30日，第2版。

② 《教育改进社年会之回顾 第二次交际会纪》，《申报》1925年8月26日，第9版。

时所概括的："从前讽刺自命不凡的留学生，说他回到祖国连中国话也不会说了，谓外国一切无所不好，就是月亮也比中国所见的要圆些、亮些、大些。"[①] 与此同时，扇巴掌的效果好坏，有时也会由被扇者的嘟囔自语，改为由其父亲愤怒的质问方式与语气进行表现，如"中国的耳光也不及外国么？"[②] 诸如此类，不一而足。

反感崇洋媚外心态，是"外国月亮比中国圆"反讽话语流行的社会心理基础。五卅运动前后两年间，因不满中国人反帝热情渐趋高涨，不少西方人谴责中国形成了所谓的排外主义，译成英文即为 Anti-foreignism。中国人出于爱国心理，在以英文同西人进行辩论的过程中，有的故意将 Foreignism 解释为崇洋主义或媚外主义，以为 Anti-foreignism 的正当性辩护。如，圣约翰大学毕业的邵荩棠，就在《字林西报》上发文辩称 Foreignism 是指"崇拜所有的洋人，盲目地接受他们的言论"，而 Anti-foreignism 则是对这种行径的否定，其所主要抨击的对象是"那些丧失自尊以致在任

---

① 见《刘一行：林语堂在长沙》，《文艺春秋丛刊》第 1 期，1944 年 10 月，第 42 页。另可见剑青：《适合国人口味的皮袍大衣》，《申报》1937 年 1 月 29 日，第 19 版。其文中记述曰："一个法国留学生，回来赏月，说中国的一切太不如人，就是月亮也不及巴黎地方所看见的大。"

② 可见徐讦：《威尼斯之月》，《西风》1937 年第 8 期。文中写道："一个留学生回国后，常常说中国一切都不及外国。有一次他父亲在赏月，他在旁边又说，中国的月亮还没有威尼斯好。他父亲一气给了他一个耳光，问他："中国的耳光也不及外国么？""

何事情上都认洋人做主子的同胞",其目的正在于"摆脱外国影响而实现自立与自由"。[1]因此在邵蒂棠看来,所谓"排外主义",实质不过就是"反媚外主义"的正当努力罢了。

值得注意的是,"崇洋""媚外""文化自信、民族自信"等新语词得以在清末民初形成并逐渐流行开来,已然成为"外国月亮比中国圆"讽刺话语逐渐广泛运用的历史语言伴随物。"崇洋"和"媚外"二词分别出现较早,20世纪初甚至更早就已有使用。至30年代前中期,"崇洋媚外"这一四字成语可在报章中得见。如1935年《申报》上就有人撰文指出:"我国人,有了很好的国货烟不吸,一定要利权外溢,只好说是有崇洋媚外了。"[2]

"九一八"事变后,特别是全面抗战时期,亡国灭种的民族危机促使国人深刻反思救亡与文化自信、民族复兴之间的紧密关联,民族主义情绪空前高涨,国民政府还乘机发起"中国本位文化建设"运动,借以推波助澜。出于对全盘西化论的抵触,"外国月亮比中国圆"这一反讽话语传播得更快更广了,也因此变得更为流行。

全盘西化论作为一种明确主张提出,大约是在"五四"运动以后,它由新文化运动过程中所存在的那种极端否定传统

---

[1] F.D.Z.,Glimpses into the Problems of China, Shanghai:*Kelly and Walsh*,Ltd.,1930, p.p1—2.参见李珊:《面向西方的书写:近代中国人的英文著述与民族主义》,北京:社会科学文献出版社,2022年,第202—203页。

[2] 吉云:《日本的香烟》,《申报》1935年5月29日,第4版。

的片面倾向发展演化而来。陈序经1934年前后出版的《中国文化的出路》等论著，可谓这一思想主张的集成之作。这种"全盘西化"论，乃是"外国月亮比中国圆"话语所讽刺的那种文化崇洋与自卑心理得以滋长强化的理论导引和思想武器。

在"中国本位"与"全盘西化"之争中，胡适曾公开表示"完全赞成陈序经先生的全盘西化论"，主张"全盘接受这个新世界的新文明"，[1]同时他此前几年还说过一些关于中国"百不如人"的过头话，如声言"我们必须承认我们自己百事不如人"，不但物质机械和政治制度不如人，并且"道德不如人，知识不如人，文学不如人，音乐不如人，艺术不如人，身体不如人"，"这样又愚又懒的民族不能征服物质，便完全被压死在物质环境之下，成了一分像人九分像鬼的不长进民族"[2]等等，正因如此，还在20世纪30年代，倡导和支持"中国本位文化建设"运动的人士中，就有人将胡适等视作"外国月亮比中国圆"思想倾向和文化心态的代表人物。

如1935年，政治思想史家庄心在[3]著文痛斥全盘西化论，就认为持此全盘西化论者多为"食洋不化"的留学生，他

---

① 适之（胡适）：《编辑后记》，《独立评论》第142号。

② 胡适：《介绍我自己的思想——〈胡适文选〉自序》，《胡适全集》第4卷，合肥：安徽教育出版社，2003年，第667页。

③ 庄心在（1910—？），字存庐，江苏奉贤（今上海）人，毕业于中央大学法学院，为陶希圣的学生。

们乃是时髦的"康百度式"的"外国文化掮客"，其所秉持的文化心态也正是"外国月亮比中国圆"，而胡适等"权威学者"恰是这一心态的典型代表。该文题为《论中国本位文化建设的前途》，副题即为《兼评胡适之先生的意见》。庄氏嘲讽地写道：那些食洋不化的归国留学生"他们大多喝过洋水，于是随便什么都觉得外国的好，甚至偶尔'举首望明月'也不免想到外国的月亮似乎总还是比中国的清朗。因之美国的留学生就想把中国弄成一个资本主义的金元王国；英国的留学生，就想把中国弄成一个内阁制政府和海上霸王。……他如留法学生开口便是巴黎如何如何；留日学生，大耍其'东洋景'，无非各有所宗，各行其是，不加考虑，争着要把中国来当作实验品如法泡（炮）制一下，方不致辜负了他们的所学。然而中国的混乱无章也就随之而起"。庄氏称此类表现为"唯洋化主义"，认为其对待中国传统文化典型而偏激的非理性态度，就是主张"把线装书丢到毛（茅）厕里去"。庄氏明确声言，现代中国人既不能做"古人的奴隶"、食古不化，也不要做"西洋人的附庸"、食洋不化，而理当"自由的、独立的创造中国本位的新文化"，也就是"应该由固有的民族文化并吸收近代各国的文化而达过辩证法的发展、融化创新成为中国的新文化"。他特别不满胡适等人将"本位文化"运动斥为中体西用论"最新式的化装"之"时髦复古"论，认为这是"有意的牵混"。由此"宣示"，我们实不难了解当时支持中国本位文化建设运动者所主导的思想取向之自我定位与时代特色。①

当时，从赞同中国本位文化建设角度，谴责胡适作为"全盘西化"论者乃"西方月亮比中国圆"心态代表的，还有一个思想活跃的文化人卞镐田。卞氏认为"胡适一班人……把西洋文化捧作'天王圣明'，自身便不自然而然的变成了'臣罪当诛'，结果西洋什么都好，中国什么都不好"。他还特别改编了前引那个流行的故事写道：

> 上海的某杂志上载一个笑话：某留学生回家，对其父说西洋各国什么都好过中国。父亲问道："外国的月亮也好过中国的吗？"儿子答道："是的，不但圆过中国的，而且光明美丽过中国的"。他父亲气了，赏他一记耳光。儿子摸了摸面颊道，"连巴掌也都是外国的好"。虽是笑话，倒也极贴切近来疯狂的心理。②

卞镐田尖锐批评胡适总爱拿鸦片、麻将、小脚和辫发来

---

① 庄心在：《论中国本位文化建设的前途——兼评胡适之先生的意见》，马芳若编：《中国文化建设讨论集》中编，上海：龙文书店，1935年，第83—86页。原文发表于《时事新报·学灯》（第111期）1935年5月12日，第4版。

② 参见卞镐田：《文化的势利觉：中国本位文化建设问题杂感之二》，《文化与教育》第67期，1935年9月30日，第19—27页。

言说与代表传统文化，且极端轻视"国医"和"国术"的价值等思想行为，认为太过偏激；并指出"全盘西化"论的错误正在于"把西洋文化看成一个连环圈，拿来得一起拿来，不拿来就全不拿来"，强调西方文化与中国传统文化一样，其实都是可以拆分选择的，他因此希望从事"中国本位文化"运动的人，最好能"具体的提出办法，把应该采择的西洋文化与旧有文化中哪一些是精华，哪一些是糟粕，用近代最新的科学方法一条条决（抉）择出来，从空洞的理论踏上拿货色给国人看的阶段……以慰国人喁喁望治彷徨中夜的情形"。当然这说起来容易，做起来却难。这一任务，不仅当时中国的本位文化建设派没能完成，恐怕至今要想切实做到，也并非易事。由于十分憎恶"全盘西化"论，卞镐田甚至认为，与其像时人那样称该论所代表的文化为"买办文化"，还不如直接称之为"西崽文化"更恰当，后者实际上更能凸显这一文化取向的奴性特质。

尤其值得注意的是，卞镐田在此文中还专门自造了一个"文化势利觉"的概念，来专门剖析和解释近代国人在与西方交往的过程中何以会遽然失去民族自信心和文化自信力的原因问题。他所谓"势利觉"，就是"以势利的眼光评判一切事物之义"。这种"文化势利觉"最初来源于现实中不断战败的困局。由于在同西方的交战中屡战屡败，国人不能不意识到外来势力的强大，因此"感到一种权力崇拜的心思，同时，又发生一种自省自轻的思想，自惭形秽，自怨自艾；由败衄而羞惭，由羞惭而变为愤恨，遂觉得自己原有的一切，无一不是致败的原因，无一不足痛心疾首的，无一不是罪该万死的"。这种心理运用到文化上，便产生了一种"文化上的功利势利感觉"，即"文化势利觉"。他感慨道："文化常常为势利的意识所蒙蔽，文化之盛衰是跟随着国力实力的强弱。中国与外人每战辄败，愈败愈囧，以至毫无半点自信力。欲图民族复兴，须先恢复民族的自信力始。欲恢复民族的自信力，又必须说明自信力因何而失落……"不仅如此，作者还将此种"文化势利觉"放在全球互通的时代背景下，试图揭示其对弱势民族的文化适应与自我发展所造成的摧残和阻碍。他高深莫测地表示，各民族文化原本都是适应本民族环境的产物，但"随着交通事业的进步，接触机会增多而来的'势利觉'之逐渐扩大与深入，使人戴上一副有色的眼镜去评择事物，只看见了势利的炙手可热，而忘却了各种文化之单独适应的诸特长，忘却了自己原有的适应效率较高的工具而盲目信从了偶像的崇拜，甚且本末倒置，不应当吸收的反而大量地吸收过来，极切实际需要的反而忽略了过去"，这种短视的、势利的文化选择，对中国文化的发展，具有持久的危害，值得国人认真反省。

实际上，胡适自己对"全盘西化"论也并不满意，他随后发表评论，将其调整为"充分世界化"论，他承认，"全盘西化"一词有语病，即便是 99%，也不能算作"全盘"；而且"西洋文化确有不少的历史因袭的成分，我们不但理智上不愿采取，事实上也决不会全盘采取"。①而在陈序经眼里，胡适的"全盘西化论"还不够彻底，它归根结底只不过是一种"政策"考虑，骨子里仍不免沦为他自己所讨厌的那种"折衷论调"。② 在 20 世纪 30 年代中期，思想界对"全盘西化"论的批评就已经铺天盖地。不仅"中国本位文化"派批评其丧失文化民族意识，左翼人士批评其昧于先进的社会主义文化，自由主义派也批评其自动放弃了主体选择的文化立场。如社会学家潘光旦，就曾对胡适此前在英文《中国基督教年鉴》中发文倡导对西方文化 Wholesale acceptance（全盘接受）的态度提出批评。在他看来，Wholesale 乃是好坏不分的整个"批发"，恰恰省略掉了那万万不可省却的主体"选择"功夫，这不符合他念兹在兹的"社会或人文选择"论。而潘氏稍早提出的关于民族"自馁心"导致对国人"早婚"习俗的过当自责，则是文化心态失衡后果另一值得反思的突出例子。他曾意味深长地指出，清末以降，以梁启超为代表的启蒙思想家总爱谴责中国人的早婚习俗，以为早婚伤身弱种、罪大恶极，举国之人竟都信以为真。但从优生学的角度

---

① 胡适：《充分世界化与全盘西化》，《大公报·星期论文（天津版）》1935 年 6 月 23 日，第 2、3 版。

② 陈序经：《再谈"全盘西化"》，《独立评论》第 147 号；陈序经：《全盘西化的辩护》，《独立评论》第 160 号。

看，其实根本不存在这一问题，早婚并不必然导致质量不高的产儿："自馁心之所至，至认种种不相干或不甚相干之事物为国家积弱之原因，从而大声疾呼，以为重大症结端在乎是，早婚特其一例耳。"① 此种批评，与前述卞镐田所谓"文化势利觉"的分析，竟有异曲同工之妙。

如果说"全盘西化"论是强化"外国月亮比中国圆"文化心态的理论导引，那么，后者则反过来进一步构成"全盘西化"论的社会文化心理基础，两者相辅相成，成为近代中国一种持续存在的文化现象。也有学者认为，"月亮也是外国的好"论本身，就是全盘西化论发展到极端的表现。如1949 年左翼学者沈志远就曾指出，近代中国存在两种文化偏激主张，一为全盘西化论，一为盲目排外论，"关于前者，发展到极致时，变成了'月亮也是外国的好'论；关于后者，发展到极致时，变成了根本拒绝科学和民主，阿 Q 式地夸耀中国五千年文化的万能与无所不有"。② 沈氏将"本位文化说"与"盲目排外论"两相等同，自然还需要反思，但他看到"全盘西化"论与"月亮也是外国的好"说法的直接关联，不无见地。

---

① 潘光旦:《中国之家庭问题》，见《潘光旦文集》第 1 卷，北京：北京大学出版社，2000 年，第 168 页。参见黄兴涛:《"选择"的意义：学者潘光旦的思想史地位漫说》，《文化史的追寻 以近世中国为视域》，北京：中国人民大学出版社，2011 年，第 59—60 页。

② 沈志远:《五四与马列主义的胜利》，"五四"卅周年纪念专辑委员会编:《"五四"卅周年纪念专辑》，北京：新华书店，1949 年，第 56—57 页。

从 20 世纪 30 年代中期起，特别是随着"中国本位文化"与"全盘西化"论争的展开，"外国月亮比中国圆"话语的传播与运用日益广泛。1934年 10 月，著名作家老舍发表短篇小说《牺牲》，精心塑造了一个留美归国、看不惯中国一切，十足洋化、总是被中国的事

被讥讽为具"外国月亮比中国圆"心理的西化人士形象

事物物"气"得不行、总爱讲"美国的规矩，与中国的野蛮"，时常叮嘱别人"必须用美国的精神作事，必须用美国的眼光看事"，觉得在中国生活无异于处处"作出牺牲"的毛博士形象，成为集中鞭挞具有"外国月亮比中国圆"心态者的成功的文学典型。[①] 1936 年 11 月，年仅 12 岁的小学五年级女生冯佩芸，在《北宁儿童》上发表题为《外国的月亮圆》一文，竟然以自己的特有方式，重新改编和生动叙述了归国留学生关于"外国月亮比中国圆"的那则经典故事。[②]

① 老舍：《牺牲》，1934 年 10 月 1 日发表于《文学》第 2 卷第 4 期，收入 1935 年 8 月《樱海集》（人间书屋版）。20 世纪 40 年代，老舍还曾多次使用类似话语批评崇洋媚外行为。

② 冯佩芸：《外国的月亮圆》，《北宁儿童》第 6 期，1936 年 11 月 9 日，第 24—25 页。

该故事写道：

> 有一个留学生，因为有点事情，于旧历八月节时回到家里来。在八月节的晚上，全家人都坐在院子里赏月。桌上放了许多果品，这个留学生便拿起几粒葡萄吃了一吃，说："这葡萄不像外国的好吃。"又拿了一个梨来吃了一吃，说："这个梨也没有外国的好吃。"他的父亲很生气，以为儿子在国外念了二年书，就虎起洋气来了，真可笑！一会儿，月亮出来了，留学生望了一望，说："这月亮也没有外国的月亮圆。"这回可把他父亲气急了！便过去用力打了他一个耳光子，大声说道："世界上只有一个月亮，中国的月亮怎么就没有外国的圆？"他挨了一下，站起来了，态度并没有改变，只笑了一笑说："您打的这耳光子，也没有外国人打的疼啊。"

1937 年初，颇有影响的《东方漫画》杂志上，也特别刊登了有关这一话语的专题漫画。与此同时，还出现了著名作家徐讦[①]全面解读这一话语，并以此回应"中国本位"与"全

[①] 徐讦（1908—1980），原名徐传琮，浙江慈溪人，1931 年毕业于北京大学哲学系。曾做过林语堂主编的《人间世》的编辑。1936 年赴法国研究哲学，获博士学位。1937 年出版震惊文坛的小说《鬼恋》。1943 年出版风行一时的小说《风萧萧》，有文坛"鬼才"之称。1950 年后移居香港，出版著名长篇小说《江湖行》等。

盘西化"之争的长篇专论《威尼斯之月》^①等文。至于讥嘲国人沉溺于西方物质文明而导致洋货崇拜之言谈，就更是多不胜举了。凡此，均可看作是抗战全面爆发前后该话语得到较广传播之例证。

三、多维的话语实践、自我阐释与"月亮臭虫" 之争的衍化形态

作为一种讽刺性话语，"外国月亮比中国圆"一说真正流行开来之后，其话语实践就自然地走向多维化。除了激越的正面讽刺，有意唱反调的声音或不满其被保守者用来拱卫"守旧"的抗议，以及话语运用者的各种自我解释，包括非理性的或理性的阐释等，也都随之而来。如1934年11月，就有人在报刊上发文，公然从反面对这一话语的讽刺性予以非议和消解。作者明确表示："月亮也是外国的好，说得的确似很幽默的，而使留学生听了难堪。其实，在事理上说，虽则同样是这一个月亮，但在外国看与在中国看，未尝不无有着好与不好的分别，不能因为同是这一个月亮，便得强人在中国看与在外国看的看法也相同。这是以小可以喻大的。"作者指出，对月亮的观察，难免要受到观察者主观偏好或特定时期的心境、心绪的影响，所谓"月亮在快乐人

---

① 徐讦：《威尼斯之月》，《西风》第 8 期，1937 年 4 月。

米老鼠在外灘公園裏，靜悄悄地看着天上的月亮，忽然想起他的祖國（美國）來。

喬治張說：「米老鼠先生，你在想美國嗎？我也是。想美國呢。美國什麼都好，美國的月亮是永遠圓的，太陽是一年四季溫和的，美國人倒出的是香的，還有一個笑話，美國人放的屁個個都是香的。」

一個穿西裝的中年紳士，走近他身邊，他是一個留美學生，自稱是喬治張○他跟米老鼠談起來○

米老鼠聽得不耐煩，把一張夜報塞給他看，報上大標題：「美國礦工生活苦，數十萬人大罷工○」喬治張看得啞口無言地自容。

《米老鼠游上海（六）：月亮也是美国好》

米老鼠遊上海

公邶招舜造田意畫

米老鼠來了美國兵艦到了上海的黃浦灘邊，正要登岸，上海的許多老鼠歡迎他。

代表回答說：「上海的許多貓都穿在太太們身上了」來老鼠對於這句話一懂也不懂。

米老鼠看見了這許多老鼠，便問歡迎的代表道：「上海怎麼有這許多老鼠？貓兒都逃了瘋麼？」

代表們解釋說：「太太們要漂亮，歡喜穿貓皮大衣，貓兒們為了有錢人的體面與漂亮，把生命犧牲了。」因此，就有人偷貓，剝下皮來做大衣，

《米老鼠游上海》

《儿童世界》1948 年第 4 卷第 2 期，封面第 2 页

的眼光中，自然分外清妍，要在愁人看来，便不免倍觉其凄清了"。同样，"月亮在什么都进步的外国，天然倍觉好看，而在事事都落后的中国，无疑地是一览无余，要觉比了外国的逊色多了，虽则月亮还不同是这一个月亮"。由此出发，作者感慨中西政界风气的高下立判，吁请国人"不必挖苦，也不必揄扬与指摘，同应虚怀若谷、脚踏实地的取人之长、补己之短"。① 表面上看，强调国人应当虚心地正视外国的长处和自己的短处，似乎并无错误，但透过其所谓"外国什么都进步"和中国"事事都落后"的绝对化判断，不难见其心灵深处，那种民族自卑感其实早已深入骨髓。

此种论调并非仅存在一时，而是长期有人固执和言说。直到 1946 年 1 月，《申报》上还有人发表文章，毫不含糊地宣称："'月亮也是外国的好'，我认为这句话具有它的真实性，而没有加以讽刺的理由。"作者"溯因"还进一步解释说，在绘画上，常讲究以优美适宜的背景来"烘托出主体的美"，"作为主体的背景的，无论在图画中或实际景物中，除了自然界的云霞、山水等外，人工的点缀也是不可或缺的"，而综合自然与人文的双重考量，作者毫不掩饰对"外国月亮"的倾心赞美和对"中国月亮"的全方位嫌弃，他不无激动地写道：

---

① 巴八：《从外国月亮说到人》，《社会日报》1934 年 11 月 2 日，第 2 版。

在外国，一个月亮挂在一个建筑艺术化的教堂尖顶上，溶溶的月光泻在一片绿色整齐的草坪上，和白色宽坦的大道上；道旁的树木是那么的修齐挺秀，远处错落散处的村舍又是那么的古雅有致，再加上蓝天白云，远山流水，这整个景象所给予赏月者的印象无疑是优美的、可爱的，同时也就觉得月亮是晶莹、圆满，月色是分外的幽美有诗意了。虽然在外国的月亮未必处处有着这样的背景，但类似的情境大概是很多见的。

可是在中国的月亮呢，你会找到像在外国的那样的陪衬吗？云天山水也是有的，但是教堂、草坪之类，完全人工和半人工的优美的点缀却难以找到了。所有的，至多是那些荒城残堞、萧寺古刹、茅舍孤舟，甚至是累累荒冢、一片丛莽。在这种情景下，月亮只会显得孤冷、惨淡、清癯，给予你的感觉是萧条、凄凉，甚至是阴森可怕，与在外国的月亮所引起你的情绪——优美、怡适相较，你会说"中国的月亮好"吗？①

不仅如此，作者还认为"老子（父亲）也是外国的好，那更是不容否认的事实"。在外国，做父母的都接受"特殊训

---

① 溯因：《月亮确是外国的好》，《申报》1946年1月12日，第6版。

练"，一般都有较高的"教育水准"和"比较开明的头脑"，故"都能以比较合理的态度与方法去对待和教养子女"。这是中国家长所普遍没能做到的。基于此，作者最后表示，"'短自己的志气，长他人的威风'这固然是要不得，但我们为什么不去消除这种'短气'话发生的根源，而只是抹煞了这种话的真实性而反唇相讥呢？"① 由此可见，作者不仅是要为"外国的月亮比中国圆"这一说法所反映的所谓"真实性"辩护，其辩护说理本身，不妨说还正好典型地暴露了这种话语原本所讽刺的那种偏颇自卑的社会文化心理底色及其自我演存逻辑，同时也未尝不是作者反守为攻，借此表达自己思想主张和文化立场的一种话语实践。

该话语的这种逆向使用，与当时中国社会整体落后的社会现实自然相关，也同国民党政府和极端保守者动辄借此话语以护短，不愿正视和学习外国长处的顽固行为所提供的"反讽"机会不无关系。基于这类逆反心理的话语实践，在日常生活中屡见不鲜，且动机也并非都是出于不爱国，其在特定语境下的功能，也不应总被视为消极。如有人仅以相似的理由说明"外国月亮比中国圆"的心态生成并不奇怪，却并不认同这一心态本身；或只是借此表达对国民党政府统治现实的不满和自我粉饰的嘲弄，以强调正视和自觉学习西方先进之处的必要性等。前者如1946年4月，《申报》一位驻

---

① 溯因：《月亮确是外国的好》，《申报》1946年1月12日，第6版。

纽约记者在报道美国社会生活优点时，就不禁想起自己的国家，面对中西差距感慨道："外国的月亮与中国的月亮当然是同样的；但若一边是庭台楼阁，而另一边老是断垣残壁，反映月色自有不同。"认为该说法有其合理的一面，并以此警醒国人赶紧行动起来，努力去改变中国的落后面貌，以振兴国家。[①] 后者如 1948 年 5 月和 7 月，有人分别在流行报纸上发表《美国月亮好之一例》和《外国的月亮好》两文，一则反讽国民党政府所统治的中国和美国虽一样标榜民主，但两者差距甚远；一则强调中美两国都声称优待士兵，士兵的待遇却有天壤之别。作者因而慨叹："隔东西半球，竟显分泾渭，是以一般人认美国月亮，亦比中国好者，非无因矣！"[②] 由此可见一斑。

还有变相使用这一话语的现象。如有些偏激之士，直接将喜欢"外国月亮"与倾心"复古"简单对立起来，并视后者乃"没有前进的能力"的表现，言下之意，世上只有先进和落后之分，没有且不必在意什么"外国月亮"和"中国月亮"之别，唯有进步向前，才是国人应该努力的方向。因此作者特意"请老百姓记住：中国和外国就只有一个月亮，古

---

① 朱家让：《新姿初现的世界大城！纽约初春漫步》，《申报》1946 年 4 月 23 日，第 5 版。文末特别标明报道日为"黄花岗烈士纪念日"。

② 一君：《美国月亮好之一例》，《大风报》1948 年 5 月 9 日，第 2 版。小麦：《外国的月亮好》，《大众夜报》1948 年 7 月 26 日，第 2 版。

代的茹毛饮血，何以现在人的饮食，不那么办呢？"① 这显然是一种简单化的直线进化论的论调。

当然，民国中后期，由于民族危机日益深重和抗战自强的需要，国人对"外国月亮比中国圆"话语不断增多的使用，主要还是正面讽刺从物质到精神都崇洋媚外、丧失民族信心的心理痼疾，以激发国人奋起抗敌的民族自信。在这一过程中，也曾较早出现对该话语进行冷静分析的理性反思和丰富深入的自我阐释。1937 年春，著名作家徐訏发表的那篇题为《威尼斯之月》的长文，就是其中相当突出的代表。

《威尼斯之月》写于徐訏留学法国期间，文章一开头就讲到那个"外国月亮比中国好"的流行故事，并表示"一直到现在似乎还没有人把这个到底月儿那里好的问题精确的答复过"。或许国人认为这个问题"太简单太小"，不值得细思深究吧，但其实它还是很值得认真讨论一番的。徐訏把"外国月亮"直接转化为意大利威尼斯的月亮，以为听这个故事的人，不见得在听到"威尼斯的月亮比中国好"时就会发笑，发笑的地方恐怕更在收尾处的那句"中国的耳光难道也不及外国么？"若是一般地提到外国某处的月亮比中国好，也不至于一定要挨耳光的，而留学生之所以挨耳光，是因为他盲目地"常常说外国好"，且处处都说是外国比中国好之故。徐訏承认，自然也有人会在听到那句"威尼斯月亮比中国好"时

---

① 田中：《外国月亮与复古》，《茸报》1936 年 5 月 21 日，第 4 版。

就要发笑的，恰如流行故事中的那位留学生之父那样，他们认定天下的月亮原本只有一个，"绝对不应当把二地的月亮来作比较"，不过在徐讦看来，这个想法却不免"粗浅"，"月亮固然只有一个，可是因为背景与环境的不同，好坏的分别是显然的"。再加上审美主体的主观和心境的影响，便导致对同一个月亮也可以有"许多不同的判断"，不仅中外月亮可能有别，即便是国内同一个地方的月亮也可能带给人不同的审美感受。不过作者却没有停留于此，也没有因此陷入为"外国月亮比中国圆"之说的合理性辩护的泥潭，而是强调，究竟哪种月亮为美，"我们平心静气把这主观的感情暂时撇开，纯粹立在美的鉴赏上讲，我们到底也可以有一个比较客观的见解的"。但其前提，是需要亲自到现场去切实地感受和见证，并对影响月亮之美的环境衬托物如中外建筑艺术的特色等有所认知。

在徐讦看来，威尼斯的月亮的确有其美好可观之处。首先美在威尼斯是水城，到处是水，河道就是街道。水中印月，美不胜收。但单就水印月一点而论，首先，中国有水的地方很多，虽少这样的水城，而"船在西湖水上走，与在威尼斯水上走，在水方面对月儿是看不到什么不同的"。其次美在建筑的陪衬。特别是威尼斯那些伟大的罗马建筑，屋顶上带有雕塑的装饰可作衬托。再次美在许多铜像与石像"高耸云天"。最后美在"这些伟大的建筑以及铜像与石像随处都映在水里，与月儿在水中作伴"。正是得益于"这些特殊环境"，威尼斯的月亮才给世人留下美好印象。但中国也有借助自身建筑和园林艺术风格而形成的独特的"月亮之美"。比如颐和园和北海的建筑风格，虽然不及欧洲的"伟大与富丽"，却显然比它们"堂皇与大方"，再如西湖的"三潭印月""平湖秋月"，也比它们"佳秀而幽美"。

徐讦强调，中国和威尼斯的月亮由于所处背景风格不同，"其所显露的完全是二种美"，要将这两种风格不同的美"死板的来比较"是很难的。若非要分出高下不可，那就得看这两种风格究竟哪一种更符合"月亮"美人的本色与个性，同时也难免要取决于"旁观者的爱好"。

徐讦并不掩饰其倾心"中国月亮"之美的审美趣味。他表示，海上的月亮之所以奇美，就在于其天然毫不遮掩的"本色"呈现，现在一定要给月亮"二种打扮，一种是中国的，一种是威尼斯的，那一种合式，那似乎要看哪一种不太掩去她自然的美点才对"。接着，徐讦大谈中西艺术特别是中西建筑的差异，认为"中国艺术是以艺术牵就自然，而西洋艺术是以自然牵就艺术的"；"西洋的建筑只讲究建筑本身的美，花草在建筑中也只是布置的附属品。中国人则随时要关念到自然，要享受一点自然的情趣。在中国的诗词中有说不尽的关于月儿与纱窗与帘栊的吟诵，为了菊，为了竹，不打瓦墙而打篱笆；为了一些树，一些花，一堆土山，不筑砖亭而架茅亭，这些都是以建筑牵就自然的地方"。这种艺术风格背景中的月亮，其本色的"自然美点"不仅没有被掩盖，反而得到更多彰显，这是西洋月亮之美所无法比拟的。而在"懂得中国月儿的人们看来"，威尼斯的月儿，反而被满眼的雕塑和铜像、石像等喧宾夺主，这些雕塑和铜像、石像，就"好像是故意派到天空逼这位自然的天真的姑娘，下来到她们惊人（的）圣马克教堂里来同一位王子或者铁腕公爵结婚般的，这只是使人看到它热闹与拥挤，而忘却了她本身的美丽了"。但那些"不懂这月儿的个性的人们"，却往往要"把这热闹与拥挤同作她的美来颂扬"，这实在令人无话可说。

对于那些"羞视中国，妄信外国"达到畸形程度，所言所行简直完全漠视共有人性之文化常识的国人，徐讦以为仅用"中国月亮不如外国圆或好或美"来加以讽刺已然不够了，他们其实已然进入完全无视中国也有"月亮"这一起码事实的地步，或至少落入"怀疑中国的天空也有月亮"的境地。他幽默地写道："实在说，说威尼斯的月儿好于中国，圆于中国，都还不是可笑的代表，可笑的故事应当是这样说的：一个留学生的父亲要赏月了，留学生问：'难道中国也有月亮么？'于是做父亲的给他一个耳光：'知道么？儿子，我想你还不知道中国也有耳光的。'"徐讦强调这一讽刺，在当时的中国"一点没有过分"，而是有的放矢。他接着从亲身经历出发，以表示礼貌的"拱手"和"握手"等中西习俗为例，对那些绝对以西方事物为文明进步的标准——甚至仅因西方工业物质文明发达之故，就将中国一切传统文化习俗统统斥为野蛮落后表现的盲从无知与荒诞心理，大加痛斥。在他看来，"中国男子的拱手与西洋的握手，中国女子过去的屈腰打揖与西洋过去的屈身，虽然姿势不同，但其意义与作用，完全一样"。它们都有着各自并不神秘的偶然由来，实在谈不上谁更文明或野蛮，如果非要分出高低文野，倒反而是"拱手"比"握手"可能要来得更加便利和卫生，可偏偏就有许多中国人对此毫无自信。

徐讦尤其不满那些"全盘西化"论者。他嘲讽说，"这群人来源，其意识之雏形，正是不懂中国的一切而羞视中国的一切，不懂外国的一切而妄崇拜外国的一切的人"。久而久之，这些"看轻中国"之人觉得说中国话、写中国字也是耻事，"忘其所以，以为自己也是外国人了，对镜一看，每恨其发不黄而眼不蓝也"。而一旦帝国主义殖民强盗入侵中国，最有可能愿意去充当其"臣奴与玩物"的，恐怕正是他们这些人。当时，中国正面临日本全面侵华的威胁，徐讦呼吁，暂且可以不去讨论中国究竟该"资本主义化"还是"社会主义化"，当务之急无疑是首先必须"脱离帝国主义的羁绊"。

徐讦这篇《威尼斯之月》，乃是笔者所见近代中国关于"外国月亮比中国圆"主导性话语内涵剖析批评得最为集中、生动，情感充沛，阐述观点清晰，讨论内容层次较多且丰富深入的思想文本。文中对体现这一心态的崇洋媚外各种现象之揭示，也多犀利和启人深思处。比如，作者指出，由于崇洋媚外，外国人在中国总是比中国人好办事，甚至他们在中国查阅和翻拍资料，也能处处得到特别关照，其搜集材料往往比中国人自己还要方便、快捷和完整。他因而感慨："中国不给研究艺术史的中国人方便，而给做买卖的外国人方便，结果还要让中国学生用许多钱到外国来学习中国东西，这难道也是合理的吗？"虽然，近代中国的各种文物、艺术资料流失国外，主要取决于列强的特权、掠夺和欺诈，但有时与国人崇洋媚外心理的作用，也并非毫无关联。不过，文中最能集中体现作者谴责"外国月亮比中国圆"心态的主流话语实践特点的，或许还是如下观点：

> 西洋比中国进步的地方，我并不是不承认，但是这只是"进步"与"落后"的分别，只要中国努力，随时都可以赶上；决不是注定的好坏，更不是西洋人种比中国人种有高低优劣之分。同时，我们还应当知道文明的进步是多方面的，并不因为某处比我们好，就处处比我们高，人人比我们强了。[①]

---

① 以上所引徐讦有关看法，均见《威尼斯之月》，《西风》第 8 期，1937 年 4 月。

这类主导性话语实践，随着全面抗战的持续，得以不断展开。1939 年，国民政府立法院院长孙科在对重庆文化界讲话时，就以此激励国人树立必胜信心、坚持抗战到底。他批评那些认为"外国月亮比中国圆"的留学生是妄自菲薄，声言："我们天赋之厚，绝非他国可能比，应该提高自信心，方不辜负我们的天赋……'千言万语只告诉大家一句话，中国是有办法的。'"① 同年，新儒家代表冯友兰在名著《新事论》中，也痛责"美国的月亮也比中国的月亮圆"乃是"十足殖民地人的心理"。②1942 年，军界人士林适存更是充满激情地宣称："五年以前，觉得东京或是巴黎的月亮特别圆特别光耀的中国人，而今，也觉得祖国的月亮美丽和可爱了。这是中日战争的结果，这一仗不但将我们的国际地位打高了，而且，把一些尊夷媚外的思想克服过来！"为此，"我们要赞美自己的月亮，中国的月亮永远光辉，永远皓洁"。③

抗战后期，"外国月亮比中国圆"话语，还衍化出一种中外"月亮与臭虫"之争的变异形态，它由林语堂的有关演讲而引发。抗战开始后，林语堂在美国用英文著书比较中西文化，传播中国文化的理念和价值，以一种独特的方式参与抗战。1943 年底，他自美归国后发表《论东西文化与心理

① 《中苏关系与抗战前途 孙科对重庆文化界演讲》（续），《大公报（重庆版）》1939 年 1 月 12 日，第 4 版。
② 《论抗建》，见冯友兰：《新事论》，上海：商务印书馆，1939 年，第 196 页。
③ 林适存：《中国的月亮》，《经纬》1942 年创刊号，第 14—16 页。

建设》等系列演讲，主张国人加强心理建设、树立自信心，认为在这一过程中，必须既要正视中国文化的短处，也要看到中国文化的长处，既要了解外国的优点，也要看到外国的不足，庶几不致急于求成，一味痛责传统，自乱方寸，影响抗战大业。他表示：

> 外国人也有黑市，也有人弄权舞弊，也有骈枝机关、人浮于事的混乱局面……凡视一国家的发展，总要眼光放远些，信心要坚定些，营私舞弊，固然也有，而抗战可歌可泣之事也所在多有……他事可以消极，抗战与建国决不容消极，这才是纯正的态度。①

林语堂还倡导青年读《易经》，发扬传统的"忠孝节义"精神，并讽刺左派作家诸如"中国书本上忠孝节义的思想有毒"的说法是"迎合青年心理"。希望国人对于吾国文化及西方文化有一番相当正确的认识。1944年1月，他又发表了《论月亮与臭虫》的演讲，继续阐发这一观点。演讲中，喜欢幽默的林语堂将各种文化中的美好与丑坏部分，分别以"月亮"与"臭虫"象征之。他批评那种一味毁弃传统、模

---

① 林语堂：《论东西文化与心理建设》（十月二十四日在中央大学演讲稿），《大公报（桂林版）》1943年11月7日，第2版。

仿外国的行为，认为无异于视"中国只有臭虫、没有月亮"，"外国只有月亮、没有臭虫"，这是"洋场恶少的思想"。按他之意，"正当的研究态度，应当是说中国月亮固好，臭虫也颇肥大；外国虽有臭虫也有月亮，且虽有月亮，也有臭虫"。也就是说中外文化都不是十全十美，而是各"有其利弊优劣"。①

林氏的"月亮臭虫"论立刻遭到左派人士的批评。他们抓住"外国也有臭虫论"，迅速展开反击。如胡绳以笔名著文表示："国粹派总是用'月亮也是外国的好'这个笑话来嘲骂奴性心理。……那是应该挨骂的，因为这是无条件的迷信，是对于外国文化愚昧无知的表现。"但他们"又常喜欢找'外国也有臭虫'论者来做帮手……以为臭虫对于中国已是不可根除的东西，这是何等可怜的自信；以为外国既有臭虫，则中国也不妨有臭虫，这岂不仍旧是奴性表现么？"②曹聚仁更是直截了当地表示："我们决不能因为欧美也有臭虫而自慰，必须迎头赶上，如西洋一样继续不断地进步，使中国成为现代化的中国，才是正当的路。"③还有人在《大公报》发表《斥"外国也有臭虫"论》，痛批此论不过是"自

①　林语堂：《论月亮与臭虫》（一月十四日在长沙演讲稿），《大公报（桂林版）》1944年1月22日，第3版。
②　陈桑（胡绳）：《释"外国也有臭虫"论》，《天下文章》第2卷第4期，1944年。
③　曹聚仁：《论林语堂的东西文化观》，《大公报（桂林版）》1943年12月8日，第4版。

欺欺人"之说，正好成为腐败政府与不求进取的国人推诿卸责、自甘堕落的借口，"凭乎此，我们的社会不进步，我们的政治不清明，我们的科学不发达，一切都无害。挖空了心思搜求外国的例子，证实一下我们再'退板'一点也无妨。因为，外国也有"。① 不难发现，这些毫不留情的批判中，具有文化政治的斗争背景，明显带有某种借题发挥之处。

需要指出的是，"外国月亮比中国圆"的话语传播与实践在抗战胜利以后达到高潮，与此相伴随，这一话语本身也有所变化，那就是"外国月亮比中国圆"很多时候直接变成为"美国月亮比中国圆"。这一转变当然有一个逐渐发展的历史过程。特别是抗战后期，美国与中国开始结成反对日本等反法西斯军事同盟之后，国人从崇拜美国货，到崇拜美国的军事武器、先进科技、政治制度、教育学术，崇美之风可谓日盛，而随着抗战结束和国家重建时"中美合作"的展开，这股崇美之风更是吹遍神州大地，甚至有国人丧失国家主权而不自觉。1945 年 10 月底，《学生周刊》发表《月亮也是美国的好》一文，就专门嘲弄和批判此种现象。作者"华爱"指出：

　　"中美合作"，这是应该的，可是如果在这合

---

① 贾雨村：《斥"外国也有臭虫"论》，《大公报（上海版）》1947 年 1 月 19 日，第 12 版。

作中竟完全忘掉了自己中国人的立场，则是一种可怕的奴隶思想。

想想看，如果我们的——战士脑袋里只有美国的武器装备，商人只知道美国货好，外交家做了美国的尾巴，学生只想到美国去，银行尽是美金票，海港成了美国的海军基地，这样，这是什么样的"四强"之一呀！现在在中国的确有这种人，他是想把中国变成这样。但是我们所希望的则是独立、自主、民主、团结、富强的新生中国。因此我们应该争取美国和其他盟邦的援助，而不是出卖了自己。①

这段警示之言，即便今天读来，依然发人深省。1946年，一位记者在《大公报》也撰文表示，自己不愿"硬着心肠称赞美国的月亮比中国明"，但"上海人正着'崇拜美国狂'"，这不能不令他心中发冷。②1948年4月，上海的《儿童世界》上刊登了一幅讽刺漫画，题为《米老鼠游上海（六）：月亮也是美国的好》，借留美归国、狂热崇美的留学生"乔治张"之口，呈现和表达了国人的这种崇美心态并予以辛辣讽刺。③

---

① 华爱：《月亮也是美国的好》，《学生周刊》第4—5合期，1945年10月29日，第3页。

② 许君远：《完美的交通系统——旅美观感之一》，《大公报（天津版）》1946年7月23日，第3版。

③ 《米老鼠游上海（六）：月亮也是美国好》，《儿童世界》1948年第4卷第7期，封面第2页。

米老鼠游上海

乔治张见到米老鼠表白说："米老鼠先生，你在想美国吗？我也真想美国呢。美国什么都好，美国的月亮是永远圆的，太阳是一年四季温和的。美国人个个是富翁，没有一个穷光蛋，美国人放的屁个个都是香的"。然而米老鼠却很不耐烦地递给他一份晚报，上面正好有一个报道题为"美国矿工生活苦，数十万人大罢工"，结果羞得乔治张无地自容。还有一些人不满国人对"美国月亮"的迷醉心态，但同时也承认自己属于那类因得不到"美国月亮"而感到别扭和遗憾之人，因而幽默地写道："真不知有多少中国人因为中国没有美国的月亮而撇扭，不客气的说，我就是一个，这原因，就是除美国月亮而外，几乎全来了。"①

当时，除"美国月亮"一枝独秀外，流行的"外国月亮

---

① 叔衡：《对美国月亮的遗憾》，《冀光半月刊》1946年第2卷第4期，第15页。

比中国圆"话语所涉及的"外国"，偶尔还会单独提到英、法等国。[①] 但即便是没提美国，也往往是指美国，或包括美国，或以美国为主。这种情况当然并不限于这一

月亮是外国的圆，白开水是外国的沸[②]

时期，但此期无疑更为凸显。如 1946 年《海内外》杂志曾刊登一幅讽刺漫画，题为"月亮是外国的圆，白开水是外国的沸。"而画中装外国"沸水"的热水瓶上，分明写着的也仍是"USA"。

谈及抗战胜利后"外国月亮比中国圆"的话语实践，值得格外关注的，还有一些国货广告里别出心裁的种种运用。如 1947 年 11 月，中国生化制药厂在《新闻报》打出"两窍通"的广告，其核心广告词就是："外国月亮千回好，也让

---

① 如 1946 年，徐仲年送友人赴英国留学时就曾殷殷叮嘱："你们是中国人，即使目前的中国混乱得厉害，祖国终于是祖国，月亮是英国的好，但中国的月亮更好！你们切切不可忘掉你们的祖国，忘掉你们的老师，忘掉你们的亲友，以及……忘掉你们的使命！"见徐仲年：《送友人留学英国序》，《申报》1946年 10 月 20 日，第 11 版。

② 若澜：《月亮是外国的圆，白开水是外国的沸》，《海内外》1946 年第 2 期，第 8 页。

中国月亮好一回。"其辅助广告内容进一步告白说："外国的月亮比中国的好，自古已然，于今为甚。只要是洋货，不管其品质如何，无不被认为比国货好，加之许多人前是'友邦'，今是'盟邦'，过于中国，于是国货家走投无路矣。"接着话锋一转又说："须知中国也有好货。这个年头，中国月亮不比外国好时，早已识趣，躲在云后，不敢出头露脸矣！"如今之所以敢斗胆出品"两窍通"，"只因成算在胸，确有九分把握。不然，未知品质，先为'国货'，奈何！奈何！"广告最后，复以"既有国产良药，何必提倡洋货！"结束。可见其营销策略之眼，恰正在于"外国月亮比中国圆"话语。

采取类似商业广告策略的，还有"国际牌香烟"广告和上海荣记共舞台剧《蜀山剑侠传》广告。前者声称："'月亮是外国的好'，这是心理的错觉；国际牌香烟，可以给你证明中国也有好月亮！"[①] 后者则表示："一场杀搏大开打，胜过罗宾汉万倍，月亮是中国的好！请来比较，立见高下。"[②] 这些商业广告词中的有意借用，既表明该话语当时已具有广泛流通的社会性，又反过来进一步扩大了其社会传播和文化影响。

抗战后期和战后几年，关于"外国月亮比中国圆"话语还有一个微妙的语用特点值得注意，那就是，每当有人强

---

① 《中国也有好月亮》，《大公报（上海版）》1947年3月7日，第3版。
② 《荣记共舞台今夜献演》，《申报》1949年4月15日，第8版。

调外国特别是欧美有某种优点、需要国人学习时，总会要下意识地先特别交代一下，这并不是说"外国的月亮比中国圆"或"美国的月亮比中国好"，以摆脱"崇洋媚外"的嫌疑，避免造成说理时精神上的被动。随手举两例，如1943年，有学者讨论报纸文学问题时，声明说："我不是在捧外国，不是在赞颂华盛顿的月亮比重庆的月亮好，就报纸文学而论，他们的确值得我们取法。"[①]1947年，有人在谈论物价管制问题时，也特别强调："（这）并不是说外国的月亮比中国的圆，英国对管制物价的成功实在值得做我们的榜样。"[②]诸如此类，不一而足。实际上，随着"外国月亮比中国圆"话语传播和运用的日益普遍，其所内蕴的民族主义规训逻辑带来的某种政治性、独断性也不断强化，它有时沦为文化保守者振振有词、借以反对现代化改革的话语工具，有时如后来又一度成为冷战初期抵制资本主义全面侵蚀的话语武器等，实在都并不奇怪。

四、结语

"外国月亮比中国圆"话语，酝酿于晚清时期，成型于民国初年。作为一种批判盲目崇洋媚外者的经典讽刺话语，其

---

① 许君远：《论报纸文学》，《东方杂志》1943年第39卷第12期。
② 《读者絮语·物价上涨》，《大公报（上海版）》1947年2月3日，第11版。

兴起与民初不满"西化"、强调"国性"的思潮和中国留学生社会形象的变迁密切相关。在日本侵华加剧、"中国本位文化"运动开展起来和民族复兴思潮趋于高涨时期，得以广为流传开来，约在抗战胜利后达到高潮。该话语在其活跃时期的话语实践具有多维化特点，也带有程度不同的自我阐释，尤其是主导性话语的自我阐释，其中不乏犀利的剖析批判和丰富的思想精神内涵，值得今人深入体味和自觉反思。

在近代中国既面临帝国主义列强侵略奴役，又总体落后于欧美、日本的现实背景下，"外国月亮比中国圆"话语常被用来提倡民族文化自信心，具有一定的社会文化积极意义。其所反映与讽刺的那种非理性文化心态的内涵典型而复杂，成为"全盘西化"论产生的社会心理基础，而后者反过来又构成强化这一心理的理论导引和思想工具。今人要想真实恰切地认知"外国月亮比中国圆"这一话语在近代中国的形成、传播和使用特点，以及其复杂的历史内涵和思想文化功能，首先需要正视的当是这一话语所讽刺、批判的那种内在的社会文化心态失衡的症结所在，即全方位夸大、美化外国文化特别是欧美民族文化的优点，盲目崇洋，同时又无理性地一味贬低、自我贬抑民族文化，极端失去民族自信和文化自我。1924 至 1925 年间，辜鸿铭赴日讲学时，曾对此现象有着痛心疾首的告诫，他指出：

现代中国人，尤其是年轻人，有着贬低中国文明而言过其实地夸大西方文明的倾向……青年都是通过望远镜来观察西方文明的，因而使得欧洲的一切都变得比实体伟大、卓越；而他们在观察自身时，却将望远镜倒过来，这当然就把一切都看小了。[①]

此言得之。可惜，在近代中国特定的时代背景下，却很少有国人能够清醒地认识到这一点。不妨说，这是当时国人所普遍存在的某种时代认知盲区。当然，就思想者个人而言，能够意识到这一点，也并不意味着就能合理、适当地对待和处理好这一问题。

除此之外，需要格外重视揭示和认知导致这一心态失衡的根源所在。近代中国人一方面面对国家危亡的民族生存危机、中西社会的巨大差距，很容易痛切反思和批判自身的文化传统及其民族性缺失，以寻找改革出路；另一方面，为了打败列强、实现民族复兴，又不得不真诚返诸文化自我，以激发民族的内在生命活力，这就造成了"不自信"的现实和"自信力"亟须两者相悖的民族思想与心理矛盾，用张君劢的话来说就是："一方面因改造而生不信心，他方面要发达民族性而求信心，信与不信相碰头，如何处理，实在是很困

---

① 辜鸿铭：《什么是民主》，黄兴涛编：《中国近代思想家文库·辜鸿铭卷》，北京：中国人民大学出版社，2015年，第409—410页。

难。"① 这种文化选择的迷茫，必然导致精神和心理上的困惑。不自大就自卑，从自大到自卑，既自大又自卑，乃是那个时代普遍存在的社会文化心理现象。其中，"外国月亮比中国圆"心理无疑属于近代中国遗留下来的典型的文化自卑之心理痼疾。考察针砭这一心理的主导性讽刺话语在近代的形成、运用实践及其历史内涵，对于今天探索理性自主和文化自信的中国式现代化道路，或许不无一点启示作用。

---

① 张君劢：《新中华民族性之养成》，《再生》1934 年第 2 卷，第 9 期。

主要参引文献

一、近代中国报刊（因参引报刊文献篇名极为繁复，这里仅列参引报刊名）

《北洋画报》《鞭策周刊》《晨报》《晨报副刊》《大公报》《大同报》《地方教育》《点石斋画报》《东方日报》《东方杂志》《东南风》《独立评论》《儿童世界》《儿童杂志》《歌曲精华·银花集合刊》《格致汇编》《格致新报》《工程：中国工程学会会刊》《故宫书画集》《观象丛报》《贵州日报》《贵州商报》《国际现象画报》《国学季刊》《海内外》《翰林》《航空杂志》《寰球》《黄埔月刊》《慧灵》《教育周报》《进步》《晶报》《经纬》《军事杂志》《科学画报》《科学月刊》《岭南学报》《民俗》《民众文学》《南京社会特刊》《女报》《启蒙画报》《清明》《青年镜》《茸报》《商工月刊》《商会公报》《上海滩》《社会日报》《申报》《申报月刊》《生活教育》《诗刊》《时报》《时报图画周刊》《时时周报》《时事新报·学灯》《太

白》《铁报》《通俗讲演书》《通问报（耶稣教家庭新闻）》《万
国公报》《文潮月刊》《文化与教育》《文汇丛刊》《文学丛报》
《文学旬刊》《文学周报》《文艺春秋丛刊》《文艺杂志》《西
风》《西书精华》《戏曲新报》《戏世界》《现代》《现代周报》
《小日报》《小时报·中秋特刊》《小说月报》《新春秋》《新
青年》《新天津画报》《新闻报》《新新日报》《绣像小说》《选
报》《学生杂志》《学生周刊》《益闻录》《游戏报》《粤汉
半月刊》《月亮》《再生》《浙江青年》《支那学》《知识画报》
《知识与趣味》《知行月刊》《直隶教育官报》《中国的空军》
《中国工程师学会广州分会第十四届年会特刊》《中国商报》《中
国天文学会会报》《中华妇女界》《中华周报》《中流月刊（镇
江）》《中央日报》等。

在华西文报纸：

《字林西报》（*The North-China Daily News*）、《北华捷
报》（*The North-China Herald*），《教务杂志》（*The Chinese
Recorder*），《大陆报》（*The China Press*）等。

二、其他历史文献（包括有关近代的回忆录，后人编辑的诗文集及其翻译等）

[1] 爱汉者等编，黄时鉴整理：《东西洋考每月统记传》，
北京：中华书局，1997年。

[2] 巴金：《巴金小说名篇》，长春：时代文艺出版社，

2010 年。

［3］曹之彦编：《大众天文》，天津：南洋书店，1930 年。

［4］陈鉴昌：《郭沫若诗歌研究》，成都：巴蜀书社，2010 年。

［5］陈敏超评注：《千家诗评注》，上海：上海三联书店，2018 年。

［6］陈遵妫：《天文学概论》，上海：商务印书馆，1939 年。

［7］陈遵妫编：《天文学纲要》，昆明：中华书局，1939 年。

［8］丁锡华译：《谈天》，上海：中华书局，1927 年。

［9］丁锡华编：《天空现象谈》，上海：中华书局，1916 年。

［10］［德］海因里希·海涅著，杨武能译：《海涅诗选》，成都：四川文艺出版社，2017 年。

［11］［法］法布尔（J.H.Fabre）著，陶宏译：《天象谈话》，上海：商务印书馆，1937 年。

［12］［法］法布尔（J.H.Fabre）著，吕炯译：《我们的地球》，上海：商务印书馆，1930 年。

［13］飞白、方素平编：《汪静之文集》，杭州：西泠印社，2006 年。

［14］冯立昇、邓亮、张俊峰校注：《畴人传合编校注》，郑州：中州古籍出版社，2012 年。

［15］顾均正：《科学趣味》，上海：开明书店，1948 年。

［16］顾仲彝：《嫦娥》，上海：永祥印书馆，1946 年。

［17］郭沫若著作编辑出版委员会:《郭沫若全集》(文学编)，北京：人民文学出版社，1982—1990 年。

［18］韩石山编：《徐志摩全集》，天津：天津人民出版社，2005 年。

［19］（汉）刘安等：《淮南子》，长沙：岳麓书社，2015 年。

［20］何宁撰：《淮南子集释》，北京：中华书局，1998 年。

［21］胡朴安编著：《中华全国风俗志》，石家庄：河北人民出版社，1986 年（该书 1935 年曾由大达图书供应社出版，编成于 20 世纪 20 年代）。

［22］黄国声主编：《陈澧集》，上海：上海古籍出版社，2008 年。

［23］黄兴涛、王国荣编：《明清之际西学文本》，北京：中华书局，2013 年。

［24］黄兴涛编：《中国近代思想家文库·辜鸿铭卷》，北京：中国人民大学出版社，2015 年。

［25］黄玉珩编著：《雷达》，上海：正中书局，1948 年。

［26］季羡林主编：《胡适全集》，合肥：安徽教育出版社，2003 年。

［27］（晋）郭璞注：《山海经》，北京：中华书局，1985 年。

［28］方铭、马德俊主编：《蒋光慈全集》，合肥：合肥工业大学出版社，2017 年。

［29］李蕃：《日球与月球》，上海：商务印书馆，1931 年。

［30］李林译：《月球旅行》，上海：文化生活出版社，1947 年。

［31］林同华主编：《宗白华全集》，合肥：安徽教育出版社，1994 年。

［32］林语堂：《讽颂集》，上海：国华编译社，1941 年。

［33］刘鹗：《老残游记》，杭州：浙江古籍出版社，2011 年。

［34］刘锦藻编：《清朝续文献通考》，北京：商务印书馆，1955 年。

［35］柳培潜编：《大上海指南》，上海：中华书局，1936 年。

［36］卢景贵编：《高等天文学》，上海：中华书局，1937 年。

［37］鲁迅：《鲁迅全集》，北京：人民文学出版社，2005 年。

［38］鲁迅：《鲁迅选集》，北京：人民文学出版社，1983 年。

［39］罗伽：《战后青年之座右铭》，上海：山城出版社，1948 年。

［40］梅兰芳述，许姬传、朱家溍记：《舞台生活四十年——梅兰芳回忆录》（20 世纪 40 年代末开始在报刊连载，50 年代初结集出版），长沙：湖南美术出版社，2022 年。

［41］［美］吉菲兰（S. C. Gilfillan）著，勾适生译：《原子能的应用》，北平：世界科学社，1946 年。

［42］孟寿椿编述：《世界科学新谭》，上海：亚东图书馆，1928 年。

［43］（明）吴承恩：《西游记》，北京：人民文学出版社，1980 年。

［44］（明）徐光启撰，王重民辑校：《徐光启集》，上海：上海古籍出版社，1984 年。

［45］欧阳哲生编：《胡适文集》，北京：北京大学出版社，2013 年。

［46］潘乃穆、潘乃和编：《潘光旦文集》，北京：北京大学出版社，2000 年。

［47］彭柏山：《战火中的书简》，上海：上海文艺出版社，1982 年。

［48］彭放编：《郭沫若谈创作》，哈尔滨：黑龙江人民出版社，1982 年。

［49］齐如山：《齐如山回忆录》，沈阳：辽宁教育出版社，2005 年。

［50］钱锺书：《钱锺书文集》，南宁：广西人民出版社1999 年。

［51］《钦定大清会典则例》卷92《礼部·祠祭清吏司》，文渊阁四库全书本。

［52］（清）何崧泰修，史朴纂：《遵化通志》，1886 年刻本。

［53］（清）刘汝骥：《陶甓公牍》，安徽印刷局，1911 年。

［54］（清）阮元：《畴人传》，琅嬛仙馆（1799）刊本。

［55］（清）阮元撰，邓经元点校：《揅经室集》，北京：中华书局，1993 年。

［56］（清）邵之棠编：《皇朝经世文统编》，光绪二十七年（1901）刊本。

［57］（清）托津等奉敕纂：《钦定大清会典事例（嘉庆朝）》，台北：文海出版社1991 年。

［58］（清）张廷玉等撰：《明史》，北京：中华书局，1974 年。

［59］（清）赵尔巽等撰：《清史稿》，北京：中华书局，

1976 年。

［60］日新：《太阳与月亮》，上海：生活·读书·新知上海联合发行所，1949 年。

［61］稽秋编：《世界科学珍闻》，上海：大方书局，1946 年。

［62］沈国威编著：《六合丛谈：附解题·索隐》，上海：上海辞书出版社，2006 年。

［63］沈庆鸿编纂，胡群复校订：《民国唱歌集（第二编）》，上海：商务印书馆，1913 年。

［64］石成金：《传家宝全集》第 2 册，上海：广益书局，1936 年。

［65］石天基：《传家宝二集》，上海书局，1895 年石印。

［66］史天行：《新兵器丛谈》，汉口：大时代书店，1938 年。

［67］［苏］米海洛夫著，华黎译：《日蚀和月蚀》，上海：中华书局，1946 年。

［68］（唐）段成式：《酉阳杂俎》，北京：中华书局，1981 年。

［69］唐嗣尧：《火箭》，北平：世界科学社，1947 年。

［70］陶叔渊编：《航空概要》，上海：中华书局，1935 年。

［71］王华隆编：《天文学》，上海：商务印书馆，1926 年。

［72］王维克编译：《日食和月食》，上海：商务印书馆，1936 年。

［73］温州市图书馆编，沈洪保整理：《林骏日记》，北京：中华书局，2018 年。

［74］吴湘渔：《地球新话》，上海：永祥印书馆，1945 年。

［75］吴仰湘点校：《皮锡瑞日记》，北京：中华书局，2015年。

［76］吴稚晖：《吴稚晖全集》，北京：九州出版社，2013年。

［77］吴祖光：《嫦娥奔月》，上海：开明书店，1947年。

［78］晓琴整理：《嫦娥赞公社》，上海：上海文艺出版社，1959年。

［79］谢维扬、房鑫亮主编：《王国维全集》，杭州：浙江教育出版社，2009年。

［80］［匈］裴多菲（Petofi Sandor）著，张清福等译：《裴多菲诗选》，石家庄：花山文艺出版社，1995年。

［81］熊吉：《千年后》，成都：复兴书局，1943年。

［82］徐懋庸：《不惊人集》，上海：千秋出版社，1937年。

［83］许达年、许斌华译：《初中学生文库：最近之新发明》，上海：中华书局，1941年。

［84］许瑞棠辑著：《珠官脞录》，南宁：广西民族出版社，2019年据1927年铅印本影印。

［85］叶颐：《航空的常识》，上海：乐华图书公司，1935年。

［86］［意］利玛窦：《乾坤体义》，文渊阁四库全书本。

［87］［英］卜朗（E.W.Brown）著，卢景贵译：《月理初编》，天津：百城书局，1936年。

［88］［英］侯失勒著，伟烈亚力、李善兰译：《谈天》，上海：商务印书馆，1934年。

［89］［英］吉安斯（J. H. Jeans）著，李光荫译：《闲话星空》，

上海：商务印书馆，1936 年。

［90］［英］吉安斯（J. H. Jeans）著，张贻惠译：《宇宙及其进化》，上海：震亚书局，1932 年。

［91］［英］济慈（J.Keats）著，朱维基译：《济慈诗选》，上海：译文出版社，1983 年。

［92］［英］马礼逊等：《察世俗每月统记传》，大英图书馆馆藏本。

［93］于光远：《青少年于光远》，上海：华东师范大学出版社，2003 年。

［94］郁达夫：《郁达夫小说全编》，杭州：浙江文艺出版社，1989 年。

［95］张爱玲:《张爱玲经典作品集》，太原：北岳文艺出版社，2000 年。

［96］张岱年主编：《戴震全书》，合肥：黄山书社，1995 年。

［97］张冥飞：《十五度中秋》，上海：民权出版部，1916 年。

［98］张挺：《天文学概论》，上海：辛垦书店，1936 年。

［99］张一中编：《战后美国》，沈阳：东北书店，1949 年。

［100］张以棣：《航空趣味》，上海：开明书店，1949 年。

［101］张云编著：《普通天文学》，广州：国立中山大学出版部，1933 年。

［102］赵阳阳、马梅玉整理：《中国近现代稀见史料丛刊：汪荣宝日记》，南京：凤凰出版社，2014 年。

［103］郑逸梅：《前尘旧梦》，哈尔滨：北方文艺出版社，

206 年。

［104］郑贞文、胡嘉诏编：《太阳·月·星》，上海：商务印书馆，1931 年（第 3 版）。

［105］郑贞文等编：《日蚀和月》，上海：商务印书馆，1943 年。

［106］中国第二历史档案馆编：《中华民国史档案资料汇编》，南京：凤凰出版社，1991 年。

［107］中华图书馆编辑部编：《戏考》，上海：中华图书馆，1924 年。

［108］周楞伽：《月球旅行记》，上海：山城书店，1941 年。

［109］周作人：《周作人作品精选》，武汉：长江文艺出版社，2003 年。

［110］朱谦之：《一个唯情论者的宇宙观及人生观》，上海：泰东图书局，1924 年。

［111］卓如编：《冰心全集》，福州：海峡文艺出版社，1999 年。

三、当代学术著作、译著、论文集和工具书

［1］白寿彝主编：《中国通史》，上海：上海人民出版社，2015 年。

［2］北京图书馆编：《民国时期总书目》，北京：书目文献出版社，1995 年。

［3］陈威主编：《青史流芳话港归》，北京：中国文史出版社，1997 年。

［4］陈遵妫：《中国天文学史》，上海：上海人民出版社，2016 年。

［5］［德］贝恩德·布伦纳（Bernd Brunner）著，甘锡安译：《月亮：从神话诗歌到奇幻科学的人类探索史》，北京：北京联合出版公司，2017 年。

［6］邓可卉：《比较视野下的中国天文学史》，上海：上海人民出版社，2011 年。

［7］杜昇云、崔振华、苗永宽等主编：《中国古代天文学的转轨与近代天文学》，北京：中国科学技术出版社，2008 年。

［8］［法］葛兰言著，汪润译：《中国人的信仰》，哈尔滨：哈尔滨出版社，2012 年。

［9］韩琦：《通天之学：耶稣会士和天文学在中国的传播》，北京：生活·读书·新知三联书店，2018 年。

［10］韩石山编：《徐志摩传》，北京：北京十月文艺出版社，2004 年。

［11］华迦、关德富：《关于几个戏曲理论问题的论争》，北京：文化艺术出版社，1986 年。

［12］阚红柳：《顺治王朝》，北京：中国青年出版社，2009 年。

［13］李迪：《梅文鼎评传》，南京：南京大学出版社，2006 年。

［14］李开：《戴震评传》，南京：南京大学出版社，2002 年。

［15］李欧梵，王宏志等译：《中国现代作家的浪漫一代》，

北京：新星出版社，2010年。

［16］林幸谦：《荒野中的女体——张爱玲女性主义批评I》，桂林：广西师范大学出版社，2003年。

［17］刘兵：《触摸科学》，福州：福建教育出版社，2000年。

［18］刘华杰：《以科学的名义》，福州：福建教育出版社，2000年。

［19］刘志琴主编：《近代中国社会文化变迁录》，杭州：浙江人民出版社，1998年。

［20］刘志荣：《张爱玲·鲁迅·沈从文：中国现代三作家论集》，上海：复旦大学出版社，2013年。

［21］龙泉明：《中国新诗流变论》，北京：人民文学出版社，1999年。

［22］钱理群、温儒敏、吴福辉：《中国现代文学三十年》，北京：北京大学出版社，1998年。

［23］钱锺书：《管锥编》，北京：中华书局，1979年。

［24］钱锺书：《谈艺录》，北京：中华书局，1984年。

［25］田本相、宋宝珍：《中国百年话剧史述》，沈阳：辽宁教育出版社，2013年。

［26］王尔敏：《中国近代思想史论续集》，北京：社会科学文献出版社，2005年。

［27］王章涛编著：《阮元年谱》，合肥：黄山书社，2003年。

［28］吴守贤、全和钧主编：《中国古代天体测量学及天文仪器》，北京：中国科学技术出版社，2013年。

［29］吴国盛：《科学的历程》（修订版），长沙：湖南科学技术出版社，2018年。

［30］武裁军：《京华通览·北京皇家坛庙》，北京：北京出版社，2018年。

［31］夏志清：《中国现代小说史》，上海：复旦大学出版社，2005年。

［32］杨联芬：《浪漫的中国》，北京：人民文学出版社，2016年。

［33］［英］比尔·莱瑟巴罗著，青年天文教师连线译：《月亮全书》，北京：北京联合出版公司，2019年。

［34］［英］大卫·M·哈兰德著，车晓玲、刘佳译：《月球简史》，北京：人民邮电出版社，2018年。

［35］［英］李约瑟：《中国科学技术史》，本书翻译小组译，北京：科学出版社，1975年。

［36］［英］以赛亚·伯林著，吕梁等译：《浪漫主义的根源》，南京：译林出版社，2008年。

［37］张惠苑编：《张爱玲年谱》，天津：天津人民出版社，2014年。

［38］赵波主编：《北京红色地图》，北京：北京出版社，2012年。

［39］中国气象学会编著：《中国气象学会史》，上海：上海交通大学出版社，2008年。

四、当代学术论文和其他文章

［1］陈平原：《"现代中国"的视野以及"人文史"构想》，《中华读书报》2022年10月12日，第13版。

［2］陈若菲：《月下的语言时空——张爱玲的月亮书写与走向成熟的中国现代语言》，硕士学位论文，暨南大学，2014年。

［3］陈镕文、辛佳岱：《晚清民初期刊与近代西方潮汐理论的传播》，《西北大学学报》2017年第1期。

［4］褚龙飞、石云里：《第谷月亮理论在中国的传播》，《中国科技史杂志》2013年第3期。

［5］戴霖、蔡运章：《秦简〈归妹〉卦辞与"嫦娥奔月"神话》，《史学月刊》2005年第9期。

［6］樊静：《晚清天文学译著〈谈天〉的研究》，内蒙古师范大学博士学位论文，2007年。

［7］范海虹：《冷战时期苏联与美国外层空间竞争（1945—1969）》，中国社会科学院博士学位论文，2014年。

［8］胡泽刚：《中西方文学中月亮意象的相似性》，《湖北师范学院学报（哲学社会科学版）》2005年第2期。

［9］贾立元：《晚清科幻小说中的殖民叙事——以〈月球殖民地小说〉为例》，《文学评论》2016年第5期。

［10］江晓原：《第谷天文工作在中国的传播及影响》，收入《科学史文集》第16辑，上海：上海科学技术出版社，1992年。

［11］江晓原：《欧洲天文学在清代社会中的影响》，《上

海交通大学学报（哲学社会科学版）》2006 年第 6 期。

［12］江晓原：《王锡阐及其〈晓庵新法〉》，载陈美东、沈荣法主编《王锡阐研究文集》，石家庄：河北科学技术出版社，2000 年。

［13］李春青：《论"雅俗"——对中国古代审美趣味历史演变的一种考察》，《思想战线》2011 年第 1 期。

［14］李亮：《从〈细草〉和"算式"看明清历算的程式化》，《中国科技史杂志》2016 年第 4 期。

［15］李亮：《政治、礼制与科学：宗藩视域下的清代中朝交食测验与救护》，《科学技术哲学研究》2021 年第 6 期。

［16］李世鹏：《社会期待与女性自觉——20 世纪二三十年代民意调查中的典范女性形象》，《妇女研究论丛》2019 年第 5 期。

［17］李月白、江晓原：《卢仝〈月蚀诗〉天文学史研究》，《广西民族大学学报（自然科学版）》2019 年第 1 期。

［18］刘兵：《从科学主义到人文主义》，《史学月刊》2007 年第 9 期。

［19］刘锋杰：《月光下的忧郁与癫狂——张爱玲作品中的月亮意象分析》，《中国文学研究》2006 年第 1 期。

［20］刘淑一、李娜：《晚清科幻小说的传统因袭和现代转换——以〈月球殖民地小说〉和〈新石头记〉为例》，《鲁东大学学报（哲学社会科学版）》2011 年第 3 期。

［21］刘术人：《论嫦娥奔月神话的文本流变》，东北师范

大学硕士学位论文，2008年。

［22］刘晓琴：《晚清民初留学生社会形象及其演变》，《史学月刊》2019年第4期。

［23］卢仙文、江晓原：《梅文鼎的早期历学著作〈历学骈枝〉》，《中国科学院上海天文台年刊》1997年第18期。

［24］穆蕴秋：《科学与幻想：天文学历史上的地外文明探索研究》，上海交通大学博士学位论文，2010年。

［25］宁晓玉：《〈新法算书〉中的日月五星运动理论及清初历算家的研究》，中国科学院博士学位论文，2007年。

［26］宁晓玉：《〈新法算书〉中的月亮模型》，《自然科学史研究》2007年第3期。

［27］曲安京：《中国古代历法与印度及阿拉伯的关系——以日月食起讫算法为例》，《自然辩证法通讯》2000年第3期。

［28］任冬梅：《科幻乌托邦：现实的与想象的——〈月球殖民地小说〉和现代时空观的转变》，《现代中国文化与文学》2008年第1期。

［29］孙文起、陈洪：《嫦娥奔月故事探源》，《徐州师范大学学报（哲学社会科学版）》2009年第6期。

［30］孙正娟：《近代女性自我解放思想的历史轨迹》，苏州大学硕士学位论文，2001年。

［31］王川：《西洋望远镜与阮元望月歌》，《学术研究》2004年第1期。

［32］王芳：《苏联对纳粹德国火箭技术的争夺（1944—

1945）》，《自然科学史研究》2013 年第 4 期。

［33］王芳、张柏春：《颠覆性创新与换道超车：德国 V-2 之路》，《科学与社会》2019 年第 4 期。

［34］吴杰华：《论中国人月食观念的转变》，《东岳论丛》2018 年第 7 期。

［35］吴新平：《中国现代神话题材文学研究》，吉林大学博士学位论文，2013 年。

［36］谢小华：《清代宫廷的日、月食救护》，收入中国第一历史档案馆编：《明清档案与历史研究论文集（上）》，北京：新华出版社，2008 年。

［37］杨小明：《黄宗羲的天文历算成就及其影响》，《浙江社会科学》2010 年第 9 期。

［38］余焜：《明代官方日月食救护考论》，《安徽史学》2019 年第 5 期。

［39］袁一丹：《"另起"的"新文化运动"》，《中国现代文学研究丛刊》2009 年第 3 期。

［40］张祺：《〈历象考成〉对〈崇祯历书〉日月和交食理论的继承与发挥》，内蒙古师范大学博士学位论文，2014 年。

［41］赵红：《论明清小说中"嫦娥奔月"神话重构的文化意蕴》，《宁夏大学学报（人文社会科学版）》2012 年第 2 期。

［42］周月峰：《从批评者到"同路人"："五四"前〈学灯〉对〈新青年〉态度的转变》，《社会科学研究》2015 年第 6 期。

［43］朱海珅、孙亭：《对中国古代日月食救护仪式异同

的分析》，《阴山学刊》2015年第2期。

［44］邹小娟：《二十世纪初中国"科幻小说"中的西方形象——以荒江钓叟〈月球殖民地〉为中心》，《海南师范大学学报（社会科学版）》2013年第2期。

［45］左玉河：《拧在世界时钟的发条上——南京国民政府的废除旧历运动》，《中国学术》第21辑，北京：商务印书馆，2005年。

后　记

本书的总体构思和撰写安排是在我的主持下进行的。它肇始于2018年的一场课堂讨论，前后经历了五年时间，其中有三年处于疫情期间。今日回想起来，真是感慨良多。衷心感谢各位作者的精诚合作。这也是近些年来笔者参与的教学和科研改革过程中一个值得纪念的成果。此外，我还要代表课题组衷心感谢《人文杂志》的黄晓军编辑和其他领导，因为共同关心"人文史书写"的缘故，本课题的研究曾得到他们的积极推动。

黄山书社的领导和编辑给予大力支持，在此，我们也要一并表示诚挚的谢意。

黄兴涛
2023年金秋于北京